高等职业教育机电类课程改革"十四五"规划教材

液压与气压传动技术

庞少圻◎主　编

范连玉　刁立龙◎副主编

U0316968

中国铁道出版社有限公司

CHINA RAILWAY PUBLISHING HOUSE CO., LTD.

内 容 简 介

本书紧跟高等职业教育要求,贯彻"少而精"、理论联系实际的理念,力求以应用为目的,融合现代化技术,在教材中加入 AR 素材,注重传授知识和培养能力并重。

本书共分为液压传动、气压传动两篇,主要内容包括液压传动概述、液压油和液压流体力学基础、液压泵、液压执行元件、液压控制阀、液压辅助装置、液压基本回路、气动系统基础知识、气压元件的基础知识、气动基本回路和控制阀、气动辅助元件、气动系统的安装使用及维护等。根据需要添加故障分析讲解环节以及建议诊断法,帮助学生理解液压故障的产生原因不断提高处理故障的能力。每章后附有思考题与习题,便于学生巩固提高,全书配有大量的多媒体学习素材,包括模型、AR 等形式,有利于学生更好地理解相关知识。

本书适合作为高职院校工程机械运用技术、机电一体化、铁道机械化维修技术等机械类专业的教材,也可作为相关专业人员自学参考用书。

图书在版编目(CIP)数据

液压与气压传动技术 / 庞少圻主编. —北京:中国铁道出版社
有限公司,2021.8(2023.2 重印)
高等职业教育机电类课程改革"十四五"规划教材
ISBN 978-7-113-28046-8

Ⅰ.①液… Ⅱ.①庞… Ⅲ.①液压传动-高等职业教育-教材
②气压传动-高等职业教育-教材 Ⅳ.①TH137 ②TH138

中国版本图书馆 CIP 数据核字(2021)第 110885 号

书　　名:**液压与气压传动技术**
作　　者:庞少圻

策　　划:张松涛　　　　　　　　　　编辑部电话:(010)83527746
责任编辑:张松涛　包　宁
封面设计:刘　颖
责任校对:苗　丹
责任印制:樊启鹏

出版发行:中国铁道出版社有限公司(100054,北京市西城区右安门西街 8 号)
网　　址:http://www.tdpress.com/51eds/
印　　刷:三河市兴达印务有限公司
版　　次:2021 年 8 月第 1 版　2023 年 2 月第 2 次印刷
开　　本:787 mm×1 092 mm 1/16　印张:14.5　字数:342 千
书　　号:ISBN 978-7-113-28046-8
定　　价:43.00 元

版权所有　侵权必究

凡购买铁道版图书,如有印制质量问题,请与本社教材图书营销部联系调换。电话:(010)63550836

打击盗版举报电话:(010)63549461

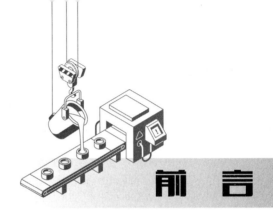

前言

液压技术是实现现代传动与控制的关键技术之一,与其他传动相比,液压传动具有结构紧凑、反应灵敏、易实现操作自动化等特点。

我国液压行业起步于20世纪50年代,经过70多年发展,液压与气压传动技术在我国已经渗透到很多领域,不断在机床、工程机械、冶金机械、塑料机械、农林机械、汽车、船舶等行业得到广泛应用和发展。而且发展成为包括传动、控制和检测在内的一门完整的自动化技术。同时,已经形成较为完整的技术体系和产业体系。现今,采用液压与气压传动的程度已经成为衡量一个国家工业水平的重要标志之一。如发达国家生产的95%的工程机械、90%的数控加工中心、95%以上的自动线都采用液压与气压传动技术。

为应对当前全球经济发展形势,我国液压与气压行业加速科技创新,不断提升产品市场竞争力,一批批优质产品和先进技术成功为国家重点工程和重点主机配套,取得了较好的经济效益和社会效益。

由此可见,液压与气压传动技术和产品在我国国民经济和国防建设中的地位和作用都是十分重要的。它的发展决定了机电技术和产品的革新,它不仅能最大限度满足机电技术和产品实现多样化发展,也是完成重大工程项目、重大技术装备的保证。所以液压与气压技术的革新与推广是实现生产过程自动化,尤其是工业自动化不可缺少的重要手段。

"液压与气压传动技术"是高职高专机电一体化专业以及近机类专业的主干课程,针对课程特点,结合教学实际,引入"互联网+"技术,编者对传统教材结构进行了梳理重构,编写了本书。

本书在编写过程中,以培养学生实际应用液压与气压传动知识的能力为主线,注重理论知识与实际应用相结合,阐明液压与气动技术的基本原理,着重培养学生针对液压与气动回路设计、安装、使用、维护的能力。在编写过程中充分考虑职业教育教学特点及学生学习特点,充分结合多媒体技术,辅助学习,力求做到"少而精、够用为度"。

本书分为两篇,共12章,主要内容包括液压与气压传动基础、常用的液压与气压元件结构原理、液压与气压基本回路、常见液压与气压系统故障诊断等。

本书适合作为高职院校工程机械运用技术、机电一体化、铁道机械化维修技术等机械类专业的教材,也可作为相关专业人员自学参考用书。本书由哈尔滨铁道职业技术学院庞少圻任主编;由范连玉、刁立龙任副主编;刘春雨、徐进、童旺、牟俊汉参与编写。具体编写分工如下:庞少圻负责编写液压第 1 章、第 2 章;刘春雨负责编写液压第 3 章、第 4 章;范连玉负责编写液压第 5 章、第 6 章;童旺负责编写液压第 7 章;刁立龙负责编写气压第 1 章、第 2 章;牟俊汉负责编写气压第 3 章;徐进负责编写气压第 4 章、第 5 章及附录部分内容。

由于编者水平有限,书中难免存在疏漏与不足,恳请广大读者批评指正。

编 者

2021 年 2 月

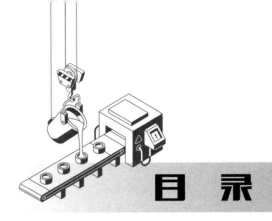

目 录

第1篇 液压传动

第2篇 气压传动

第1篇　液压传动

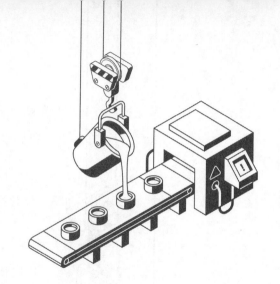

第1章

液压传动概述

 ## 1.1　液压传动的定义

　　一部完整的机器由原动机、传动机构(含控制部分)和工作机构(含辅助装置)3部分组成。原动机是传递动力的设备,如电动机、内燃机等;工作机构是完成工作任务的直接工作部分,如剪床的剪刀、车床的刀架等;由于原动机的功率和转速变化范围有限,为了适应工作机构的作用力和较宽的速度变化范围以及性能的要求,在原动机和工作机构之间设置了传动机构。

　　传动机构主要有机械传动、电气传动和流体传动3种传动方式。机械传动是通过轴、齿轮、齿条、蜗轮、蜗杆、传送带、链条和杠杆等机件直接传递动力的一种传动方式,它是应用最早、最为普遍的传动形式;电气传动是利用电力设备,通过调节电参数来传递动力的传动方式;流体传动是以流体为工作介质进行能量转换、传递和控制的传动形式,它包括液压传动、液力传动和气压传动。液压传动和液力传动均是以液体作为工作介质进行能量传递的,但是,液压传动是利用液体的压力能来传递能量,而液力传动是利用液体的动能来传递能量。气压传动是以气体作为工作介质进行能量传递的。

 ## 1.2　液压传动的发展概况

　　液压传动从17世纪中期帕斯卡提出了静压传动原理,到18世纪末英国制成世界上第一台水压机算起,至今已有200多年的历史。19世纪工业上所使用的液压传动装置是以水作为工作介质,因其密封问题一直未能得到很好解决而导致液压技术停滞不前,直到1905年首先以矿物油作为工作介质后这种情况才开始改观。但直到20世纪30年代液压传动才真正得到推广应用,相继出现了斜轴式轴向柱塞泵、径向和轴向液压马达和先导控制压力阀。第二次世界大战期间,由于军事工业需要反应快、精度高、功率大的液压传动装置而推动了液压技术的发展;战后,液压技术迅速转向民用,在机床、工程机械、农业机械、汽车等行业中逐步得到推广。

　　20世纪60年代后,液压技术得到了快速发展,并逐步渗透到各个工业领域中。60年代出现了板式、叠加式液压阀系列,发展了以比例电磁铁为电气-机械转换器的电液比例控制阀,并被广泛用于工业控制,提高了电液控制系统的抗污染能力和性能价格比。70年代出现了插装式系列液压元件。80 年代以来,液压技术与现代数学、力学和微电子技术、应用计算机技术、控制科学等紧密结合,随着液压 CAD、CAM、三维有限元分析技术及装备制造的柔性化发展,数控机床、加工中心、柔性加工单元(FMC)、柔性制造系统(FMS)将全面替代旧装备,配以自动传送工具和立体仓库,就可使液压元件的生产形成自动化车间模式。同时,在新型液压元件和液压系统的计算机辅助测试(CAT)、计算机直接控制(CDC)、机电一体化技术、故障诊断技术、可靠性技术以及污染控制等方面,也是当前液压技术发展和研究的方向。

近 20 年来,人们重新认识和研究了历史上以纯水作为工作介质的纯水液压传动技术,使其得到了持续稳定的复苏和发展,如日本三菱和丹麦丹佛斯公司研制的水压泵和水压控制阀门的性能已接近液压元件水平。

我国的液压技术开始于 20 世纪 50 年代,液压元件最初应用于机床和锻压设备,后来又用于拖拉机和工程机械。1964 年从国外引进一些液压元件生产技术,同时自行设计液压产品,经过 20 多年的艰苦探索和发展,特别是 20 世纪 80 年代初期引进美国、日本、德国的先进技术和设备,使我国的液压技术水平有了很大的提高。

综上所述,液压技术应用广泛,它作为工业自动化的一种重要技术形式,已经与传感技术、信息技术、微电子技术紧密结合,形成并发展成为包括传动、检测、在线控制的综合自动化技术,当前液压技术正向着小型化和微型化、集成化和模块化、数字化、机电一体化、液压现场总线技术、自动化控制软件技术、液压节能技术、高压、高速、大功率、高效率、低噪声、高度集成化、轻量化等方向发展。

1.3 液压传动的工作原理和基本特征

1.3.1 传动的工作原理

液压千斤顶的液压系统由小液压缸 11、大液压缸 2、油箱 6 以及它们之间的连通油路组成,如图 1.1.1(a)所示,当截止阀 5 关闭时,系统密闭。当向上提起杠杆手柄 12 时,小液压缸 11 的小活塞 10 上移,其下油腔密封容积增大,压力减小,形成部分真空,此时单向阀 4 封住通向大液压缸 2 的油路,油箱 6 中的油液在大气压的作用下经过吸油管 7 推开单向阀 8 进入小液压缸 11 的下油腔内,完成一次吸油。接着,压下杠杆手柄 12 时,小液压缸 11 的小活塞 10 下移,其下油腔密封容积减小,油液压力升高,单向阀 8 自动关闭,压力油推开单向阀 4 经油路压入到大液压缸 2 的下油腔内。由于大液压缸 2 的油腔也是密闭的,所以进入的油液因受挤压而产生的作用力就推动大液压缸 2 的大活塞 1 上升,并将重物向上顶起一段距离。这样反复提、压杠杆手柄 12,就可以使重物不断上升,达到起重的目的。将截止阀 5 旋转 90°打开,在重物重力的作用下,大液压缸 2 的油液排回油箱,活塞可下降到原位。

液压千斤顶是一个简单的液压传动装置,通过上面分析液压千斤顶的工作过程,可知液压传动是以液体作为工作介质来传递信号和动力的;它依靠密闭容积的变化传递运动,依靠液体内部的压力(由外界负载所引起)传递动力。液压传动装置本质上是一种能量转换装置,它先将机械能转换为液压能,随后又将液压能转换为机械能而做功。

视频 ●·····

液压千斤顶
工作原理

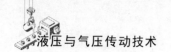

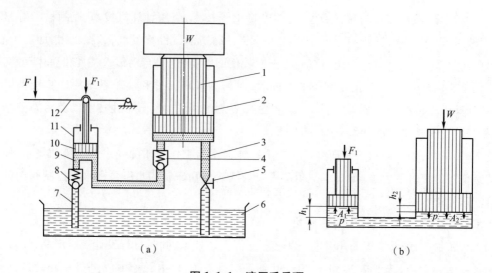

图 1.1.1　液压千斤顶

1—大活塞;2—大液压缸;3、9—油管;4、8—单向阀;5—截止阀;6—油箱;

7—吸油管;10—小活塞;11—小液压缸;12—杠杆手柄

1.3.2　液压传动基本特征

分析液压千斤顶两活塞之间的力比例关系、运动关系和功率关系,其简化模型如图 1.1.1(b)所示。

1. 力比例关系

当大活塞上有重物负载 W 时,大活塞下腔的油液产生一定的压力 p,$p=W/A_2$,根据帕斯卡原理:"在密闭容器内,施加于静止液体上的压力将以等值同时传到液体各点。"因而,要顶起大活塞及其重物负载,在小活塞下腔就必须产生一个等值的压力 p,也就是说小活塞上必须施加力 F_1,$p=F_1/A_1$,因而有

$$p = \frac{F_1}{A_1} = \frac{W}{A_2} \tag{1.1.1}$$

式中　A_1、A_2——小活塞和大活塞的作用面积;

　　　F_1——杠杆手柄作用在小活塞上的力;

　　　W——大活塞上的重物负载。

由式(1.1.1)可知,当负载 W 一定时,作用力 F_1 大小与两活塞面积的比值成正比。当负载 W 增大时,流体工作压力 p 也要随之增大,即 F_1 要随之增大;反之,若负载 W 很小,流体压力就很低,F_1 也就很小。由此得出一个非常重要的结论:液压传动中工作压力取决于负载,而与流入流体的多少无关。

2. 运动关系

如果不考虑液体的可压缩性、漏损和液压油缸体和油管的变形,则从图 1.1.1(b)可以看出,被小活塞压出的油液的体积必然等于大活塞向上升起后大液压缸下腔扩大的体积,即

$$A_1 h_1 = A_2 h_2 \tag{1.1.2}$$

式中　h_1、h_2——小活塞和大活塞的位移。

由式(1.1.2)可知,两活塞的位移和两活塞的面积成反比。将 $A_1 h_1 = A_2 h_2$ 两端同除以活塞移动的时间 t 得

$$A_1 \frac{h_1}{t} = A_2 \frac{h_2}{t}$$

$$A_1 v_1 = A_2 v_2 \tag{1.1.3}$$

式中　v_1、v_2——小活塞和大活塞的运动速度。

由式(1.1.3)可以看出,活塞的运动速度和活塞的作用面积成反比。

Ah/t 的物理意义是单位时间内液体流过截面积为 A 的某一截面的体积,称为流量 q,即

$$q = Av$$

如果已知进入缸体的流量 q,则活塞的运动速度为

$$v = \frac{q}{A} \tag{1.1.4}$$

由式(1.1.4)可知,调节进入液压油缸的流量 q,即可调节活塞的运动速度 v,这就是液压传动能实现无级调速的基本原理。由此得出一个非常重要的结论:活塞的运动速度取决于进入液压缸的流量,而与流体压力的大小无关。

3. 功率关系

由式(1.1.1)和式(1.1.3)可得

$$F_1 v_1 = W v_2 \tag{1.1.5}$$

由式(1.1.5)可知:左端为输入功率,右端为输出功率。这说明在不计损失的情况下输入功率等于输出功率。由式(1.1.5)还可得出

$$P = p A_1 v_1 = W A_2 v_2 = pq \tag{1.1.6}$$

由式(1.1.6)可以看出,液压与气压传动中的功率 P 可以用压力 p 和流量 q 的乘积表示,压力 p 和流量 q 是流体传动中最基本、最重要的两个参数,它们相当于机械传动中的力 F 和速度 v,它们的乘积即为功率。由此得出一个非常重要的结论:液压传动是以流体的压力能来传递动力的。

综合分析可知,液压传动的基本特征是以液体为工作介质,依靠处于密封工作容积内的液体压力能来传递能量;压力的高低取决于负载;负载速度的传递是按容积变化相等的原则进行的,速度的大小取决于流量;压力和流量是液压传动中最基本、最重要的两个参数。

1.4　液压系统的组成及功用

一个完整的液压系统一般都是由动力装置、执行装置、控制装置和辅助装置 4 部分组成的,其功用如下:

(1)动力装置:把原动机的机械能转变成液体的压力能,给液压系统提供压力油,使整个系统能够动起来。最常用的元件是液压泵,液压泵是液压系统的心脏。

视频

磨床液压系统

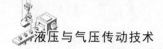

（2）执行装置：将液压油的压力能转变成机械能，以驱动工作机构的负载对外做功，实现往复直线运动、连续回转运动或摆动。最常用的元件是液压缸和液压马达。

（3）控制装置：控制液压系统中从液压泵至执行装置的油液方向、压力和流量，以保证执行装置驱动的主机工作机构完成预定的运动规律。最常用的元件是方向阀、压力阀和流量阀等。

（4）辅助装置：用来存放、提供和回收液压介质，实现液压元件之间的连接及传输载能液压介质，滤除液压介质中的杂质，保持系统正常工作所需要的介质清洁度，系统加热或散热，存储、释放液压能或吸收液压脉动和冲击，显示系统压力、油温等。最常用的元件是管路和接头、油箱、过滤器、蓄能器、密封件和仪表等。

1.5 液压传动的特点及应用

1.5.1 液压传动的特点

1. 液压传动的主要优点

（1）液压传动能在运行中实行无级调速，调速方便且调速范围比较大，可达 100:1～2 000:1。

（2）在同等功率的情况下，液压传动装置的体积小、质量小、惯性小、结构紧凑（如液压马达的质量仅有同功率电动机质量的 10%～20%），而且能传递较大的力或扭矩。

（3）液压传动工作比较平稳，反应快，冲击小，能高速启动、制动和换向。工作介质具有弹性，可吸收冲击，液压传动传递运动均匀平稳；液压传动装置的回转运动换向频率可达 500 次/min，往复直线运动可高达 1 000 次/min。

（4）液压传动装置的控制、调节比较简单，操纵比较方便、省力，易于实现自动化与电气控制配合使用，能实现复杂的顺序动作和远程控制。

（5）液压传动装置易于实现过载保护，系统超负载时油液经溢流阀回油箱。

（6）液压传动易于实现系列化、标准化和通用化，便于液压系统的设计、制造和使用维护，有利于缩短机器设备的设计制造周期并降低制造成本。

（7）液压传动易于实现回转、直线运动，且元件排列布置灵活，尤其是用液压传动实现直线运动远比用机械传动简单。

（8）布局灵活方便。液压元件的布置不受严格的空间位置限制，容易按照机器的需要通过管道实现系统中各部分的连接，布局安装具有很大的柔性，能够组成其他方法难以组成的复杂系统。

2. 液压传动的主要缺点

（1）不能保证定比传动。液体为工作介质，易泄漏，油液可压缩，故不能用于传动比要求准确的场合。

（2）液压传动中有机械损失、压力损失和泄漏损失，效率较低，所以不宜做远距离传动。

（3）液压传动对油温和负载变化敏感，不宜于在低温、高温下使用，对污染很敏感，采用石油基液压油作为传动介质时还需要注意防火问题。

（4）液压传动需要有单独的能源（如液压泵站），因为液压能不能像电能那样从远处传来。

（5）造价较高。为了减少泄漏，液压元件在制造精度上的要求较高，因此它的造价就较高，而且对工作介质的污染比较敏感。

（6）故障诊断困难。液压传动装置出现故障时不易追查原因，不易迅速排除。

液压传动与其他传动方式的综合比较如表 1.1.1 所示。

表 1.1.1　液压传动与其他传动方式的综合比较

性　　能	液压传动	气压传动	机械传动	电气传动
输出力	大	稍大	较大	不太大
响应速度	较高	高	低	高
质量功率比	小	中等	较小	中等
响应性	高	低	中等	高
负载引起特性变化	稍有	很大	几乎无	几乎无
定位性	稍好	不良	良好	良好
无级调速	良好	较好	较困难	良好
远程操作	良好	良好	困难	特别好
信号变换	困难	较困难	困难	容易
调整	容易	稍困难	稍困难	容易
结构	稍复杂	简单	一般	稍复杂
管线配置	复杂	稍复杂	较简单	不复杂
环境适应性	较好,但易燃	好	一般	不太好
动力源失效时	可通过蓄能器完成若干动作	有余量	不能工作	不能工作
工作寿命	一般	长	一般	较短
维护要求	高	一般	简单	较高
价格	稍高	低	一般	稍高

总的来说，液压传动的优点较多，缺点正随着生产技术的发展逐步得到克服，因此，液压传动在现代化生产中有着广阔的发展前景。

1.5.2　液压传动的应用

液压传动技术的应用领域如表 1.1.2 所示。

表 1.1.2　液压传动技术的应用领域

应用领域	采用液压技术的机器设备和装置
机械制造	铸造机械、金属成形设备、焊接设备、热处理设备、金属切削机床
汽车工业	汽车制造设备、自卸式汽车、平板车、高空作业等
家用电器与五金制造	家电行业、五金行业
计量质检、装置、特种设备及公共设施	计量与产品质量检验设备、特种设备、公共设施、环保设备

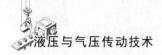

续表

应用领域	采用液压技术的机器设备和装置
能源与冶金工业	电力行业、煤炭工业、石油天然气探采机械、冶炼轧制设备、冶金产品、冶金企业环保设备
轻工、纺织及化工机械	轻工机械、纺织机械、化工机械
铁路公路工程	铁路工程施工设备、公路工程及运输
航空航天工程、河海工程及武器装备	航空航天、河海工程、武装设备
建材、建筑、工程机械及农林牧机械、船舶港口机械	建材行业、建筑行业、工程、农林牧机械、船舶港口机械

 思考题与习题

1. 液压传动与机械传动相比,有哪些优缺点? 列举液压传动的应用实例。

2. 液压系统由哪几部分组成? 各部分的作用是什么?

3. 以液压千斤顶为例,说明液压传动的基本特征。

4. 目前液压传动技术向着什么方向发展,举出实例。

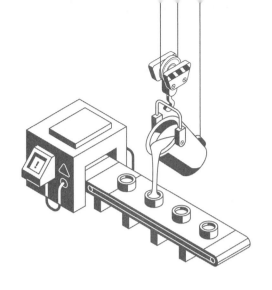

第 2 章

液压油和液压流体力学基础

视频 ●

常用液压油性质

2.1 液 压 油

2.1.1 液压油的性质

在液压系统中,液压油是传递动力和信号的工作介质。同时还起到润滑、冷却和防锈的作用。

1. 密度

单位体积液体的质量称为液体的密度。通常用 ρ 表示,其单位为 kg/m³。

$$\rho = \frac{m}{V} \tag{1.2.1}$$

式中　V——液体的体积,m³;

　　　m——液体的质量,kg。

常用液压油的密度约为 900 kg/m³,在实际使用中可认为密度不受温度和压力的影响。

2. 可压缩性

液体的可压缩性是指液体的体积与压力变化的关系。其大小用体积压缩系数 k 表示。

$$k = -\frac{1}{\mathrm{d}p}\frac{\mathrm{d}V}{V} \tag{1.2.2}$$

即单位压力变化时,所引起体积的相对变化率称为液体的体积压缩系数。由于压力增大时液体的体积减小,即 $\mathrm{d}p$ 与 $\mathrm{d}V$ 的符号始终相反,为保证 k 为正值,所以在式(1.2.2)的右边需加负号。k 值越大,液体的可压缩性越大,反之液体的可压缩性越小。

液体体积压缩系数的倒数称为液体的体积弹性模量,用 K 表示。即

$$K = \frac{1}{k} = -\frac{V}{\mathrm{d}V}\mathrm{d}p \tag{1.2.3}$$

K 表示液体产生单位体积相对变化量所需要的压力增量,反映液体抵抗压缩能力的大小。在常温下,纯净液压油的体积弹性模量 $K = (1.4 \sim 2.0) \times 10^3$ MPa,数值很大,故一般可以认为液压油是不可压缩的。由于液压油中的气体难以完全排除,在工程计算中常取液压油的体积弹性模量

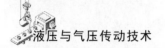

$K = (0.7 \sim 1.4) \times 10^3$ MPa。

3. 黏性

1）黏性的定义

液体在外力作用下流动（或具有流动趋势）时，分子间的内聚力要阻止分子间的相对运动而产生一种内摩擦力，这种现象称为液体的黏性。黏性是液体固有的属性，只有在流动时才能表现出来。

液体流动时，由于液体和固体壁面间的附着力以及液体本身的黏性会使液体各层间的速度大小不等。如图 1.2.1 所示，在两块平行平板间充满液体，其中一块板固定，另一块板以速度 u_0 运动。结果发现两平板间各层液体速度按线性规律变化。最下层液体的速度为零，最上层液体的速度为 u_0。实验表明，液体流动时相邻液层间的内摩擦力 F_f 与液层接触面积 A 也成正比，与液层间的速度梯度 $\mathrm{d}u/\mathrm{d}y$ 成正比，并且与液体的性质有关，即

$$F_f = \mu A \frac{\mathrm{d}u}{\mathrm{d}y} \qquad (1.2.4)$$

式中　μ——由液体性质决定的系数，Pa·s；

　　　A——接触面积，m^2；

　　　$\mathrm{d}u/\mathrm{d}y$——速度梯度，$1/s$。

其应力形式为：

$$\tau = \mu \frac{\mathrm{d}u}{\mathrm{d}y} \qquad (1.2.5)$$

式中　τ—摩擦应力或切应力。

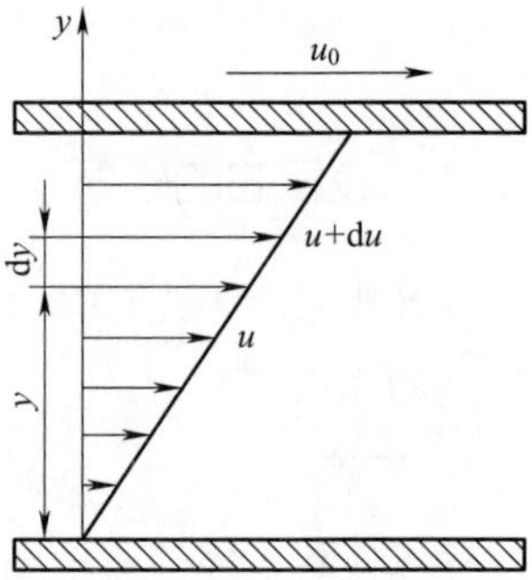

式（1.2.5）就是著名的牛顿液体内摩擦定律。

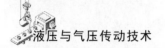

图 1.2.1　液体的黏性

2）黏度

液体黏性的大小用黏度表示。常用的表示方法有动力黏度、运动黏度和相对黏度 3 种。

（1）动力黏度（或绝对黏度）μ：动力黏度就是牛顿内摩擦定律中的 μ，由式（1.2.5）可得

$$\mu = \frac{F_f}{A \dfrac{\mathrm{d}u}{\mathrm{d}y}} \qquad (1.2.6)$$

式（1.2.6）表示了动力黏度的物理意义，即液体在单位速度梯度下流动或有流动趋势时，相接触的液层间单位面积上产生的内摩擦力。单位为 N·s/m^2 或 Pa·s。工程上用的是泊（P）或厘泊（cP）。1 Pa·s = 10 P = 10^3 cP。

（2）运动黏度 ν：液体的动力黏度 μ 与其密度 ρ 的比值称为液体的运动黏度，即

$$\nu = \frac{\mu}{\rho} \qquad (1.2.7)$$

运动黏度在国际单位制中的单位为 m^2/s，工程上用的单位是 cm^2/s（斯，St）或 mm^2/s（厘斯，cSt），1 m^2/s = 10^4 St = 10^6 cSt。我国液压油的牌号以 40 ℃温度下的运动黏度（以 cSt 为单位）的平均值来表示。例如 32 号液压油，就是指这种液压油在 40 ℃时，运动黏度的平均值为 32 cSt。

（3）相对黏度：动力黏度与运动黏度都很难直接测量，所以在工程上常用相对黏度。所谓相对

黏度就是采用特定的黏度计在规定的条件下测量出来的黏度。由于测量条件不同,各国采用的相对黏度也不同,中国、俄罗斯、德国用恩氏黏度,美国用赛氏黏度,英国用雷氏黏度。

恩式黏度用恩式黏度计测定,即将 200 ml、某一温度为 t ℃ 的被测液体装入黏度计的容器内,由其下部直径为 2.8 mm 的小孔流出,测出流尽所需的时间 t_1(s),再测出 200 ml、20 ℃ 蒸馏水在同一黏度计中流尽所需的时间 t_2(s),这两个时间的比值称为被测液体的恩式黏度,即

$$°E = \frac{t_1}{t_2} \tag{1.2.8}$$

3)黏度与温度的关系

油液的黏度对温度的变化极为敏感,温度升高,油液的黏度显著降低。油液的黏度随温度变化的性质称为黏温特性。不同种类的液压油有不同的黏温特性,黏温特性较好的液压油,黏度随温度的变化较小,因而油温变化对液压系统性能的影响较小。

2.1.2 对液压油的要求

液压系统使用的液压油应一般具备如下性能:

(1)合适的黏度,较好的黏温特性;

(2)润滑性能好;

(3)质地纯净,杂质少;

(4)具有良好的相容性;

(5)具有良好的稳定性(热、水解、氧化、剪切);

(6)具有良好的抗泡沫性、抗乳化性和防锈性,腐蚀性小;

(7)体积膨胀系数低,比热容高;

(8)流动点和凝固点低,闪点和燃点高;

(9)对人体无害,成本低。

2.1.3 液压油的选择

正确合理地选择液压油,对保证液压系统的正常工作、延长液压系统和液压元件的使用寿命、提高液压系统的工作可靠性等都有重要影响。

液压油的选用,首先应根据液压系统的工作环境和工作条件选择合适的液压油类型,然后再选择液压油的牌号。

对液压油牌号的选择,主要是对油液黏度等级的选择,这是因为黏度对液压系统的稳定性、可靠性、效率、温升以及磨损都有很大的影响。在选择黏度时应注意以下几方面情况:

(1)液压系统的工作压力:工作压力较高的液压系统宜选用黏度较大的液压油,以便于密封,减少泄漏;反之,可选用黏度较小的液压油。

(2)环境温度:环境温度较高时宜选用黏度较大的液压油,主要目的是减少泄漏,因为环境温度高会使液压油的黏度下降;反之,选用黏度较小的液压油。

(3)运动速度:当工作部件的运动速度较高时,为减少液流的摩擦损失,宜选用黏度较小的液

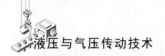

压油;反之,为了减少泄漏,应选用黏度较大的液压油。

2.1.4　液压油的污染与防治措施

液压油的污染:是指油中含有水分、空气、微小固体物、橡胶黏状物等。液压油的污染,常常是系统发生故障的主要原因。

1. 污染的危害

(1)堵塞滤油器,使泵吸油困难,产生噪声。

(2)堵塞元件的微小孔道和缝隙,使元件动作失灵;加速零件的磨损,使元件不能正常工作;擦伤密封件,增加泄漏量。

(3)水分和空气的混入使液压油的润滑能力降低并使它加速氧化变质;产生气蚀,使液压元件加速腐蚀;使液压系统出现振动、爬行等现象。

2. 污染的原因

(1)潜在污染:制造、存储、运输、安装、维修过程中的残留物。

(2)浸入污染:空气、水、灰尘的浸入。

(3)再生污染:工作过程中发生反应后的生成物。

3. 防治措施

为了延长液压元件的寿命,保证液压系统可靠地工作,必须采取一些防治措施。

(1)液压系统在装配后、使用前和工作中需保持清洁,防止污染物从外界侵入。

(2)设置合适的过滤器,并定期检查、清洗或更换。

(3)定期检查和更换液压油。

(4)控制液压油的工作温度。

 ## 2.2　液体静力学

2.2.1　基本概念

1. 流体

流体是液体和气体的总称。由于液体和气体分子间的聚合力很小,所以分子可以有很大的自由运动范围。液体是一种只有固定的体积而没有固定形状的物质,气体则既没有固定形状也没有固定体积。由于分子间的引力小,以致流体在静止状态下不能抵抗拉应力和切应力,这就使得流体在不受任何外力作用的情况下就可以变形。这种特性称为流体的流动性。流动性是流体和固体相区别的一个根本特性。

尽管流体分子间的距离比较大,但与所研究的机械运动的尺寸相比仍然非常小。因此,在研究流体的宏观运动时,并不考虑单个流体分子的运动,而是把一个含有无数分子的流体微团看作一个质点,并且假定在所研究的流体中这些质点是连续分布的。流体力学中所研究的流体是一种具有流动性的、由连续分布的流体质点组成的连续介质。

2. 作用在流体上的力

在运动(或平衡)流体中取出一小块为研究对象,发现作用在流体上的力由重力、惯性力、压力、摩擦力4部分组成,分别介绍如下。

(1)重力:由地球引力而形成,$G = mg$。

(2)惯性力:直线运动时的惯性力或离心力,$F = ma$,$F = mu^2/R$。

(3)压力:产生在流体与固体或其他流体的接触面上,是固体或其他流体对所研究流体作用的结果,$F = pA$。

(4)摩擦力:由于流体的黏性引起的,$F_f = \mu A \dfrac{\mathrm{d}u}{\mathrm{d}y}$。

在这4种力中,前两种均与流体的质量(或体积)有关,称为质量力或体积力。质量力的大小通常用单位质量流体所受的力表示,称为单位质量力。后两种力因作用在流体的表面上,故称为表面力。表面力通常用应力的形式(即单位面积上的力)表示。

力的存在是有条件的,4个力不一定同时存在,某些特殊情况下,可能只存在其中的一个或两个。

3. 理想流体与实际流体

理想流体就是没有黏性、不可压缩的流体(这是一种假设,实际上并不存在这样的流体)。所以通常把黏性很小,可以忽略的流体称为理想流体。实际流体就是不能忽略黏性的流体。

2.2.2　静压力及其特性

液体静力学所研究的是静止液体的力学性质。静止是指液体内部质点之间没有相对的位置运动,而整个液体是相对静止地处于一种平衡状态,如等速直线运动、等加速直线运动或者等角速转动等。由于液体质点间无相对运动,因此没有内摩擦力,即液体的黏性不被表现。所以静力学的一切结论对于理想流体和实际流体都是适用的。

1. 静压力的定义

液体单位面积上所受的法向力称为静压力(物理学中称为压强,但在液压传动中习惯称为压力),通常用p表示,这时外力的作用并不改变液体质点的空间位置,而只改变液体内部的压力分布。

当液体面积ΔA上作用有法向力ΔF时,液体某点处的压力即为

$$p = \lim_{\Delta A \to 0} \frac{\Delta F}{\Delta A} \tag{1.2.9}$$

2. 静压力特性

静压力有如下特性。

(1)静压力沿着内法线方向作用于承压面。

(2)静止液体内任一点的压力在各个方向上都相等,而与作用面的方向无关。

由上述性质可知,静止液体总是处于受压状态,并且其内部的任何质点都是受平衡压力作用的。

2.2.3　重力作用下静止液体中的压力分布(静力学基本方程)

如图1.2.2(a)所示,密度为ρ的液体,外加压力为p_0,在容器内处于静止状态。为求任意深

度 h 处的压力 p，可以假想从液面向下选取一个垂直液柱作为研究对象。设液柱的底面积为 ΔA，高为 h，如图 1.2.2(b) 所示。由于液柱处于平衡状态，于是有

$$p = p_0 + \rho g h \tag{1.2.10}$$

式(1.2.10)称为液体静力学基本方程式。由此可知，重力作用下的静止液体，其压力分布有如下特点：

(1)静止液体内任一点处的压力由两部分组成：一部分是液面上的压力 p_0，另一部分是液柱自重产生的压力 $\rho g h$。当液面上只受大气压力 p_a 作用时，液体内任一点处的压力为 $p = p_a + \rho g h$。

(2)静止液体内的压力随液体深度的增加按线性规律分布。

(3)离液面深度相同处各点的压力都相等(压力相等各点组成的面称为等压面。在重力作用下静止液体中的等压面是一个水平面)。

例2.1　如图 1.2.3 所示，容器内盛有油液。已知油的密度 $\rho = 900 \text{ kg/m}^3$，活塞上的作用力 $F = 1\ 000 \text{ N}$，活塞的面积 $A = 1 \times 10^{-3} \text{ m}^2$，假设活塞的质量忽略不计。问活塞下方深度为 $h = 0.5 \text{ m}$ 处的压力等于多少？($g = 9.8 \text{ m/s}^2$)

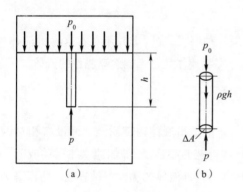

图 1.2.2　重力作用下的静止液体图

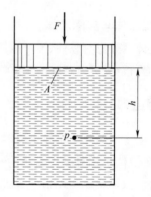

图 1.2.3　静止液体内的压力

解：活塞与液体接触面上的压力为

$$p_0 = \frac{F}{A} = \frac{1\ 000}{1 \times 10^{-3}} \text{ N/m}^2 = 10^6 \text{ N/m}^2$$

根据式(1.2.10)，深度为 h 处的液体压力为

$$p = p_0 + \rho g h = (10^6 + 900 \times 9.8 \times 0.5) \text{ N/m}^2 = 1.004\ 4 \times 10^6 \text{ N/m}^2 \approx 10^6 \text{ Pa}$$

从本例可以看出，液体在受外界压力作用的情况下，由液体自重所形成的那部分压力 $\rho g h$ 相对很小，在液压传动系统中可以忽略不计，因而可以近似地认为液体内部各处的压力是相等的。以后在分析液压传动系统的压力时，一般都采用此结论。

2.2.4　压力的表示方法和单位

1. 压力的表示方法

压力有绝对压力和相对压力两种表示方法。以绝对真空为基准度量的压力称为绝对压力；以大气压为基准度量的压力称为相对压力。大多数测压仪表都受大气压的作用，所以，仪表指示的

压力都是相对压力,故相对压力又称为表压。在液压与气压传动中,如不特别说明,所提到的压力均指相对压力。如果液体中某点处的绝对压力小于大气压力,比大气压小的那部分数值称为这点的真空度。

由图 1.2.4 可知,以大气压为基准计算压力时,基准以上的正值是表压力;基准以下的负值就是真空度。

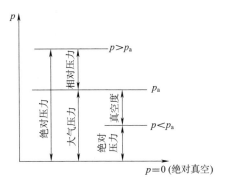

图 1.2.4　绝对压力、相对压力和真空度

2. 压力的单位

在工程实践中用来衡量压力的单位很多,最常用的有 3 种:

(1)用单位面积上的力来表示。国际单位制中的单位为:Pa(N/m^2)、MPa。1 MPa = 10^6 Pa。

(2)用(实际压力相当于)大气压的倍数来表示:在液压传动中使用的是工程大气压,记作 at,1 at = 1 kgf/cm^2 = 1 bar(巴)。

(3)用液柱高度来表示:因为液体内某一点处的压力与它所在位置的深度成正比,因此亦可用液柱高度来表示其压力大小。单位为 m 或 cm。

这 3 种单位之间的关系是:

$$1 \text{ at} = 9.8 \times 10^4 \text{ Pa} = 10 \text{ m}(\text{H}_2\text{O}) = 736 \text{ mm}(\text{Hg})$$

例 2.2　如图 1.2.5 所示的容器内充入 10 m 高的水。试求容器底部的相对压力(水的密度 $\rho = 1\,000$ kg/m^3)。

解:容器底部的压力为 $p = p_0 + \rho g h$,其相对压力为 $p_r = p - p_a$,而这里 $p_0 = p_a$,故有

$$p_r = \rho g h = 1\,000 \times 9.81 \times 10 \text{ Pa} = 98\,100 \text{ Pa}$$

例 2.3　液体中某点的绝对压力为 0.7×10^5 Pa,试求该点的真空度(大气压取为 1×10^5 Pa)。

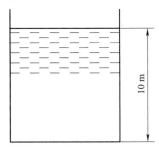

图 1.2.5　例 2.2 图

解:该点的真空度为

$$p_v = p_a - p = (1 \times 10^5 - 0.7 \times 10^5) \text{Pa} = 0.3 \times 10^5 \text{ Pa}$$

该点的相对压力为

$$p_r = p - p_a = (0.7 \times 10^5 - 1 \times 10^5) \text{Pa} = -0.3 \times 10^5 \text{ Pa}$$

即真空度就是负的相对压力。

2.2.5　静止液体中压力的传递(帕斯卡原理)

盛放在密闭容器内的液体,其外加压力 p_0 发生变化时,只要液体仍保持其原来的静止状态不变,则由 $p = p_0 + \rho g h$ 可知,液体中任一点的压力均将发生同样大小的变化。即在密闭容器中,施加于静止液体上的压力将以等值同时传到各点,这就是静止液体中压力传递原理或称帕斯卡原理。在图 1.2.3 中,活塞上的作用力 F 是外加负载,A 为活塞横截面面积,根据帕斯卡原理,容器内液体

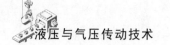

的压力 p 与负载 F 之间总是保持着正比关系 $p = \dfrac{F}{A}$。

可见,液体内的压力是由外界负载作用所形成的,即系统的压力大小取决于负载,这是液压传动中一个非常重要的基本概念。

例 2.4 图 1.2.6 所示为相互连通的两个液压缸,已知大缸内径 $D = 0.1\ \text{m}$,小缸内径 $d = 0.02\ \text{m}$,大活塞上放置物体的质量为 5 000 kg,问在小活塞上所加的力 F 为多大时,才能使重物顶起?

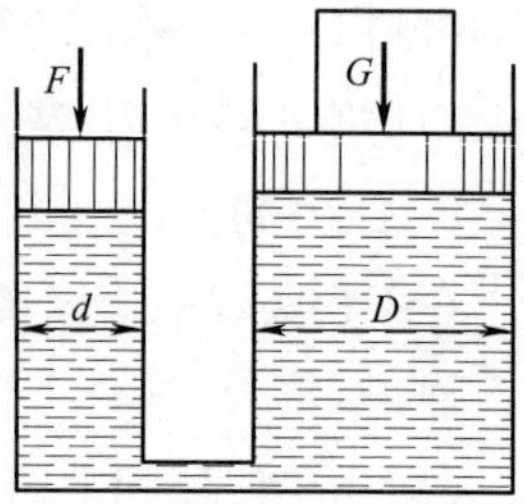

解:根据帕斯卡原理,由外力产生的压力在两缸中相等,即

$$\frac{F}{\frac{\pi}{4}d^2} = \frac{G}{\frac{\pi}{4}D^2}$$

G 为物体的重力:$G = mg$,故为了顶起重物,应在小活塞上施加的力为

图 1.2.6 例 2.4 图

$$F = \frac{d^2}{D^2}G = \frac{d^2}{D^2}mg = \frac{0.02^2}{0.1^2} \times 5\ 000 \times 9.8\ \text{N} = 1\ 960\ \text{N}$$

本例说明了液压千斤顶等液压起重机械的工作原理,体现了液压装置的力的放大作用。

2.2.6 液体静压力作用在固体壁面上的力

静止液体和固体壁面相接触时,固体壁面上各点在某一方向上所受静压作用力的总和便是液体在该方向上作用于固体壁面上的力。在液压传动中,计算时液体自重($\rho g h$)产生的那部分压力可以忽略,液体中各点的静压力可看作是均匀分布的,且处处相等。

当固体壁面为一平面时,如图 1.2.7(a)所示。静止液体对该平面的总作用力 F 等于液体压力 p 与该平面面积 A 的乘积,其方向与该平面垂直,即

$$F = pA = p\frac{\pi D^2}{4} \tag{1.2.11}$$

如图 1.2.7(b)(c)所示的球面和圆锥体面,要求液体静压力 p 沿垂直方向作用在球面和圆锥面上的力 F,就等于压力作用于该部分曲面在垂直方向的投影面积 A 与压力 p 的乘积,其作用点通过投影圆的圆心,其方向指向中心,即

$$F = pA = p\frac{\pi d^2}{4} \tag{1.2.12}$$

式中 d——承压部分曲面投影圆的直径。

当固体壁面为曲面时,曲面上各点所受的静压力的方向是变化的,但大小相等,如图 1.2.8 所示,为求缸筒的压力油对右半部缸筒内壁在 x 方向上的作用力,可在内壁面上取一微小面积 $\text{d}A = l\text{d}s = lr\text{d}\theta$($l$ 和 r 分别为缸筒的长度和半径),则压力油作用在这块面积上的力 $\text{d}F$ 的水平分量 $\text{d}F_x$ 为

$$\text{d}F_x = \text{d}F\cos\theta = plr\cos\theta\text{d}\theta$$

由此得压力油对缸筒内壁在 x 方向上的作用力为

$$F_x = \int_{-\frac{\pi}{2}}^{\frac{\pi}{2}} \mathrm{d}F_x = \int_{-\frac{\pi}{2}}^{\frac{\pi}{2}} plr\cos\theta\mathrm{d}\theta = 2plr = pA_x \qquad (1.2.13)$$

式中　A_x——缸筒右半部内壁在 x 方向的投影面积,$A_x = 2rl$。

由此可知,曲面上液压作用力在某一方向上的分力等于液体压力和曲面在该方向垂直面内投影面积的乘积。

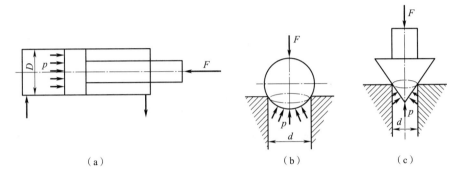

（a）　　　　　　　　　　　（b）　　　　　　　　　（c）

图 1.2.7　液压力作用在固体壁面上的力

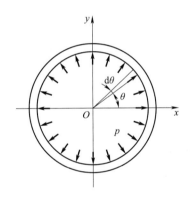

图 1.2.8　液体作用在缸筒内壁面上的力

 2.3　液体动力学

2.3.1　基本概念

1. 流场

现在假定在所研究的空间内充满运动着的流体,那么每个空间点上都有流体质点的运动速度、加速度等运动要素与之对应。这样一个被运动流体所充满的空间称为"流场"。

2. 定常流动和非定常流动

如果在一个流场中,若液体中任何一点的压力、速度和密度都不随时间而变化,则这种流动称为定常流动(恒定流动);否则,称为非定常流动(非恒定流动)。

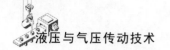

3. 一维流动、二维流动、三维流动

一维流动:流场中各运动要素均随一个坐标和时间变化。

二维流动:流场中各运动要素均随两个坐标和时间变化。

三维流动:流场中各运动要素均随三个坐标和时间变化。

4. 迹线和流线

(1)迹线:流体质点的运动轨迹。

(2)流线:用来表示某一瞬时一群流体质点流速方向的曲线。即流线是一条空间曲线,其上各点处的瞬时流速方向与该点的切线方向重合,如图1.2.9(a)所示。

5. 流管和流束

(1)流管:在流场中经过一封闭曲线上各点作流线所组成的管状曲面称为流管。由流线的性质可知:流体不能穿过流管表面,而只能在流管内部或外部流动,如图1.2.9(b)所示。

(2)流束:过空间一封闭曲线围成曲面上各点作流线所组成的流线束,称为流束,如图1.2.9(c)所示。

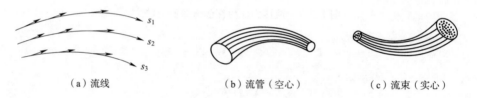

（a）流线　　　　　　　　（b）流管（空心）　　　　　　（c）流束（实心）

图1.2.9　流线、流管(空心)、流束(实心)

6. 通流截面、流量和平均流速

(1)通流截面:流束的一个横断面,在这个断面上所有各点的流线均在此点与这个断面正交。即通流截面就是流束的垂直横断面。通流截面可能是平面,也可能是曲面,如图1.2.10所示,A 和 B 均为通流截面。

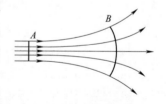

图1.2.10　过流断面

(2)流量:单位时间内流过通流截面的流体体积称为流量。在国际单位制中的单位为 m^3/s,在工程上的单位为 $1/min$。由图1.2.11可得到

$$q = \frac{V}{t} = \int_A u \mathrm{d}A \tag{1.2.14}$$

式中　u——某一通流截面中各点的瞬时流速。

(3)平均流速:流量 q 与通流截面面积 A 的比值,称为这个通流截面上的平均流速,即

$$v = \frac{q}{A} = \frac{\int_A u \mathrm{d}A}{A} \tag{1.2.15}$$

为了便于计算,用平均流速代替实际流速。

流量也可以用流过通流截面的液体质量来表示,即质量流量 q_m

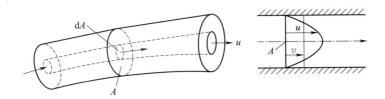

图 1.2.11　流量和平均流速

$$q_{\mathrm{m}} = \int_A \rho u \mathrm{d}A = \rho \int_A u \mathrm{d}A = \rho q \tag{1.2.16}$$

7. 流动液体的压力

静止液体内任意点处的压力在各个方向上都是相等的,可是在流动液体内,由于惯性力和黏性力的影响,任意点处在各个方向上的压力并不相等,但在数值上相差甚微。当惯性力很小,且把液体当作理想液体时,流动液体内任意点处的压力在各个方向上的数值仍可以看作是相等的。

2.3.2　液体的流动状态

实际液体具有黏性,是产生流动阻力的根本原因。然而流动状态不同,阻力的大小也不同。英国物理学家雷诺(Reynolds)认为液体有层流和湍流两种流动状态。

雷诺实验装置如图 1.2.12 所示。水箱 1 由进水管不断供水,并保持水箱水面高度恒定。水杯 5 内盛有红颜色水,将开关 6 打开后,红色水即经细导管 2 流入水平玻璃管 3 中。调节阀门 4 的开度,使玻璃管中的液体缓慢流动,这时,红色水在水平玻璃管 3 中呈一条明显的直线,这条红线和清水不相混杂,这表明水平玻璃管中的液流是分层的,层与层之间互不干扰,液体的这种流动状态称为层流。调节调节阀门 4,使玻璃管中的液体流速逐渐增大,当流速增大至某一值时,可看到红线开始抖动而呈波纹状,这表明层流状态受到破坏,液流开始紊乱。若使管中流速进一步增大,红色水流便和清水完全混合,红线便完全消失,这表明管道中液流完全紊乱,这时液体的流动状态称为湍流。如果将调节阀门 4 逐渐关小,就会看到相反的过程。

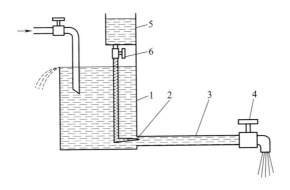

图 1.2.12　雷诺实验装置

1—水箱;2—导管;3—水平玻璃管;4—调节阀门;5—水杯;6—开关

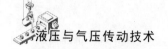

1. 层流和湍流

（1）层流：在液体运动时，如果质点没有横向脉动，不引起液体质点混杂，各层之间互不干扰，液体的流动呈线性或层状，能够维持安定的流束状态，即只有纵向运动，这种流动称为层流。液体流速较低，质点受黏性制约，不能随意运动，黏性力起主导作用；液体的能量主要消耗在摩擦损失上，它直接转化为热能，一部分被液体带走，一部分传给管壁。

（2）湍流：液体质点的运动杂乱无章，除了有纵向运动外，还存在着剧烈的横向运动。液体流速较高，黏性的制约作用减弱，惯性力起主导作用；液体的能量主要消耗在动能损失上，这部分损失使流体搅动混合，产生旋涡、尾流，造成气穴，撞击管壁，引起振动和噪声，最后化作热能消散掉。

2. 雷诺数 Re

雷诺通过大量实验证明，液体在圆管中的流动状态不仅与管内的平均流速 v 有关，还和管道内径 d、液体的运动黏度 ν 有关。实际上，判定液流状态的是上述 3 个参数所组成的一个无量纲数 Re。

$$Re = \frac{vd}{\nu} \tag{1.2.17}$$

式中　Re——雷诺数，即对通流截面相同的管道来说，若雷诺数 Re 相同，它的流动状态就相同。

液流由层流转变为湍流时的雷诺数和由湍流转变为层流时的雷诺数是不同的，后者的数值较前者小，所以一般都用后者作为判断液流流动状态的依据，称为临界雷诺数，记作 Re_c。当液流的实际雷诺数 Re 小于临界雷诺数 Re_c 时，为层流；反之，为湍流。常见液流管道的临界雷诺数由实验求得，如表 1.2.1 所示。

表 1.2.1　常见液流管道的临界雷诺数

管　道	Re_c	管　道	Re_c
光滑金属圆管	2 320	带环槽的同心环状缝隙	700
橡胶软管	1 600 ~ 2 000	带环槽的偏心环状缝隙	400
光滑的同心环状缝隙	1 100	圆柱形滑阀阀口	260
光滑的偏心环状缝隙	1 000	锥阀阀口	20 ~ 100

雷诺数中的 d 代表了圆管的特征长度，对于非圆截面的流道，可用水力直径（等效直径）d_H 来代替，即

$$Re = \frac{vd_H}{\nu} \tag{1.2.18}$$

$$d_H = 4R \tag{1.2.19}$$

$$R = \frac{A}{\chi} \tag{1.2.20}$$

式中　R——水力半径；

　　　A——通流面积；

　　　χ——湿周长度（通流截面上与液体相接触的管壁周长）。

水力半径 R 综合反映了通流截面上 A 与 χ 对阻力的影响。对于具有同样湿周 χ 的两个通流截

面,A 越大,液流受到壁面的约束就越小;对于具有同样通流面积 A 的两个通流截面,χ 越小,液流受到壁面的阻力就越小。综合这两个因素可知,$R = \dfrac{A}{\chi}$ 越大,液流受到的壁面阻力作用越小。即使通流面积很小也不易堵塞。

2.3.3　连续性方程

根据质量守恒定律和连续性假定来建立运动要素之间的运动学联系。

理想液体没有黏性和压缩性,在液压传动中经常是一维定常流动,下面介绍一维定常流动的连续性方程。

如图 1.2.13 所示,液体在不等截面的管道内流动,取截面 1 和 2 之间的管道部分为控制体积。设截面 1 和 2 的面积分别为 A_1 和 A_2,平均流速分别为 v_1 和 v_2,在流管中取一微小流束,流束两端的微小截面积分别为 dA_1 和 dA_2,在微小截面积上各点的速度可以是相等的,且两截面瞬时流速分别为 u_1 和 u_2。根据质量守恒定律,在 dt 时间内流入此微小流束的质量应等于从此微小流束流出的质量,故有

$$\rho u_1 dA_1 dt = \rho u_2 dA_2 dt$$

即
$$u_1 dA_1 = u_2 dA_2 \qquad (1.2.21)$$

对于整个流管,显然是微小流束的集合,由式(1.2.21)积分得

$$\int_{A_1} u_1 \, dA_1 = \int_{A_2} u_2 \, dA_2$$

即
$$q_1 = q_2$$

如用平均流速 v 表示,得

$$v_1 A_1 = v_2 A_2 \qquad (1.2.22)$$

由于两通流截面是任意取的,故有

$$q = vA = \text{const}(\text{常数}) \qquad (1.2.23)$$

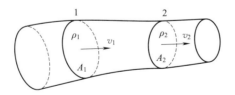

图 1.2.13　一维定常流动的连续性方程

式(1.2.23)称为不可压缩性液体做定常流动时的连续性方程。它说明流过各截面的不可压缩性液体的流量是相等的,此外,还说明当流量一定时,液流的流速和管道通流截面的大小成反比。

2.3.4　伯努利方程

伯努利方程表明了液体流动时的能量关系。也是能量守恒定律在流动液体中的具体体现。

要说明流动液体的能量问题,必须先说明液流的受力平衡方程,亦即它的运动微分方程。由

于问题比较复杂,下面先进行几点假定:

(1)液体沿微小流束流动。所谓微小流束是指流束的过流面面积非常小,可以把这个流束看成一条流线。这时流体的运动速度和压力只沿流束改变,在过流断面上可认为是一个常值。

(2)液体是理想不可压缩的。

(3)流动是定常的。

(4)作用在流体上的质量力是有势的(所谓有势就是存在力势函数 W,使得 $\dfrac{\partial W}{\partial x} = X$;$\dfrac{\partial W}{\partial y} = Y$;$\dfrac{\partial W}{\partial z} = Z$ 存在。而所研究的是质量力只有重力的情况)。

1. 理想液体的运动微分方程

如图1.2.14所示,某一瞬时 t,在流场的微小流束中取出一段通流面积为 dA、长度为 ds 的微元体积 dV,$dV = dAds$。流体沿微小流束的流动可以看作是一维流动,其上各点的流速和压力只随 s 和 t 变化,即 $u = u(s,t)$,$p = p(s,t)$。对理想流体来说,作用在微元体上的外力有以下两种:

(1)压力在两端截面上所产生的作用力(截面1上的压力为 p,则截面2上的压力为 $p + \dfrac{\partial p}{\partial s}ds$)

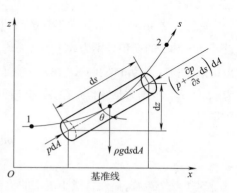

图1.2.14 理想液体一维流动的作用力

$$pdA - \left(p + \frac{\partial p}{\partial s}ds \right)dA = -\frac{\partial p}{\partial s}dsdA$$

(2)质量力只有重力

$$mg = (\rho dAds)g$$

根据牛顿第二定律有

$$-\frac{\partial p}{\partial s}dsdA - mg\cos\theta = ma \tag{1.2.24}$$

其中

$$\cos\theta = dz/ds = \frac{\partial z}{\partial s}$$

$$ma = \rho dAds\frac{du}{dt} = \rho dAds\left(\frac{\partial u}{\partial s}\frac{ds}{dt} + \frac{\partial u}{\partial t} \right) = \rho dAds\left(u\frac{\partial u}{\partial s} + \frac{\partial u}{\partial t} \right)$$

代入上式得

$$-\frac{\partial p}{\partial s}dsdA - \rho g dsdA\frac{\partial z}{\partial s} = \rho dsdA\left(u\frac{\partial u}{\partial s} + \frac{\partial u}{\partial t} \right)$$

即

$$-g\frac{\partial z}{\partial s} - \frac{1}{\rho}\frac{\partial p}{\partial s} = u\frac{\partial u}{\partial s} + \frac{\partial u}{\partial t} \tag{1.2.25}$$

这就是理想液体在微小流束上的运动微分方程,又称欧拉方程。

2. 理想液体微小流束定常流动的伯努利方程

要在图 1.2.14 所示的微小流束上寻找它各处的能量关系。将运动微分方程的两边同乘 ds，并从流线 s 上的截面 1 积分到截面 2，即

$$\int_1^2 \left(-g\frac{\partial z}{\partial s} - \frac{1}{\rho}\frac{\partial p}{\partial s} \right)\mathrm{d}s = \int_1^2 \left(u\frac{\partial u}{\partial s} + \frac{\partial u}{\partial t} \right)\mathrm{d}s$$

$$-g\int_1^2 \frac{\partial z}{\partial s}\mathrm{d}s - \frac{1}{\rho}\int_1^2 \frac{\partial p}{\partial s}\mathrm{d}s = \int_1^2 \frac{\partial}{\partial s}\left(\frac{u^2}{2} \right)\mathrm{d}s + \int_1^2 \frac{\partial u}{\partial t}\mathrm{d}s$$

$$-g(z_2 - z_1) - \frac{1}{\rho}(p_2 - p_1) = \left(\frac{u_2^2}{2} - \frac{u_1^2}{2} \right) + \int_1^2 \frac{\partial u}{\partial t}\mathrm{d}s$$

移项后整理得

$$z_1 g + \frac{p_1}{\rho} + \frac{u_1^2}{2} = z_2 g + \frac{p_2}{\rho} + \frac{u_2^2}{2} + \int_1^2 \frac{\partial u}{\partial t}\mathrm{d}s \tag{1.2.26}$$

对于定常流动来说

$$\frac{\partial u}{\partial t} = 0$$

故上式变为

$$z_1 g + \frac{p_1}{\rho} + \frac{u_1^2}{2} = z_2 g + \frac{p_2}{\rho} + \frac{u_2^2}{2} \tag{1.2.27}$$

即

$$zg + \frac{p}{\rho} + \frac{u^2}{2} = \text{const} \tag{1.2.28}$$

式中　zg——单位质量液体所具有的势能（比位能）；

　　　p/ρ——单位质量液体所具有的压力能（比压能）；

　　　$u^2/2$——单位质量液体所具有的动能（比动能）。

式（1.2.28）是理想液体在微小流束上定常流动时的伯努利方程。

理想液体定常流动时，流束任意截面处的总能量均由位能、压力能和动能组成。三者之和为定值，这正是能量守恒定律的体现。

3. 理想液体总流定常流动的伯努利方程

1）动量和动能修正系数

由前面可知，用平均流速 v 写出的流量和用真实流速 u 写出的流量是相等的，但用平均流速写出其他与速度有关的物理量时，其实际的值却不一定相同。为此引入一个修正系数来加以修正。

例如，用平均流速写出的动量为 $mv = (\rho Av\mathrm{d}t)v = \rho Av^2\mathrm{d}t$，而真实动量为 $\int_A \rho\mathrm{d}Au\mathrm{d}tu = \rho\mathrm{d}t\int_A u^2\mathrm{d}A$。

因此，动量修正系数 β 为真实动量与用平均流速写出的动量的比值，即

$$\beta = \frac{\int_A u^2\mathrm{d}A}{v^2 A} \tag{1.2.29}$$

同样的，动能修正系数 α 为真实动能与用平均流速写出的动能的比值，即

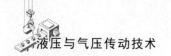
$$\alpha = \frac{\int_A u^3 \, \mathrm{d}A}{v^3 A} \tag{1.2.30}$$

α 和 β 是由速度在过流断面上分布的不均性所引起的大于 1 的系数。即与截面上的流速分布是否均匀有关，流速分布越不均匀，系数越大，其值通常是由实验来确定的，一般情况下，系数常取 1。

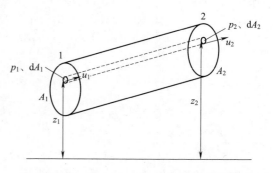

图 1.2.15　理想流体总流定常流动的作用力

2）理想液体总流定常流动的伯努利方程

液体沿图 1.2.15 所示流束做定常流动，并假定在 1、2 两通流截面上的流动是缓变的。设通流截面 1 的面积为 A_1，通流截面 2 的面积为 A_2。在总流中任取一个微小流束，通流截面积分别为 $\mathrm{d}A_1$ 和 $\mathrm{d}A_2$；压力分别为 p_1 和 p_2；流速分别为 u_1 和 u_2；断面中心的几何高度分别为 z_1 和 z_2。对这个微小流束可列出伯努利方程和连续性方程

$$z_1 g + \frac{p_1}{\rho} + \frac{u_1^2}{2} = z_2 g + \frac{p_2}{\rho} + \frac{u_2^2}{2}$$

$$u_1 \mathrm{d}A_1 = u_2 \mathrm{d}A_2$$

因此

$$\left(z_1 g + \frac{p_1}{\rho} + \frac{u_1^2}{2} \right) u_1 \mathrm{d}A_1 = \left(z_2 g + \frac{p_2}{\rho} + \frac{u_2^2}{2} \right) u_2 \mathrm{d}A_2$$

由于在 A_1 和 A_2 中 $\mathrm{d}A_1$ 和 $\mathrm{d}A_2$ 是一一对应的，因此上式两端分别在 A_1 和 A_2 上积分后，仍然相等，即

$$\int_{A_1} \left(z_1 g + \frac{p_1}{\rho} + \frac{u_1^2}{2} \right) u_1 \mathrm{d}A_1 = \int_{A_2} \left(z_2 g + \frac{p_2}{\rho} + \frac{u_2^2}{2} \right) u_2 \mathrm{d}A_2 \tag{1.2.31}$$

$$\int_{A_1} \left(z_1 g + \frac{p_1}{\rho} \right) u_1 \mathrm{d}A_1 + \int_{A_1} \frac{u_1^3}{2} \mathrm{d}A_1 = \int_{A_2} \left(z_2 g + \frac{p_2}{\rho} \right) u_2 \mathrm{d}A_2 + \int_{A_2} \frac{u_2^3}{2} \mathrm{d}A_2$$

考虑到动能修正系数，并令 A_1 上的动能修正系数为 α_1，A_2 上的动能修正系数为 α_2，则有

$$\left(z_1 g + \frac{p_1}{\rho} \right) q + \frac{\alpha_1 v_1^3}{2} A_1 = \left(z_2 g + \frac{p_2}{\rho} \right) q + \frac{\alpha_2 v_2^3}{2} A_2 \tag{1.2.32}$$

消去流量 q 得

$$z_1 g + \frac{p_1}{\rho} + \frac{\alpha_1 v_1^2}{2} = z_2 g + \frac{p_2}{\rho} + \frac{\alpha_2 v_2^2}{2} \tag{1.2.33}$$

式（1.2.33）为理想液体总流定常流动的伯努利方程。（层流时 $\alpha = 2$，湍流时 $\alpha = 1$）

4. 实际液体的伯努利方程

对于实际液体的伯努利方程变为

$$z_1 g + \frac{p_1}{\rho} + \frac{\alpha_1 v_1^2}{2} = z_2 g + \frac{p_2}{\rho} + \frac{\alpha_2 v_2^2}{2} + h_w g \tag{1.2.34}$$

其适用条件与理想流体的伯努利方程相同，不同的是多了一项 h_w，它表示两断面间的单位能

量损失。h_w 为长度量纲,单位是 m。

如果在上式两端同乘 ρg,则方程变为

$$\rho g z_1 + p_1 + \frac{1}{2}\alpha\rho v_1^2 = \rho g z_2 + p_2 + \frac{1}{2}\alpha\rho v_2^2 + \rho g h_w \tag{1.2.35}$$

式中　$\rho g h_w$——表示两断面间的压力损失,$\rho g h_w = \Delta p$。

在液压系统中,油管的高度 z 一般不超过 10 m,管内油液的平均流速也较低,除局部油路外,一般不超过 7 m/s。因此油液的位能和动能相对于压力能来说是十分微小的。例如,设一个液压系统的工作压力能为 $p = 5$ MPa,油管高度 $z = 10$ m,管内油液的平均流速 $v = 7$ m/s,则压力能 $p = 5$ MPa;动能 $p_v = \dfrac{\rho v^2}{2} = 0.022$ MPa;位能 $p_z = \rho g z = 0.09$ MPa。可见,在液压系统中,压力能要比动能和位能之和大得多。所以在液压传动中,动能和位能忽略不计,主要依靠压力能来做功,这就是"液压传动"这个名称的来由。据此,伯努利方程在液压传动中的应用形式就是 $p_1 = p_2 + \Delta p$ 或 $p_1 - p_2 = \Delta p$。

由此可见,液压系统中的能量损失表现为压力损失或压力降 Δp。

5. 伯努利方程的应用条件

伯努利方程的应用条件一般要满足:液体流动必须是定常的;液体流动沿程流量不变;适用于不可压缩性流体的流动。

例 2.5　计算图 1.2.16 所示的液压泵吸油口处的真空度。

解:对油箱液面 1—1 和泵吸油口截面 2—2 列伯努利方程,则有

$$p_1 + \rho g z_1 + \frac{1}{2}\rho\alpha_1 v_1^2 = p_2 + \rho g z_2 + \frac{1}{2}\rho\alpha_2 v_2^2 + \Delta p_w$$

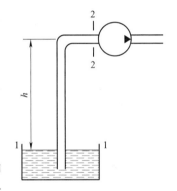

图 1.2.16　例 2.5 图

如图 1.2.16 所示,油箱液面与大气接触,故 p_1 为大气压力,即 $p_1 = p_a$;v_1 为油箱液面的下降速度,v_2 为泵吸油口处液体的流速,它等于液体在吸油管内的流速,由于 $v_1 \ll v_2$,故 v_1 可近似为零;$z_1 = 0$,$z_2 = h$;Δp_w 为吸油管路的能量损失。因此,上式可简化为

$$p_a = p_2 + \rho g h + \frac{1}{2}\rho\alpha_2 v_2^2 + \Delta p_w$$

所以泵吸油口处的真空度为

$$p_a - p_2 = \rho g h + \frac{1}{2}\rho\alpha_2 v_2^2 + \Delta p_w$$

由此可见,液压泵吸油口处的真空度由三部分组成:把油液提升到高度 h 所需的压力、将静止液体加速到 v_2 所需的压力、吸油管路的压力损失。

2.3.5　动量方程

液体作用在固体壁面上的力,用动量定理来解比较方便。动量定理指出:作用在物体上力的大小等于物体在力作用方向上动量的变化率,即

$$\sum F = \frac{\mathrm{d}(mv)}{\mathrm{d}t} \tag{1.2.36}$$

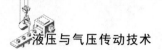

在管路中取一流束,如图 1.2.17 所示。设流束流量为 q, A_1 和 A_2 截面的液流速度分别为 v_1、v_2,经理论推导得知,由截面 A_1 和 A_2 及周围边界构成的液流控制体所受到的外力为

$$F = \rho q (\beta_2 v_2 - \beta_1 v_1) \qquad (1.2.37)$$

式中 β_1、β_2——截面 A_1 和 A_2 的动量修正系数。其值为液流流过某截面的实际动量与采用平均流速计算得到的动量之比。对圆管来说,$\beta = 1 \sim 1.33$,湍流时 $\beta = 1$;层流时 $\beta = 1.33$。

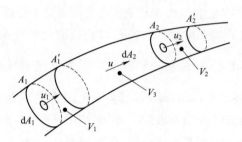

图 1.2.17　动量方程推导

例 2.6　如图 1.2.18 所示,已知喷嘴挡板式伺服阀中工作介质为水,其密度 $\rho = 1\,000\ \text{kg/m}^3$,若中间室直径 $d_1 = 3 \times 10^{-3}\ \text{m}$,喷嘴直径 $d_2 = 5 \times 10^{-4}\ \text{m}$,流量 $q = \pi \times 4.5 \times 10^{-6}\ \text{m}^3/\text{s}$,动能修正系数与动量修正系数均取为 1。试求:

(1)不计损失时,系统向该伺服阀提供的压力 p_1 为多少?

(2)作用于挡板上的垂直作用力为多少?

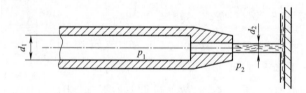

图 1.2.18　例 2.6 图

解:(1)根据连续性方程有

$$v_1 = \frac{q}{\frac{\pi}{4} d_1^2} = \frac{\pi \times 4.5 \times 10^{-6}}{\frac{\pi}{4} \times (3 \times 10^{-3})^2}\ \text{m/s} = 2\ \text{m/s}$$

$$v_2 = \frac{q}{\frac{\pi}{4} d_2^2} = \frac{\pi \times 4.5 \times 10^{-6}}{\frac{\pi}{4} \times (5 \times 10^{-4})^2}\ \text{m/s} = 72\ \text{m/s}$$

根据伯努利方程有(用相对压力列伯努利方程)

$$\frac{p_1}{\rho g} + \frac{v_1^2}{2g} = \frac{v_2^2}{2g}$$

$$p_1 = \frac{1}{2} \rho (v_2^2 - v_1^2) = \frac{1}{2} \times 1\,000 \times (72^2 - 2^2)\ \text{Pa} = 2.59\ \text{MPa}$$

(2)取喷嘴与挡板之间的液体为研究对象列动量方程有

$$\rho q(0 - v_2) = F$$

$$F = -\rho q v_2 = -1\,000 \times \pi \times 4.5 \times 10^{-6} \times 72 \text{ N} = -1.02 \text{ N}$$

F 为挡板对水的作用力,水对挡板的作用力为其反力(大小相等方向相反)。

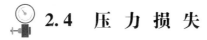

2.4　压　力　损　失

2.4.1　压力损失的形式

实际液体是具有黏性的。当流体微团之间有相对运动时,相互间必产生切应力,对流体运动形成阻力,称为流动阻力。要维持流动就必须克服阻力,从而会消耗能量,使机械能转化为热能而损耗掉。这种机械能的消耗称为能量损失。液体本身具有黏性是流动阻力形成的根本原因。能量损失多半是以压力降低的形式体现出来的,因此又称压力损失,压力损失主要包括沿程压力损失和局部压力损失。液体在直管中流动时的压力损失是由液体流动时的摩擦引起的,称为沿程压力损失。局部压力损失是液体流经阀口、弯管、通流截面变化等引起的压力损失。

2.4.2　沿程压力损失 Δp_λ

由于沿程压力损失是直接由液体的黏性引起的,主要是由于液体与壁面、液体质点与质点间存在着摩擦力,阻碍着液体的运动,这种摩擦力是在液体的流动过程中不断地作用于流体表面的。流程越长,这种作用的累积效果也就越大。也就是说液体的黏性越大,沿程压力损失也就越大。

在液压传动中,液体的流动状态多数是层流运动。液体在等径水平圆管中做层流流动时的情况如图 1.2.19 所示。在图中所示的管内取出一段半径为 r、长度为 l,管内液流速度为 v,与管轴相重合的小圆柱体,作用在其两端面上的压力分别为 p_1 和 p_2,作用在其侧面上的内摩擦力为 F_f。液流做匀速运动时处于受力平衡状态,故有

$$(p_1 - p_2)\pi r^2 = F_f$$

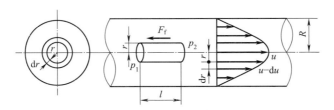

图 1.2.19　圆管中的层流

根据内摩擦定律有:$F_f = -2\pi r l \mu \dfrac{\mathrm{d}u}{\mathrm{d}r}$(因 $\mathrm{d}u/\mathrm{d}r$ 为负值,故前面加负号)。令 $\Delta p = p_1 - p_2$,将这些关系代入上式得

$$\frac{\mathrm{d}u}{\mathrm{d}r} = -\frac{\Delta p}{2\mu l}r$$

即

$$\mathrm{d}u = -\frac{\Delta p}{2\mu l}r\mathrm{d}r$$

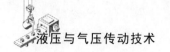

积分并考虑到当 $r = R$ 时, $u = 0$ 得

$$u = \frac{\Delta p}{4\mu l}(R^2 - r^2) \qquad (1.2.38)$$

可见管内流速随半径按抛物线规律分布,最大流速发生在轴线上,其值为 $u_{max} = \frac{\Delta p}{4\mu l}R^2$。

在半径 r 处取出一厚为 dr 的微小圆环(见图 1.2.19),通过此环形面积的流量为 $dq = u2\pi r dr$,对此式积分,得到通过整个管路的流量 q

$$q = \int_0^R \mathrm{d}q = \int_0^R u2\pi r \mathrm{d}r = \int_0^R \frac{2\pi \Delta p}{4\mu l}(R^2 - r^2)r \mathrm{d}r = \frac{\pi R^4}{8\mu l}\Delta p = \frac{\pi d^4}{128\mu l}\Delta p \qquad (1.2.39)$$

这就是哈根 - 泊肃叶方程。当测出除 μ 以外的各有关物理量后,应用此式便可求出流体的黏度 μ。

圆管层流时的平均流速 v 为

$$v = \frac{q}{\pi R^2} = \frac{\Delta p R^2}{8\mu l} = \frac{\Delta p d^2}{32\mu l} = \frac{u_{max}}{2} \qquad (1.2.40)$$

同样可求出其动能修正系数 $\alpha = 2$,动量修正系数 $\beta = 4/3$。

现在再来看看沿程压力损失 Δp_λ,由平均流速表达式可求出 Δp_λ

$$\Delta p_\lambda = \frac{32\mu l v}{d^2} = \frac{32 \times 2}{\frac{\rho v d}{\mu}} \frac{l}{d} \frac{\rho v^2}{2} = \frac{64}{Re} \frac{l}{d} \frac{\rho v^2}{2} = \lambda \frac{l}{d} \frac{\rho v^2}{2} \qquad (1.2.41)$$

式中　λ——沿程阻力系数;

　　　ρ——流体的密度;

　　　l——管长;

　　　d——管径;

　　　v——管内液流速度。

沿程阻力系数 $\lambda = 64/Re$。由此可看出,层流流动的沿程压力损失 Δp_λ 与平均流速 v 的一次方成正比,沿程阻力系数 λ 只与 Re 有关,与管壁壁面粗糙度无关。这一结论已被实验所证实。但实际上流动中还夹杂着油温变化的影响,因此油液在金属管道中流动时宜取 $\lambda = 75/Re$,在橡胶软管中流动时则取 $\lambda = 80/Re$。

对于层流,沿程阻力系数 λ 值的公式已经导出,并被实验所证实。对于湍流,尚无法完全从理论上求得,只能借助于管道阻力试验来解决。由于湍流流动现象的复杂性,至今也未有令人满意的结果。

2.4.3　局部压力损失 Δp_ξ

局部压力损失的大小主要取决于流道截面变化的具体情况,而几乎和液体的黏性无关。在流态发生突变地方的附近,质点间发生撞击或形成一定的旋涡,由于黏性作用,质点间发生剧烈的摩擦和动量交换,必然要消耗流体的一部分能量。这种阻力一般只发生在流道的某一个局部,因此称为局部压力损失。

由大量的实验可知 Δp_ξ 与流速的二次方成正比,可写成

$$\Delta p_\xi = \xi \frac{\rho v^2}{2} \qquad (1.2.42)$$

式中　ξ——局部阻力系数(具体数值查《液压传动设计手册》);

　　　ρ——液体的密度;

　　　v——管内液流速度。

液体流过各种阀类的局部压力损失,亦可以用式(1.2.42)计算。但因阀内的通道结构复杂,按此公式计算比较困难,故阀类元件局部压力损失 Δp_v 的实际计算常用如下公式

$$\Delta p_v = \Delta p_n \left(\frac{q}{q_n} \right)^2 \qquad (1.2.43)$$

式中　q_n——阀的额定流量;

　　　q——通过阀的实际流量;

　Δp_n——阀在额定流量 q_n 下的压力损失(可从阀的产品样本或设计手册中查出)。

整个管路系统的总压力损失应为所有沿程压力损失和所有局部压力损失之和,即

$$\sum \Delta p = \sum \Delta p_\lambda + \sum \Delta p_\xi + \sum \Delta p_v = \sum \lambda \frac{l}{d} \frac{\rho v^2}{2} + \sum \xi \frac{\rho v^2}{2} + \sum \Delta p_n \left(\frac{q}{q_n} \right)^2 \qquad (1.2.44)$$

从计算压力损失的公式可以看出,减小流速,缩短管道长度,减少管道截面的突变,提高管道内壁的加工质量等,都可以使压力损失减小。其中流速的影响最大,故液体在管路系统中的流速不应过高。但流速太低,也会使管路和阀类元件的尺寸加大,并使成本增高。

2.5　小孔和缝隙流量

2.5.1　小孔流量

液体流经小孔的水力现象称为孔口出流。它可分为 3 种:当小孔的长径比 $l/d \leqslant 0.5$ 时,称为薄壁小孔;当 $0.5 < l/d \leqslant 4$ 时,称为短孔;当 $l/d > 4$ 时,称为细长孔。

1. 薄壁小孔

在液压传动中,薄壁小孔的边缘一般都做成刃口形式,如图 1.2.20 所示(各种结构形式的阀口就是薄壁小孔的实际例子)。由于惯性作用,液流通过小孔时要发生收缩现象,在靠近孔口的后方出现收缩最大的通流截面。

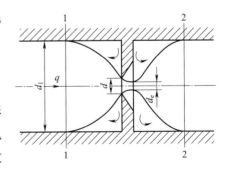

图 1.2.20　薄壁小孔的液流

经过薄壁小孔的流量为

$$q = A_e v_e = C_c A_T v_e = C_c C_v A_T \sqrt{\frac{2\Delta p}{\rho}} = C_q A_T \sqrt{\frac{2\Delta p}{\rho}} \qquad (1.2.45)$$

式中　A_T——小孔截面积,$A_T = \pi d^2 / 4$;

　　　A_e——收缩断面面积,$A_e = \pi d_e^2 / 4$;

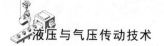

C_c——断面收缩系数，$C_c = A_e/A_T = d_e^2/d^2$；

C_q——流量系数，$C_q = C_v C_c$。

流量系数 C_q 的大小一般由实验确定，在液流完全收缩（$d_1/d \geqslant 7$）的情况下，$C_q = 0.60 \sim 0.61$（可认为是不变的常数）；在液流不完全收缩（$d_1/d < 7$）时，这时由于管壁对液流进入小孔起导向作用，C_q 可增至 $0.7 \sim 0.8$。

2. 短孔

短孔的流量表达式与薄壁小孔的相同，即 $q = C_q A_T \sqrt{\dfrac{2\Delta p}{\rho}}$。但流量系数 C_q 增大了，Re 较大时，C_q 基本稳定在 0.8 左右。C_q 增大的原因是：液体经过短孔出流时，收缩断面发生在短孔内，这样在短孔内形成了真空，产生了吸力，结果使得短孔出流的流量增大。由于短孔比薄壁小孔容易加工，因此短孔常用作固定节流器。

3. 细长孔

流经细长孔的液流，由于黏性的影响，流动状态一般为层流，所以细长孔的流量可用液流经圆管的流量公式，即 $q = \dfrac{\pi d^4}{128\mu l}\Delta p$。从此式可看出，液流经过细长孔的流量与孔前后压力差 Δp 成正比，而和液体黏度 μ 成反比，因此流量受液体温度影响较大，这是和薄壁小孔的不同之处。

纵观各小孔流量公式，可以归纳出一个通用公式

$$q = K A_T \Delta p^m \tag{1.2.46}$$

式中　K——由小孔口的形状、尺寸和液体性质决定的系数，对于细长孔，$K = d^2/(32\mu l)$；对于薄壁小孔和短孔：$K = C_q\sqrt{2/\rho}$；

　　　A_T——小孔口的过流断面面积；

　　　Δp——小孔口两端的压力差；

　　　m——由小孔口的长径比决定的指数，薄壁小孔：$m = 0.5$；细长孔：$m = 1$。

2.5.2　缝隙流量

缝隙就是两固壁间的间隙与其宽度和长度相比小得多。液体流过缝隙时，会产生一定的泄漏，这就是缝隙流量。由于缝隙通道狭窄，液流受壁面的影响较大，故缝隙流动的流态基本为层流。

缝隙流动分为 3 种情况：一种是压差流动（固壁两端有压差）；另一种是剪切流动（两固壁间有相对运动）；还有一种是这两种的组合，即压差剪切流动（两固壁间既有压差又有相对运动）。

1. 平行平板缝隙流量（压差剪切流动）

如图 1.2.21 所示的平行平板缝隙，缝隙的高度为 h，长度为 l，宽度为 b，$l \gg h$，$b \gg h$。在液流中取一个微元体 $\mathrm{d}x\mathrm{d}y$（宽度方向取 1，即单位宽度），其左右两端面所受的压力为 p 和 $p + \Delta p$，上下两面所受的切应力为 $\tau + \mathrm{d}\tau$ 和 τ，则微元体在水平方向上的受力平衡方程为

$$p\mathrm{d}y + (\tau + \mathrm{d}\tau) = (p + \mathrm{d}p) + \tau \mathrm{d}x$$

整理后得

$$\frac{\mathrm{d}\tau}{\mathrm{d}y} = \frac{\mathrm{d}p}{\mathrm{d}x} \tag{1.2.47}$$

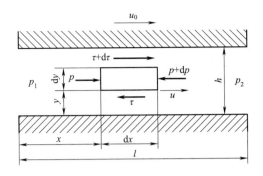

图 1.2.21　平行平板缝隙液流

根据牛顿内摩擦定律有

$$\tau = \mu \frac{\mathrm{d}u}{\mathrm{d}y}$$

故式(1.2.47)可变为

$$\frac{\mathrm{d}^2 u}{\mathrm{d}y^2} = \frac{1}{\mu} \frac{\mathrm{d}p}{\mathrm{d}x} \tag{1.2.48}$$

将式(1.2.48)对 y 积分两次得

$$u = \frac{1}{2\mu} \frac{\mathrm{d}p}{\mathrm{d}x} y^2 + C_1 y + C_2 \tag{1.2.49}$$

当 $y=0$ 时, $u=0$, 得 $C_2=0$; 当 $y=h$ 时, $u=u_0$, 得 $C_1 = \dfrac{u_0}{h} - \dfrac{1}{2\mu} \dfrac{\mathrm{d}p}{\mathrm{d}x} h$。此外,液流做层流运动时 p

只是 x 的线性函数,即 $\dfrac{\mathrm{d}p}{\mathrm{d}x} = \dfrac{p_2 - p_1}{l} = -\dfrac{\Delta p}{l} (\Delta p = p_1 - p_2)$,将这些关系式代入式(1.2.49)并考虑到运动平板有可能反向运动,可得

$$u = \frac{y(h-y)}{2\mu l} \Delta p \pm \frac{u_0}{h} y \tag{1.2.50}$$

由此可得通过平行平板缝隙的流量为

$$q = \int_0^h u b \mathrm{d}y = \int_0^h \left[\frac{y(h-y)}{2\mu l} \Delta p \pm \frac{u_0}{h} y \right] b \mathrm{d}y = \frac{bh^3 \Delta p}{12\mu l} \pm \frac{u_0}{2} bh \tag{1.2.51}$$

很明显,只有在 $u_0 = -h^2 \Delta p / (6\mu l)$ 时,平行平板缝隙间才不会有液流通过。对于式(1.2.51)中的" $\pm$ "号是这样确定的:当运动平板移动的方向和压差方向相同时,取" $+$ "号;方向相反时,取" $-$ "号。

当平行平板间没有相对运动($u_0 = 0$)时,为纯压差流动,其流量为

$$q = \frac{bh^3 \Delta p}{12\mu l} \tag{1.2.52}$$

当平行平板两端没有压差($\Delta p = 0$)时,为纯剪切流动,其流量为

$$q = \frac{u_0}{2} bh \tag{1.2.53}$$

从以上各式可以看到,在压差作用下,流过平行平板缝隙的流量与缝隙高度的三次方成正比,

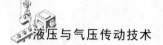

这说明液压元件内缝隙的大小对其泄漏量的影响是非常大的。

2. 圆环缝隙流量

在液压元件中,某些相对运动零件,如柱塞与柱塞孔,圆柱滑阀阀芯与阀体孔之间的间隙为圆环缝隙。根据二者是否同心可分为同心圆环缝隙和偏心圆环缝隙两种。

1)同心圆环缝隙

图 1.2.22 所示为同心圆环缝隙,如果将环形缝隙沿圆周方向展开,就相当于一个平行平板缝隙。因此只要将 $b = \pi d$ 代入平行平板缝隙流量公式就可以得到同心圆环缝隙的流量公式。即

$$q = \frac{\pi dh^3}{12\mu l}\Delta p \pm \frac{\pi dh}{2}u_0 \qquad (1.2.54)$$

若无相对运动,即 $u_0 = 0$,则同心圆环缝隙的流量公式为

$$q = \frac{\pi dh^3}{12\mu l}\Delta p \qquad (1.2.55)$$

2)偏心圆环缝隙

图 1.2.23 所示为偏心圆环缝隙间液流,把偏心圆环缝隙简化为平行平板缝隙,然后利用平行平板缝隙的流量公式进行积分,就得到了偏心圆环缝隙的流量公式:

$$q = \frac{\pi dh^3 \Delta p}{12\mu l}(1 + 1.5\varepsilon^2) \pm \frac{\pi dh}{2}u_0 \qquad (1.2.56)$$

式中　h——内外圆同心时半径方向的缝隙值;

　　　ε——相对偏心率,$\varepsilon = e/h$;

　　　e——偏心距。

当内外圆之间没有轴向相对移动时,即 $u_0 = 0$ 时,其流量为

$$q = \frac{\pi dh^3 \Delta p}{12\mu l}(1 + 1.5\varepsilon^2) \qquad (1.2.57)$$

由式(1.2.57)可以看出,当 $\varepsilon = 0$ 时,它就是同心圆环缝隙的流量公式;当偏心距 $e = h$,即 $\varepsilon = 1$ (最大偏心状态)时,其通过的流量是同心圆环缝隙流量的 2.5 倍。因此在液压元件中,有配合的零件应尽量使其同心,以减小缝隙泄漏量。

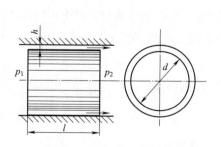

图 1.2.22　同心圆环缝隙间液流

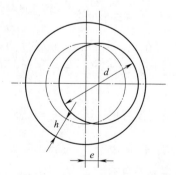

图 1.2.23　偏心圆环缝隙间液流

2.6　空穴现象和液压冲击

2.6.1　空穴现象

视频●⋯⋯⋯

液压冲击、气穴、
气蚀现象讲解

在流动的液体中,由于压力的降低,使溶解于液体中的空气分离出来(压力低于空气分离压)或使液体本身汽化(压力低于饱和蒸气压)而产生大量气泡的现象,称为空穴现象。

空穴多发生在阀口和液压泵的进口处。由于阀口的通道狭窄,液流的速度增大,压力则下降,容易产生空穴;泵的安装高度过高,吸油管直径太小,吸油管阻力太大或泵的转速过高,都会造成进口处真空度过大,而产生空穴。此外,惯性大的液压缸和液压马达突然停止或换向时,也会产生空穴(见液压冲击)。

1. 空穴现象的危害

空穴现象会降低油的润滑性能,使油的压缩性增大(使液压系统的容积效率降低),破坏压力平衡、引起强烈的振动和噪声,加速油的氧化,产生"气蚀"和"气塞"现象。

1)气蚀

溶解于油液中的气泡随液流进入高压区后急剧破灭,高速冲向气泡中心的高压油互相撞击,动能转化为压力能和热能,产生局部高温高压。如果发生在金属表面上,将加剧金属的氧化腐蚀,使镀层脱落,形成麻坑,这种由于空穴引起的损坏,称为气蚀。

2)气塞

溶解于油液中的气泡分离出来以后,互相聚合,体积膨大,形成具有相当体积的气泡,引起流量的不连续。当气泡达到管道最高点时,会造成断流。这种现象称为气塞。

2. 减少空穴现象的措施

空穴现象的产生,对液压系统是非常不利的,必须加以防止。一般采取如下一些措施:

(1)减小阀孔或其他元件通道前后的压力降,一般使压力比 $p_1/p_2 < 3$。

(2)尽量降低液压泵的吸油高度,采用内径较大的吸油管,并少用弯头,吸油管端的过滤器容量要大,以减少管道阻力。必要时可采用辅助泵供油。

(3)各元件的连接处要密封可靠,防止空气进入。

(4)对容易产生气蚀的元件,如泵的配油盘等,要采用抗腐蚀能力强的金属材料,增强元件的机械强度。

要计算产生空穴的可能程度,规定判别允许的和不允许的空穴界限。到目前为止,还没有判别空穴界限的通用标准,例如,对液压泵吸油口的空穴,液压缸和液压马达中的空穴,压力脉动所引起的空穴,都有各自的专用判别系数,在此不进行讨论。

2.6.2　液压冲击

在输送液体的管路中,由于流速的突然变化,常伴有压力的急剧增大或降低,并引起强烈的振

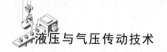

动和剧烈的撞击声。这种现象称为液压冲击。

1. 液压冲击的危害

液压冲击会引起振动和噪声；使管接头松动，密封装置遭到破坏，产生泄漏；或使某些工作元件产生错误动作。在压力降低时，会产生空穴现象。

2. 液压冲击产生的原因

在阀门突然关闭或运动部件快速制动等情况下，液体在系统中的流动会突然受阻。这时，由于液流的惯性作用，液体就从受阻端开始，迅速将动能逐层转换为压力能，因而产生压力冲击波；此后，这个压力波又从该端开始反向传递，将压力能逐层转化为动能，这使得液体又反向流动；然后，在另一端又再次将动能转化为压力能，如此反复地进行能量转换。由于这种压力波的迅速往复传播，便在系统内形成压力振荡。这一振荡过程，由于液体受到摩擦力以及液体和管壁的弹性作用不断消耗能量，才使振荡过程逐渐衰减而趋于稳定。

3. 减小液压冲击的措施

减小液压冲击的措施包括：

（1）延长阀门关闭和运动部件制动、换向的时间。在液压传动中采用换向时间可调的换向阀就可做到这一点。

（2）正确设计阀口，限制管道流速及运动部件速度，使运动部件制动时速度变化比较均匀。

（3）加大管径或缩短管道长度。加大管径不仅可以降低流速，而且可以减少压力冲击波速度 c 值；缩短管道长度的目的是减小压力冲击波的传播时间 t_c。

（4）设置缓冲用蓄能器或用橡胶软管。

（5）装设专门的安全阀。

 思考题与习题

1. 何谓液压油的黏度？影响黏度的因素有哪些？

2. 何谓相对压力？何谓绝对压力？何谓真空度？三者之间的关系如何？

3. 何谓流线？有什么特点？

4. 解释下列概念：理想液体、定常流动、通流截面、流量、平均流速、层流、湍流、雷诺数、液压冲击和空穴现象。

5. 说明伯努利方程的物理意义，并指出其应用时要注意哪些问题。

6. 如图 1.2.24 所示的 U 形管中装有水银和水，试求：

（1）A、C 两点的绝对压力及表压力各为多少？

（2）A、B 两点的高度差 h 为多少？

7. 如图 1.2.25 所示液压泵的流量 $q = 0.001\ \mathrm{m^3/s}$，吸油管的直径 $d = 0.025\ \mathrm{m}$，管长 $l = 2\ \mathrm{m}$，滤油器的压力降 $\Delta p_\xi = 0.05\ \mathrm{MPa}$（不计其他局部损失）。液压油的运动黏度 $\nu = 1.42 \times 10^{-5}\ \mathrm{m^2/s}$，密度 $\rho = 900\ \mathrm{kg/m^3}$，空气分离压 $p_d = 0.04\ \mathrm{MPa}$。求泵的最大安装高度 $H_{\max}$。

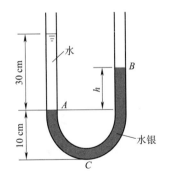

图 1.2.24　题 6 图

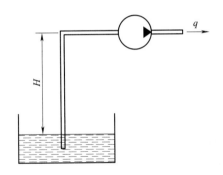

图 1.2.25　题 7 图

8. 如图 1.2.26 所示的渐扩水管, 已知 $d = 0.01$ m, $D = 0.02$ m, $p_A = 3.58 \times 10^4$ Pa, $p_B = 2.18 \times 10^4$ Pa, $h = 1$ m, $v_B = 1$ m/s。试判断水流的方向并计算 A、B 两点间的压力损失。

9. 如图 1.2.27 所示, 水平放置的光滑圆管由两段组成, 直径分别为 $d_1 = 0.01$ m 和 $d_2 = 0.006$ m, 每段长度 $l = 3$ m, 液体密度 $\rho = 900$ kg/m³, 运动黏度 $\nu = 2 \times 10^{-5}$ m²/s, 通过的流量为 $q = 3 \times 10^{-4}$ m³/s, 管道突然缩小处的局部阻力系数 $\xi = 0.35$ (对应断面突变后的速度)。试求管内的总压力损失及两端的压力差。

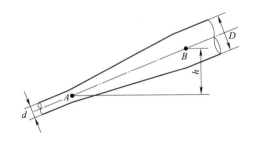

图 1.2.26　题 8 图

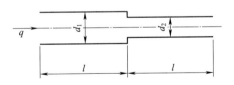

图 1.2.27　题 9 图

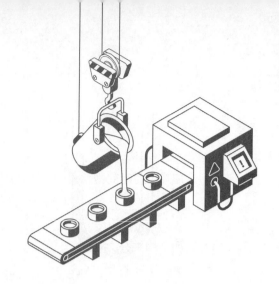

第3章

液压泵

 3.1 液压泵概述

3.1.1 液压泵的基本工作原理

液压泵是液压系统的动力元件,功能是将原动机输出的机械能转变为油液的压力能。它是液压系统的心脏,为整个液压系统提供能量。

容积式液压泵的工作原理如图1.3.1所示。一个单缸液压泵由偏心轮、柱塞、缸体、弹簧和单向阀等组成。其工作原理如下:柱塞2装在缸体3中形成一个密封容积a,柱塞在弹簧4的作用下始终压紧在偏心轮1上。原动机驱动偏心轮1旋转使柱塞2做往复运动,使密封容积a的大小发生周期性的交替变化。当a由小变大时就形成部分真空,使油箱中油液在大气压作用下,经吸油管顶开单向阀6进入油腔a而实现吸油;反之,当a由大变小时,油腔a中吸满的油液将顶开单向阀5流入系统而实现压油。这样液压泵就将原动机输入的机械能转换成液体的压力能,原动机驱动偏心轮不断旋转,液压泵就不断地吸油和压油。

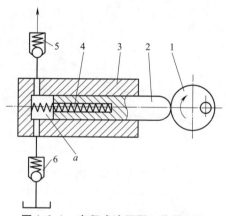

图1.3.1 容积式液压泵工作原理图

1—偏心轮;2—柱塞;3—缸体;

4—弹簧;5、6—单向阀

由上所述,容积式液压泵工作的基本原理就是密封腔容积变化,配油装置与之配合,将原动机输出的机械能转变为压力能。泵输出的流量取决于密封腔容积大小及其变化次数。泵输出的压力取决于负载,并与结构强度有关。容积式液压泵工作必须具备3个要素:

(1)密封腔容积变化。这是容积式液压泵能够吸、排油的根本原因。

(2)油箱内液体的绝对压力必须恒等于或大于大气压力。这是容积式液压泵能够吸入油液的外部条件。因此,为保证液压泵正常吸油,油箱必须与大气相通,或采用密闭的充压油箱。

(3)有配油装置配合。将吸液腔和排液腔隔开,保证液压泵有规律地连续吸排液体。液压泵的结构原理不同,其配油装置也不相同。图1.3.1所示的配油机构就是单向阀5、6。

3.1.2　液压泵的分类和图形符号

1. 液压泵的分类

（1）按液压泵单位时间内输出的油液体积能否变化，分为定量泵和变量泵。

定量泵：单位时间内输出的油液体积不能变化。

变量泵：单位时间内输出油液的体积能够变化。

（2）按泵的结构来分，主要有齿轮泵、叶片泵、柱塞泵、螺杆泵。

2. 液压泵的图形符号

液压泵的图形符号如图 1.3.2 所示。

（a）单向定量液压泵　　（b）双向定量液压泵　　（c）单向变量液压泵　　（d）双向变量液压泵

图 1.3.2　液压泵的图形符号

3.1.3　液压泵的主要性能参数

液压泵的性能参数主要指液压泵的压力、流量、功率和效率等。

1. 压力

（1）工作压力 p：液压泵实际工作中的压力。其大小由外界负载决定。

（2）额定压力 p_n：在正常工作条件下，液压泵能够连续运转的最高压力。

液压泵按额定压力大小不同，主要分为低压（≤2.5 MPa）、中压（2.5~8 MPa）、中高压（8~16 MPa）、高压（16~32 MPa）、超高压（>32 MPa）5 个等级。

2. 流量

（1）理论流量 q_t：是指在无泄漏情况下，液压泵单位时间内输出的油液体积。根据泵的几何尺寸及转速计算而得到的流量。（工程上常把零压差下的流量视为理论流量。）

$$q_t = Vn \qquad (1.3.1)$$

式中　V——排量，液压泵每转所排出液体的体积；

　　　n——电动机转速。

（2）额定流量 q_n：是指液压泵在额定转速和额定压力下输出的最大流量（出厂测得）。

（3）实际流量 q：是指液压泵工作时的实际流量。

$$q = q_t - \Delta q \qquad (1.3.2)$$

式中　Δq——泵的泄漏量，它随着泵工作压力的升高而增大。

所以，这三个流量中理论流量 q_t 最大，额定流量 q_n 最小，实际流量 q 略大于额定流量 q_n。

3. 功率

液压泵的输入能量为机械能，其表现为转矩 T_i 和转速 ω；液压泵的输出能量为液压能，表现为压力 p 和流量 q_v。

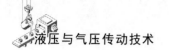

（1）输入功率 P_i：它是实际驱动泵轴所需要的机械功率，即

$$P_i = \omega T_i = 2\pi n T_i \qquad (1.3.3)$$

（2）输出功率 P_o：液压泵输出的液体功率，它等于泵实际输出流量 q 与泵输出压力 p 的乘积，即

$$P_o = pq \qquad (1.3.4)$$

式中，p 的单位为 Pa，q 的单位为 m^3/s，则 P_o 的单位为 W。

4. 效率

液压泵在实际工作时有能量损失，液压泵损失主要分为容积损失和机械损失。

（1）容积损失和容积效率 η_v。容积损失主要指液压泵内部泄漏造成的流量损失。容积效率是液压泵实际流量与理论流量之比，即

$$\eta_v = \frac{q}{q_t} = \frac{q_t - \Delta q}{q_t} = 1 - \frac{\Delta q}{q_t} = 1 - \frac{\Delta q}{Vn} \qquad (1.3.5)$$

容积损失的大小用容积效率表征，容积效率表示泵抵抗泄漏的能力。容积效率与泵的工作压力、泵腔中的间隙大小、工作液体的黏度及泵的转速等有关。

（2）机械效率 η_m。由于泵内各种摩擦（机械摩擦、液体摩擦），液压泵的实际输入转矩 T_i 总是大于其理论转矩 T_t，这种损失称为机械损失。机械效率是泵所需要的理论转矩 T_t 与实际输入转矩 T_i 之比，即

$$\eta_m = \frac{T_t}{T_i} \qquad (1.3.6)$$

也可以定义为泵的理论输出功率与其输入功率的比值，即

$$\eta_m = \frac{pq_t}{P_i} \qquad (1.3.7)$$

泵的理论输出功率与理论输入功率是相等的，即

$$pq_t = T_t\omega \qquad (1.3.8)$$

机械损失的大小用机械效率表征，机械效率表示了泵体内的摩擦情况。它与泵的工作压力、运动件间的间隙大小、工作液体的黏度等有关。

（3）总效率 η：泵的总效率是泵输出功率 P_o 与输入功率 P_i 的比值，即

$$\eta = \frac{P_o}{P_i} = \frac{pq}{P_i} = \frac{pq_t\eta_v}{P_i} = \eta_v\eta_m \qquad (1.3.9)$$

液压泵的总效率等于容积效率和机械效率的乘积，液压泵的总效率、容积效率和机械效率可以通过实验测得。

3.2 齿 轮 泵

视 频

齿轮泵工作原理

3.2.1 齿轮泵的结构及工作原理

齿轮泵按啮合形式的不同，可分为外啮合式和内啮合式两种。

1. 外啮合齿轮泵结构与工作原理

外啮合齿轮泵的工作原理如图 1.3.3 所示,外啮合齿轮泵主要由泵体、一对(模数相同、齿数相同的)互相啮合的齿轮和端盖等组成。其工作原理是:壳体、端盖和齿轮的各个齿间槽组成了许多密封腔,一个齿轮由电动机带动旋转,另一个齿轮被动旋转,脱开啮合的一侧容积扩大,形成真空,完成吸油。吸入的油被齿间带到另一侧,进入啮合的一侧容积减少,油被挤出去,完成压油。吸油腔和压油腔是由相互啮合的齿轮以及泵体分隔开的(相当于配油装置)。

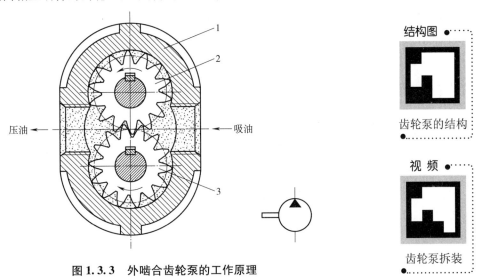

结构图

齿轮泵的结构

视 频

齿轮泵拆装

图 1.3.3　外啮合齿轮泵的工作原理

1—泵体;2—主动轮;3—从动轮

2. 内啮合齿轮泵结构与工作原理

内啮合齿轮泵有渐开线齿轮泵和摆线齿轮泵(摆线转子泵)两种,如图 1.3.4 所示。它们的工作原理和主要特点与外啮合齿轮泵完全相同。在渐开线齿形的内啮合齿轮泵中,小齿轮和内齿轮之间要装一块隔板 3,以便把吸油腔 1 和排油腔 2 隔开,如图 1.3.4(a)所示。在摆线齿形的内啮合齿轮泵中,小齿轮和内齿轮只相差一个齿,因而不需设置隔板,如图 1.3.4(b)所示。内啮合齿轮泵中的小齿轮是主动轮。

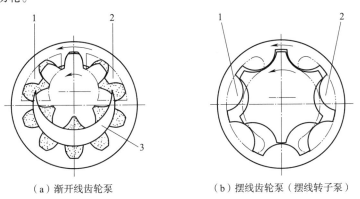

(a) 渐开线齿轮泵　　　　　　　(b) 摆线齿轮泵(摆线转子泵)

图 1.3.4　内啮合齿轮泵

1—吸油腔;2—排油腔;3—隔板

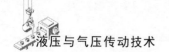

3.2.2 齿轮泵存在的问题

1. 泄漏问题

齿轮泵在工作中其实际输出流量比理论流量要小，主要原因是泄漏。齿轮泵从高压腔到低压腔的油液泄漏主要通过3个渠道：一是通过齿轮两侧面与两面侧盖板之间的间隙；二是通过齿轮顶圆与泵体内孔之间的径向间隙；三是通过齿轮啮合处的间隙。其中，第一种间隙为主要泄漏渠道，占泵总泄漏量的75%~85%。正是由于这个原因，使得齿轮泵的输出压力上不去，影响了齿轮泵的使用范围。所以，解决齿轮泵输出压力低的问题，就要从解决端面泄漏入手。一些厂家采用在齿轮两侧面加浮动轴套或弹性挡板的方法，将齿轮泵输出的压力油引到浮动轴套或弹性挡板外部，增加对齿轮侧面的压力，以减小齿侧间隙，达到减少泄漏的目的。目前不少厂家生产的高压齿轮泵都采用这种措施。

2. 径向不平衡力的问题

在齿轮泵中，作用于齿轮外圆上的压力是不相等的，在吸油腔中压力最低，而在压油腔中压力最高，在整个齿轮外圆与泵体内孔的间隙中，压力是不均匀的，存在着压力的逐渐升级，因此，对齿轮的轮轴及轴承产生了一个径向不平衡力。这个径向不平衡力不仅加速了轴承的磨损，还影响了它的使用寿命，并且可能使齿轮轴变形，造成齿顶与泵体内孔的摩擦，损坏泵体，使泵不能正常工作。解决的办法一种是可以开压力平衡槽，将高压油引到低压区，但这会造成泄漏量增加，影响容积效率；另一种是采用缩小压油腔的办法，使作用于轮齿上的压力区域减小，从而减小径向不平衡力。

3. 困油问题

为了使齿轮泵能够平稳地运转及连续均匀地供油，在设计上就要保证齿轮啮合的重叠系数大于1($\varepsilon >> 1$)，也就是说，齿轮泵工作时，在啮合区有两对齿轮同时啮合，形成封闭的容腔，如果此时既不与吸油腔相通，又不与压油腔相通，便会使油液困在其中，如图1.3.5所示。齿轮泵在运转中，封闭腔的容积不断地变化，当封闭腔容积变小时，油液受很高压力，从各处缝隙挤压出去，造成油液发热，并使机件承受额外负载。而当封闭腔容积增大时，又会造成局部真空，使油液中溶解的

• 视频

齿轮泵的
困油现象

气体分离出来，并使油液本身汽化，加剧流量不均匀，两者都会造成强烈的振动与噪声，降低泵的容积效率，影响泵的使用寿命，这就是齿轮泵的困油现象。

解决这一问题的方法是在两侧端盖各铣两个卸荷槽，如图1.3.5中的双点画线所示。两个卸荷槽间的距离应保证困油空间在达到最小位置以前与压力油腔连通，通过最小位置后与吸油腔相通，同时又要保证任何时候吸油腔与压油腔之间不能连通，以避免泄漏，降低容积效率。

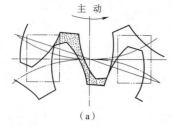
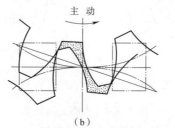
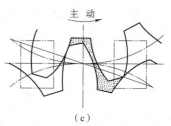

(a)　　　　　　　　(b)　　　　　　　　(c)

图1.3.5　齿轮的困油现象及消除措施

3.2.3　齿轮泵的优缺点

齿轮泵的优点是,结构简单紧凑、体积小、质量小;自吸性能好,对油的过滤精度要求低;工作可靠、寿命长、便于维护修理、成本低;允许的转速高。可广泛用于压力要求不高的场合,如磨床、珩磨机等中低压机床中。它的缺点是,内泄漏较大,轴承上承受不平衡力,压力脉动和噪声较大,不能变量。

3.3　叶　片　泵

叶片泵也是一种常见的液压泵。相对齿轮泵来说,它的输出流量均匀、脉动小、噪声小、主要用于速度平稳性要求较高的中低压系统。

根据吸油、压油次数不同,叶片泵分为单作用和双作用两种。单作用叶片泵又称非平衡式泵,指内转子转一圈只完成一次吸油和压油动作,可以变量;双作用叶片泵又称平衡式泵,指内转子转一圈只完成两次吸油和压油动作,压力更稳定,不能变量。

结构图 •······

叶片泵的结构

视　频 •······

单作用式
叶片泵拆装

视　频 •······

单作用式叶片
泵工作原理

3.3.1　单作用叶片泵

单作用叶片泵的工作原理示意图如图 1.3.6 所示,泵由转子 1、定子 2、叶片 3、配油盘和泵体组成。定子 2 的内曲线是圆形的,定子 2 与转子 1 的安装是偏心的。正由于存在偏心,由叶片 3、转子 1、定子 2 和配油盘形成的封闭工作腔在转子旋转工作时,才会出现容积的变化。转子逆时针旋转时,工作腔从最下端向上通过右边区域,容积由小变大,产生真空,通过配油窗口将油吸入工作腔。而工作腔从最上端向下通过左边区域,容积由大变小,油液受压,从左边的配油窗口进入系统中。在吸油窗口和压油窗口之间,有一段封油区,将吸油腔和压油腔隔开。

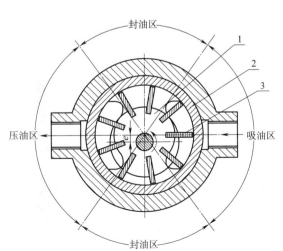

图 1.3.6　单作用叶片泵的工作原理示意图

1—转子;2—定子;3—叶片

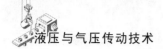

单作用叶片泵的流量也是有脉动的,泵内叶片数越多,流量脉动率越小。此外,奇数叶片泵的脉动率比偶数叶片泵的脉动率小,所以单作用叶片泵的叶片数总取奇数,一般为13片或15片。

在单作用叶片泵中,为保证叶片顶部可靠地与定子内表面相接触,排油腔一侧的叶片底部要通过特殊的沟槽和排油腔相通,吸油腔一侧的叶片底部要和吸油腔相通。另外,单作用叶片泵在工作时,转子受不平衡的径向液压作用力。

3.3.2 双作用式叶片泵

1. 工作原理

● 视频

双作用式叶片泵工作原理

● 视频

双作用式叶片泵拆装

双作用叶片泵的工作原理示意图如图1.3.7所示。其也是由转子3、定子2、叶片1、配油盘和泵体组成的。转子3和定子2是同心的,定子内表面由两段大半径为R的圆弧面、两段小半径为r的圆弧面以及连接四段圆弧面的四段过渡曲面组成(可以看成椭圆形)。当转子沿图示方向转动时,在离心力的作用下,使叶片伸出并紧贴在定子的内表面上,在每相邻两叶片之间形成密封容积。当相邻两叶片从定子小半径r的圆弧面经过渡曲面向定子大半径R的圆弧面滑动时,叶片向外伸出,使两叶片之间的密封容积变大形成真空,油箱中的油液从配流盘吸油窗口a进入并充满密封容积,这是叶片泵的吸油过程;当转子继续转动,两叶片从定子大半径R的圆弧面经过渡曲面向定子小半径r的圆弧面滑动时,叶片受定子内壁面的作用缩回转子槽内,使两叶片之间的密封容积变小,油液受到挤压,并从配流盘的压油窗口b压出进入液压系统中,这是叶片泵的压油过程。叶片泵的转子每转一周,两相邻叶片之间的密封容积吸油和压油两次,因此这种泵称为双作用式叶片泵。又因吸、压油口对称分布,转子和轴承所受的径向液压力基本平衡,使泵轴及轴承的寿命变长,所以该泵又称卸荷式叶片泵。这种泵的流量均匀,噪声低。

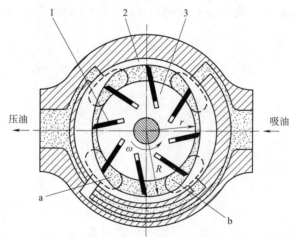

图1.3.7 双作用叶片泵的工作原理示意图

1—叶片;2—定子;3—转子

双作用叶片泵的流量与定子的宽度和定子长短半径之差有关,定子的宽度和定子长短半径之差越大,流量越大;反之,流量越小。这种泵的排量是不可调的,只能做成定量泵。

2. 特点

1）保证叶片紧贴定子内表面

双作用叶片泵的叶片是靠离心力的作用紧贴定子内表面的。在排油区,叶片顶部受液压力的作用,使叶片不能可靠地紧贴定子内表面,因此将叶片底部通过特制油道与排油区相通。这样,在排油区,作用在叶片底部和顶部的液压力相互平衡,可保证叶片可靠地紧贴在定子内表面。但在吸油区,叶片在液压力和离心力的共同作用下紧贴定子内表面,使叶片产生较大的压力,加速了定子内表面的磨损。在高压叶片泵中,这一问题尤为突出,为解决这一问题,常采用特种叶片结构,如图 1.3.8 所示。图 1.3.8(a)所示为子母叶片的结构,母叶片 3 和子叶片 4 之间的油室 f 始终经槽 e、d、a 和压力油相通,而母叶片的底腔 g 则经转子 1 上的孔 b 和所在油腔相通。这样叶片处于吸油腔时,母叶片只有在油室 f 的高压油作用下压向定子 2 内表面,使作用力不致过大。图 1.3.8(b)所示为双叶片结构。在两叶片间开有小孔,当压力油进入叶片底部时,通过小孔进入到叶片顶端使叶片的顶部和底部油压力基本保持平衡,减小了对定子表面的压紧力。

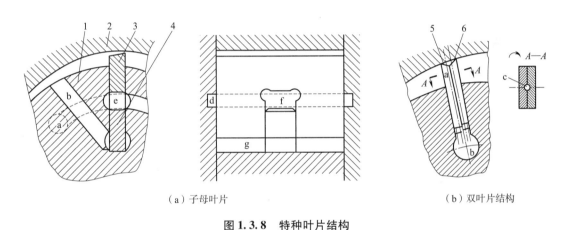

（a）子母叶片　　　　　　　　　　　　　　　　（b）双叶片结构

图 1.3.8　特种叶片结构

1—转子;2—定子;3—母叶片;4—子叶片;5、6—叶片

2）定子内曲线

双作用叶片泵的定子内曲线是由四段圆弧和四段过渡曲线组成的。为减小冲击,应使叶片在转子槽中做径向运动时的速度没有突变,因此等加速-等减速曲线是一种常用的过渡曲线。

3.3.3　变量叶片泵

单作用叶片泵按工作特性的不同,分为限压式、恒压式、稳流量式 3 类,下面以限压式变量叶片泵为例说明变量叶片泵的工作原理。

限压变量叶片泵的工作原理如图 1.3.9 所示。转子 1 的中心是固定不动的,定子 3 可以左右移动。在定子左边安装有弹簧 2,在右边安装有一个柱塞油缸 5,它与泵的输出油路相连。在泵的两侧面有两个配流盘,其配流窗口上下对称,当泵以图示的逆时针方向旋转时,在上半部,工作腔的容积由大到小,为压油区;而在下半部,工作腔的容积由小到大,为吸油区。

结构图 ●••••••••

外反馈限压式变量叶片泵的结构

•••••••••••

叶片泵开始工作时,在弹簧力 F_s 的作用下定子处于最右端,此时偏心距 e 最大,泵的输出流量也最大。调节螺钉 6 用来调节定子能够达到的最大偏心位置,也就是由它来决定泵在本次调节中的最大流量为多少。当油泵开始工作后,其输出压力升高,通过油路返回到柱塞油缸的油液压力也随之升高,在作用于柱塞上的液压力小于弹簧力时,定子不动,泵处于最大流量;当作用于柱塞上的液压力大于弹簧力后,定子的平衡被打破,定子开始向左移动,于是定子与转子间的偏心距开始减小,从而泵输出的流量开始减少,直至偏心距为零,此时,泵输出流量也为零,不管外负载再如何增大,泵的输出压力再不会增高。因此,这种泵称为限压式变量泵。

限压式变量泵的流量-压力特性曲线如图 1.3.10 所示,此曲线分为两段。第一段 AB 是在泵的输出油液作用于活塞上的力还没有达到弹簧的预压紧力时,定子不动,此时,影响泵的流量只是随压力增加而使泄漏量增加,相当于定量泵;第二段出现在泵输出油液作用于活塞上的力大于弹簧的预压紧力后,转子与定子的偏心距改变,泵输出的流量随着压力的升高而降低;当泵的工作压力接近于曲线上的 C 点时,泵的流量已很小,这时,压力已较高,泄漏也较多,当泵的输出流量完全用于补偿泄漏时,泵实际向外输出的流量已为零。

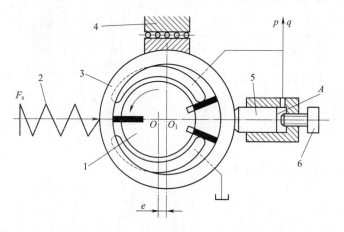 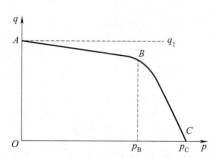

图 1.3.9 限压式变量叶片泵的工作原理图

1—转子;2—弹簧;3—定子;4—滑动支撑;5—柱塞油缸;6—调节螺钉

1.3.10 限压式变量泵的流量－压力
特性曲线

从上面的讨论可以看出,限压式变量泵特别适用于工作机构有快、慢速进给要求的情况,例如组合机床的动力滑台等。此时,当需要有一个快速进给运动时,所需流量最大,正好应用曲线的 AB 段;当转为工作进给时,负载较大,速度不高,所需的流量也较小,正好应用曲线的 BC 段。这样,可以降低功率损耗,减少油液发热,与其他回路相比,简化了液压系统。

3.3.4 叶片泵的优缺点

叶片泵的优点是流量较均匀,运转平稳,噪声小;工作压力和容积效率高。特别适合中高压系统,因此,其在机床、工程机械、船舶、压铸及冶金设备中得到广泛应用。它的缺点是吸油特性不太好,间隙小,对油的过滤精度要求高,转速受限;结构复杂,价格高。

3.4　柱　塞　泵

柱塞泵是依靠柱塞在缸体内做往复运动使泵内密封工作腔容积发生变化实现吸油和压油的。柱塞泵常用于需要高压大流量的液压系统,如龙门刨床、拉床、液压机、起重机械等设备的液压系统。按柱塞排列方向的不同,柱塞泵分为轴向柱塞泵和径向柱塞泵。

3.4.1　轴向柱塞泵

轴向柱塞泵可分为斜盘式和斜轴式两种,下面主要介绍斜盘式轴向柱塞泵。

斜盘式轴向柱塞泵的工作原理如图 1.3.11 所示。轴向柱塞泵由斜盘 1、柱塞 2、缸体 3、配油盘 4、转轴 5 等组成。柱塞 2 轴向均匀排列安装在缸体 3 同一半径圆周处,缸体由电动机带动旋转,柱塞靠机械装置或在低压油的作用下顶在斜盘上。当缸体旋转时,柱塞即在轴向左右移动,使得工作腔容积发生变化。轴向柱塞泵是靠配油盘来配油的,配油盘上的配油窗口分为左右两部分。若缸体如图示方向顺时针旋转,则图中左边配油窗口 a 为吸油区(柱塞向左伸出,工作腔容积变大);右边 b 为压油区(柱塞向右缩回,工作腔容积变小)。轴向柱塞泵每旋转一圈,工作腔容积变化一次,完成吸油、压油各一次。轴向柱塞泵是靠改变斜盘的倾角,从而改变每个柱塞的行程使得泵的排量发生变化的。

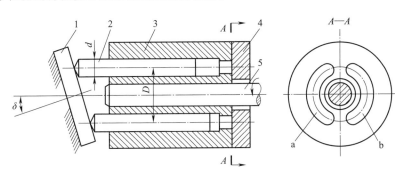

图 1.3.11　斜盘式轴向柱塞泵的工作原理

1—斜盘;2—柱塞;3—缸体;4—配油盘;5—转轴

3.4.2　径向柱塞泵

径向柱塞泵的工作原理如图 1.3.12 所示。径向柱塞泵是由柱塞 1、转子 2、衬套 3、定子 4 及配油轴 5 等组成。柱塞 1 径向排列安装在缸体 2 中,配油套(转子)由电动机带动旋转,柱塞靠离心力(或在低压油的作用下)顶在定子的内壁上。由于转子与定子是偏心安装的,所以,转子旋转时,柱塞即沿径向里外移动,使得工作腔容积发生变化。径向柱塞泵是靠配油轴来配油的,轴中间分为上下两部分,中间隔开。若转子顺时针旋转,则上部为吸油区(柱塞向外伸出),

视频

单柱塞泵
工作原理

结构图

柱塞泵的结构

视频

轴向柱塞泵
的工作原理

视频

斜盘式柱塞泵
拆装

下部为压油区,上下区域轴向各开有两个油孔,上半部的 a、b 孔为吸油孔,下半部的 c、d 孔为压油孔。衬套与工作腔对应开有油孔,安装在配油轴与转子中间。径向柱塞泵每旋转一转,工作腔容积变化一次,完成吸油、压油各一次。改变其偏心距可使其输出流量发生变化,成为变量泵。

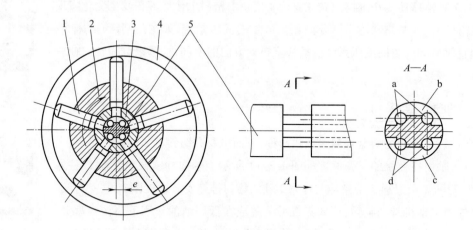

图 1.3.12　径向柱塞泵的工作原理
1—柱塞;2—配油套(转子);3—衬套;4—定子;5—配油轴

由于径向柱塞泵径向尺寸大,结构较复杂,自吸能力差,工作时受到径向不平衡力等缺点限制了它的应用,已逐渐被轴向柱塞泵替代。

3.4.3　柱塞泵的优缺点

(1)工作压力和容积效率高。由于柱塞泵的密封工作腔是柱塞在缸体内孔中往复移动得到的,其相对配合的柱塞外圆及缸体内孔加工精度容易保证,其工作中泄漏较小。

(2)结构紧凑。特别是轴向柱塞泵其径向尺寸小,转动惯量也较小。不足的是它的轴向尺寸较大,轴向作用力也较大,结构较复杂。

(3)流量调节方便。只要改变柱塞行程便可改变液压泵的流量,并且易于实现单向或双向变量。

柱塞泵特别适用于高压、大流量和流量需要调节的场合,如工程机械、液压机、重型机床等设备中。

3.5　螺　杆　泵

螺杆泵实质上是一种外啮合摆线齿轮泵,按其螺杆根数不同,可分为单螺杆泵、双螺杆泵、三螺杆泵、四螺杆泵和五螺杆泵等;按螺杆的横截面的不同有摆线齿形、摆线-渐开线齿形和圆形齿形3 种不同形式的螺杆泵。

螺杆泵的结构简图如图1.3.13 所示,在螺杆泵壳体2 内平行地安装着3 根互为啮合的双头螺杆,主动螺杆为中间凸螺杆3,上、下两根凹螺杆4 和5 为从动螺杆。3 根螺杆的外圆与壳体对应弧面保持着良好的配合,螺杆的啮合线将主动螺杆和从动螺杆的螺旋槽分割成多个相互隔离的、互不相通的密封工作腔。当传动轴(与凸螺杆为一整体)如图示方向旋转时,这些密封工作腔随着螺杆的转动一个接一个地在左端形成,并不断地从左向右移动,在右端消失。主动螺杆每转一周,每个密封工作腔便移动一个导程。密封工作腔在左端形成时逐渐增大,将油液吸入来完成吸油工作,最右面的工作腔逐渐减小直至消失,以将油液压出完成压油工作。螺杆直径越大,螺旋槽越深,螺杆泵的排量越大;螺杆越长,吸、压油口之间的密封层次越多,密封就越好,螺杆泵的额定压力就越高。

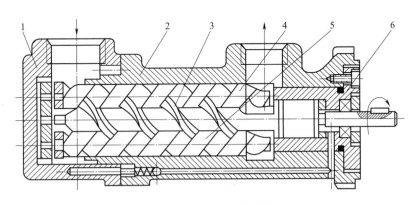

图 1.3.13　螺杆泵结构简图

1—后盖;2—壳体;3—主动螺杆(凸螺杆);4,5—从动螺杆(凹螺杆);6—前盖

　　螺杆泵与其他容积式液压泵相比,具有结构紧凑、体积小、质量小、自吸能力强、运转平稳、流量无脉动、噪声小、对油液污染不敏感、工作寿命长等优点。目前常用在精密机床上和用来输送黏度大或含有颗粒物质的液体。螺杆泵的缺点是其加工工艺复杂、加工精度高,所以应用受到限制。

3.6　液压泵的性能比较及选用

　　选择液压泵的原则是:根据主机工况、功率大小和系统对工作性能的要求,首先确定液压泵的类型,然后按系统所要求的压力、流量大小确定其规格型号。各种常用液压泵的性能比较及应用如表1.3.1所示。

表 1.3.1　各种常用液压泵类型的性能比较及应用

特性及应用场合	齿轮泵			叶片泵		柱塞泵				螺杆泵
	内啮合		外啮合	双作用	单作用	轴向		径向		
	渐开线	摆线				斜轴式	斜盘式			
压力范围	低压	低压	低压	中压	中压	高压	高压	高压		低压
排量调节	不能	不能	不能	不能	能	能	能	能		不能
输出流量脉动	小	小	很大	很小	一般	一般	一般	一般		最小
自吸特性	好	好	好	较差	较差	差	差	差		好

续表

特性及应用场合	齿轮泵			叶片泵		柱塞泵			螺杆泵
	内啮合		外啮合	双作用	单作用	轴向		径向	
	渐开线	摆线				斜轴式	斜盘式		
对油的污染敏感性	不敏感	不敏感	不敏感	较敏感	较敏感	很敏感	很敏感	很敏感	不敏感
噪声	小	小	大	小	较大	大	大	大	最小
价格	较低	低	最低	较低	一般	高	高	高	高
功率质量比	一般	一般	一般	一般	小	一般	大	小	小
效率	较高	较高	低	较高	较高	高	高	高	较高
应用场合	机床、农业机械、工程机械、飞机、船舶、一般机械的润滑等系统			机床、工程机械液压机、起重机、飞机等		工程机械、运输机械、锻压机械、农业机械、飞机等			精密机床、食品化工、石油、纺织机械等

视频

液压泵故障检测与排除方法

3.7　液压泵常见故障及排除方法

液压泵常见故障及排除方法如表 1.3.2 所示。

表 1.3.2　液压泵常见故障及排除方法

故障现象	原因分析	排除方法
不排出油或无压力	1. 原动机和液压泵转向不一致 2. 油箱油位过低 3. 吸油管或滤油器堵塞 4. 启动时转速过低 5. 油液黏度过大或叶片移动不灵活 6. 叶片泵配油盘与泵体接触不良或叶片在滑槽内卡死 7. 进油口漏气 8. 组装螺钉过松	1. 纠正转向 2. 补油至油标线 3. 清洗吸油管路或滤油器，使其畅通 4. 使转速达到液压泵的最低转速以上 5. 检查油质，更换黏度适合的液压油或提高油温 6. 修理接触面，重新调试，清洗滑槽和叶片，重新安装 7. 更换密封件或接头 8. 拧紧螺钉
流量不足或压力不能升高	1. 吸油管滤油器部分堵塞 2. 吸油端连接处密封不严，有空气进入，吸油位置太高 3. 叶片泵个别叶片装反，运动不灵活 4. 泵盖螺钉松动 5. 系统漏油 6. 齿轮泵轴向和径向间隙过大 7. 叶片泵定子内表面磨损 8. 柱塞泵柱塞与缸体或配油盘与缸体间磨损，柱塞回程不够或不能回程，引起缸体与配油盘间失去密封 9. 柱塞泵变量机构失灵 10. 侧板端磨损严重，漏损增加 11. 溢流阀失灵	1. 除去脏污，使吸油管畅通 2. 在吸油端连接处涂油，若有好转，则紧固连接件，或更换密封，降低吸油高度 3. 逐个检查，不灵活叶片应重新研配 4. 适当拧紧 5. 对系统进行顺序检查 6. 找出间隙过大部位，采取措施 7. 更换零件 8. 更换柱塞，修磨配流盘与缸体的接触面，保证接触良好，检查或更换中心弹簧 9. 检查变量机构，纠正其调整误差 10. 更换零件 11. 检修溢流阀

续表

故障现象	原因分析	排除方法
噪声严重	1. 吸油管或滤油器部分堵塞 2. 吸油端连接处密封不严,有空气进入,吸油位置太高 3. 从泵轴油缝处有空气进入 4. 泵盖螺钉松动 5. 泵与联轴器不同心或松动 6. 油液黏度过高,油中有气泡 7. 吸入口滤油器通过能力太小 8. 转速太高 9. 泵体腔道阻塞 10. 齿轮泵齿形精度不高或接触不良,泵内零件损坏 11. 齿轮泵轴向间隙过小,齿轮内孔与端面垂直度或泵盖上两孔平行度超差 12. 溢流阀阻尼孔堵塞 13. 管路振动	1. 除去脏污,使吸油管畅通 2. 在吸油端连接处涂油,若有好转,则紧固连接件或更换密封,降低吸油高度 3. 更换油封 4. 适当拧紧 5. 重新安装,使其同心,紧固连接件 6. 换黏度适当液压油,提高油液质量 7. 改用通过能力较大的滤油器 8. 使转速降至允许最高转速以下 9. 清理或更换泵体 10. 更换齿轮或研磨修整,更换损坏零件 11. 检查并修复有关零件 12. 拆卸溢流阀并清洗 13. 采取隔离消振措施
泄漏	1. 柱塞泵中心弹簧损坏,使缸体与配油盘间失去密封性 2. 油封或密封圈损伤 3. 密封表面不良 4. 泵内零件间磨损、间隙过大	1. 更换弹簧 2. 更换油封或密封圈 3. 检查修理 4. 更换或重新配研零件
过热	1. 油液黏度过高或过低 2. 侧板和轴套与齿轮端面严重摩擦 3. 油液变质,吸油阻力增大 4. 油箱容积太小,散热不良	1. 更换黏度适合的液压油 2. 修理或更换侧板和轴套 3. 换油 4. 加大油箱,扩大散热面积
柱塞泵变量机构失灵	1. 在控制油路上,可能出现阻塞 2. 变量活塞以及弹簧心轴卡死	1. 净化油,必要时冲洗油路 2. 如机械卡死,可研磨修复;如油液污染,则清洗零件并更换油液
柱塞泵不转	1. 柱塞与缸体卡死 2. 柱塞球头折断,滑履脱落	1. 研磨、修复 2. 更换零件

 思考题与习题

1. 容积式液压泵工作的三要素是什么?

2. 什么是泵的工作压力、额定压力、排量、流量?

3. 什么是泵的容积效率、机械效率?

4. 齿轮泵的径向不平衡力产生的原因是什么? 应如何消除?

5. 什么是齿轮泵的困油现象? 应如何解决? 其他泵有无困油现象?

6. 何为变量泵? 何为定量泵?

7. 齿轮泵、叶片泵及柱塞泵的优缺点各是什么?

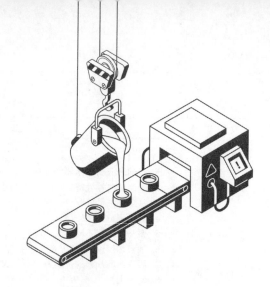

第4章

液压执行元件

4.1 液压缸的类型及特点

液压缸是液压系统中常用的执行元件之一,它的功能是把液体压力能转化为机械能,主要用于实现执行元件的直线往复运动或摆动,其结构简单,工作可靠,应用广泛。

4.1.1 液压缸类型

液压缸的分类如下:

(1)按基本结构形式不同,液压缸可分为活塞缸(单杆活塞缸和双杆活塞缸)、柱塞缸和摆动缸(单叶片式、双叶片式)。

(2)按作用方式不同,液压缸可分为单作用和双作用两种。单作用缸是缸单方向的运动靠液压油驱动,反向运动必须靠外力(如弹簧力或重力)来实现;双作用缸是缸两个方向的运动均靠液压油驱动。

● 结构图

双杆活塞式
液压缸的结构

● 视频

双杆活塞缸
拆装

(3)按缸的特殊用途可分为串联缸、增压缸、增速缸、步进缸和伸缩套筒缸等。此类缸都不是一个单纯的缸筒,而是和其他缸筒和构件组合而成,所以从结构的观点看,这类缸又称组合缸。

4.1.2 活塞缸

1. 双作用双活赛杆液压缸

双作用双活杆液压缸的活塞两侧均有活塞杆伸出,两腔有效面积相等,安装形式分为缸筒固定式和活塞杆固定式两种,如图 1.4.1 所示。缸筒固定式的双作用双活塞杆液压缸如图 1.4.1(a)所示,活塞杆 2 与工作台 4 相连。活塞通过活塞杆带动工作台移动,当活塞的有效行程为 l 时,整个工作台的运动范围为 $3l$,所以机床占地面积大,一般适用于小型机床。活塞杆固定式的双作用双活塞杆液压缸如图 1.4.1(b)所示,缸筒与工作台相连,活塞杆通过支架固定在机床上,动力由缸筒传出,整个工作台的运动范围为 $2l$,因此占地面积小。

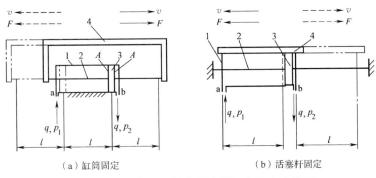

（a）缸筒固定　　　　　　　　（b）活塞杆固定

图 1.4.1　双作用双活塞杆液压缸安装方式简图

1—缸筒;2—活塞杆;3—活塞;4—工作台

双作用双杆液压缸的工作原理图如图 1.4.2 所示。

1)往复运动的速度(供油流量相同)

往复运动的速度 v 为

$$v = \frac{q\eta_v}{A} = \frac{4q\eta_v}{\pi(D^2 - d^2)} \tag{1.4.1}$$

2)往复推力(供油压力相同)

$$F = A(p_1 - p_2)\eta_m = \frac{\pi}{4}(D^2 - d^2)(p_1 - p_2)\eta_m \tag{1.4.2}$$

式中　q——缸的输入流量;

　　　A——活塞有效工作面积;

　　　D、d——活塞直径(缸筒内径)和活塞杆直径;

　　　p_1、p_2——缸的进口压力和出口压力;

　　　η_v、η_m——缸的容积效率和机械效率。

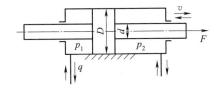

3)双作用双活塞杆液压缸特点

(1)往复运动的速度和推力相等。

图 1.4.2　双作用双活塞杆液压缸原理图

(2)长度方向占有的空间,当缸筒固定时约为缸筒长度的 3 倍;当活塞杆固定时约为缸筒长度的 2 倍。

2. 双作用单活塞杆液压缸

双作用单活塞杆液压缸(缸筒固定)的工作原理图如图 1.4.3 所示。其中仅有一端有活塞杆,两腔有效面积不相等。活塞双向运动可以获得不同的速度和输出推力。油路连接方式可分为:无杆腔进油有杆腔回油、有杆腔进油无杆腔回油和差动连接 3 种。

1)无杆腔进油有杆腔回油

无杆腔进油有杆腔回油时[见图 1.4.3(a)],运动方向、活塞的运动速度 v_1 和推力 F_1 如下。

(1)运动方向:活塞杆从左向右运动伸出。

(2)活塞的运动速度:

$$v_1 = \frac{q\eta_v}{A_1} = \frac{q\eta_v}{\frac{\pi}{4}D^2} \tag{1.4.3}$$

结构图 ●┈┈┈

单杆活塞式液压缸的结构

● ┈┈┈┈

视　频 ●┈┈┈

单杆活塞缸拆装

● ┈┈┈┈

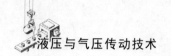

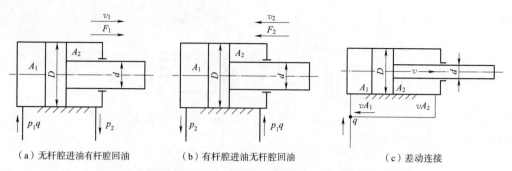

（a）无杆腔进油有杆腔回油　　　　（b）有杆腔进油无杆腔回油　　　　（c）差动连接

图 1.4.3　双作用单活塞杆液压缸原理图

（3）推力：

$$F_1 = (p_1A_1 - p_2A_2)\eta_m = \frac{\pi}{4}\big[p_1D^2 - p_2(D^2 - d^2)\big]\eta_m \qquad (1.4.4)$$

2）有杆腔进油无杆腔回油

有杆腔进油无杆腔回油时［见图 1.4.3（b）］，运动方向、活塞的运动速度 v_2 和推力 F_2 如下。

（1）运动方向：活塞杆从右向左运动退回。

（2）活塞的运动速度：

$$v_2 = \frac{q\eta_v}{A_2} = \frac{q\eta_v}{\frac{\pi}{4}(D^2 - d^2)} \qquad (1.4.5)$$

（3）推力：
$$F_2 = (p_1A_2 - p_2A_1)\eta_m = \frac{\pi}{4}\big[p_1(D^2 - d^2) - p_2D^2\big]\eta_m \qquad (1.4.6)$$

3）差动连接

差动连接时［见图 1.4.3（c）］，运动方向、活塞的运动速度 v_3 和推力 F_3 如下。

（1）运动方向：活塞杆从左向右运动伸出。当单活塞杆液压缸两腔同时通入压力油时，由于无杆腔有效工作面积大于有杆腔的有效工作面积，使得活塞向右的作用力大于向左的作用力，因此，活塞杆从左向右运动伸出。

（2）与此同时，有杆腔的油液挤出，又进入到无杆腔，从而加快了活塞杆的伸出速度。

$$q + v_3A_2 = v_3A_1$$

$$v_3 = \frac{q\eta_v}{A_1 - A_2} = \frac{q\eta_v}{A_3} = \frac{q\eta_v}{\frac{\pi}{4}d^2} \qquad (1.4.7)$$

（3）推力：

$$F_2 = (p_1A_1 - p_1A_2)\eta_m = \frac{\pi}{4}\big[p_1D^2 - p_1d^2\big]\eta_m \qquad (1.4.8)$$

式中　　　q——缸的输入流量；

A_1、A_2、A_3——无杆腔有效工作面积、有杆腔有效工作面积、活塞杆面积；

D、d——活塞直径（缸筒内径）和活塞杆直径；

p_1、p_2——缸的进口压力和出口压力；

η_v、η_m——缸的容积效率和机械效率。

在设计液压缸时，根据设计手册可知，一般选取活塞杆直径 $d \leqslant 0.7D$，即 $\frac{\pi}{4}d^2 \leqslant 0.49\frac{\pi}{4}D^2$，即

可知活塞杆的面积一般比无杆腔面积的一半还要小,也就是说活塞杆面积 A_3 比有杆腔面积 A_2 要小 $\left[\dfrac{\pi}{4}d^2 \leqslant \dfrac{\pi}{4}(D^2-d^2)\right]$。

通过双作用单活塞杆液压杆的 3 种连接方式可知,在供油流量相同的情况下,运动速度关系为 $v_1 < v_2 < v_3$,在供油压力相同情况下,推力关系为 $F_1 < F_2 < F_3$。

双作用单活塞杆液压缸的速比 φ 是采用有杆腔进油活塞杆退回的速度 v_2 和采用无杆进油活塞杆伸出速度 v_1 的比值,即

$$\varphi = \frac{v_2}{v_1} = \frac{D^2}{D^2 - d^2} \tag{1.4.9}$$

4.1.3 柱塞缸

柱塞缸是指缸筒内没有活塞,只有一个柱塞,如图 1.4.4(a)所示。柱塞端面是承受油压的工作面,动力通过柱塞本身传递;缸筒内壁和柱塞不接触,因此缸筒内孔可以只做粗加工或不加工,简化加工工艺;由于柱塞较粗,刚度强度足够,所以适用于工作行程较长的场合,如大型拉床、矿用液压支架等;只能单方向运动,工作行程靠液压驱动,回程靠其他外力或自重驱动,可以用两个柱塞缸来实现双向运动(往复运动),如图 1.4.4(b)所示。

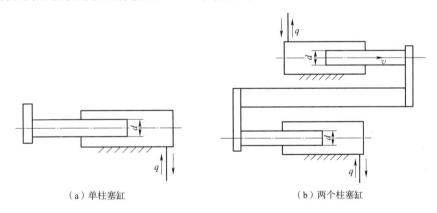

（a）单柱塞缸　　　　　　　　　　　　（b）两个柱塞缸

图 1.4.4　柱塞缸

柱塞缸的运动速度和伸出力分别为

$$v = \frac{q\eta_v}{\dfrac{\pi}{4}d^2} \tag{1.4.10}$$

$$F = p\frac{\pi}{4}d^2\eta_m \tag{1.4.11}$$

式中　d——柱塞直径;

　　　q——液压缸的输入流量;

　　　p——液体的工作压力。

4.1.4 摆动缸

摆动缸能实现小于 360° 的往复摆动运动,由于直接输入的是压力和流量,输出的是转矩和角

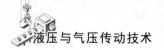

速度,故又称摆动液压马达。它有单叶片式和双叶片式两种形式。

图 1.4.5(a)和图 1.4.5(b)所示分别为单叶片式和双叶片式摆动缸,单叶片的摆动角度为 300°左右,双叶片的摆动角度为 150°左右。

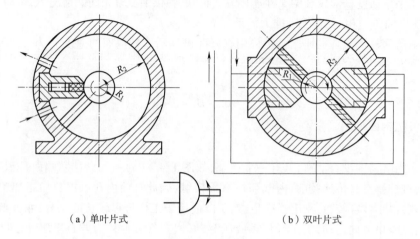

（a）单叶片式　　　　　　　　　　（b）双叶片式

图 1.4.5　摆动缸

4.1.5　其他形式液压缸

1. 伸缩套筒缸

伸缩套筒缸是由两个或多个活塞式液压缸套装而成的,前一级活塞缸的活塞是后一级活塞缸的缸筒。伸出时,由大到小逐级伸出;缩回时,由小到大逐级缩回,如图 1.4.6 所示。这种缸的最大特点是工作时行程长,停止工作时行程较短。伸缩套筒缸特别适用于工程机械和步进式输送装置。

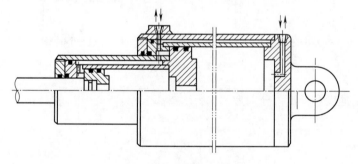

图 1.4.6　伸缩套筒缸

2. 增压缸

增压缸又称增压器,如图 1.4.7 所示。它是在同一个活塞杆的两端接入两个直径不同的活塞,利用两个活塞有效面积之差来使液压系统中的局部区域获得高压。工作过程为在大活塞侧输入低压油,根据力平衡原理,在小活塞侧必获得高压油(有足够负载的前提下),即

$$p_1 A_1 = p_2 A_2 (A_1 > A_2)$$

$$p_2 = p_1 \frac{A_1}{A_2} = p_1 K \qquad\qquad (1.4.12)$$

式中　p_1——输入的低压；

　　　p_2——输出的高压；

　　　A_1——大活塞的面积；

　　　A_2——小活塞的面积；

　　　K——增压比，$K=A_1/A_2$。

增压缸不能直接作为执行元件，只能向执行元件提供高压，常与低压大流量泵配合使用来节约设备的费用。

3. 增速缸

增速缸的结构图如图 1.4.8 所示。先从 a 口供油使活塞 2 以较快的速度右移，活塞 2 运动到某一位置后，再从 b 口供油，活塞以较慢的速度右移，同时输出力也相应增大。常用于卧式压力机上。

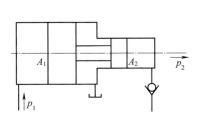

图 1.4.7　增压缸

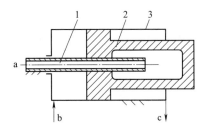

图 1.4.8　增速缸

1—活塞杆；2—活塞；3—缸体

4. 齿轮齿条液压缸

齿轮齿条液压缸由带有齿条杆的双活塞缸和齿轮齿条机构组成，如图 1.4.9 所示。它将活塞的往复直线运动经齿轮齿条机构转变为齿轮轴的转动，多用于回转工作台和组合机床的转位、液压机械手和装载机铲斗的回转等。

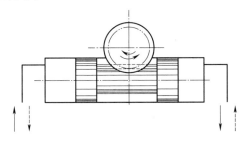

图 1.4.9　齿轮齿条液压缸

4.2　液压缸的结构

最具有代表性的液压缸结构就是双作用单活塞杆液压缸，如图 1.4.10 所示。液压缸的结构基本由缸筒和缸盖组件、活塞和活塞杆组件、密封装置、缓冲装置和排气装置 5 部分组成。

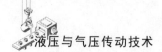
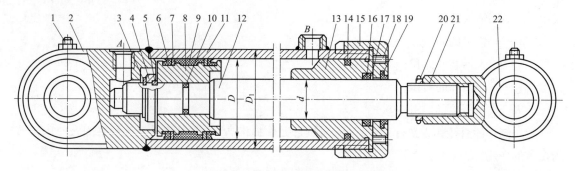

图 1.4.10　双作用单活塞杆液压缸的结构

1—螺钉;2—缸底;3—弹簧卡圈;4—挡环;5—卡环(由2个半圆组成);6—密封圈;7,17—挡圈;8—活塞;9—支承环;
10—活塞与活塞杆之间的密封圈;11—缸筒;12—活塞杆;13—导向套;14—导向套和缸筒之间的密封圈;15—端盖;
16—导向套和活塞之间的密封圈;18—锁紧螺钉;19—防尘圈;20—锁紧螺母;21—耳环;22—耳环衬套圈

4.2.1　缸筒和缸盖组件

1. 连接形式

(1)法兰连接式,如图1.4.11(a)所示。该结构简单、容易加工、装拆方便;缸筒端部有足够的壁厚,外形尺寸和质量较大。

(2)半环连接式,如图1.4.11(b)所示。这种连接分为外半环连接和内半环连接两种形式。图1.4.11(b)所示为外半环连接。其容易加工,装拆方便,质量小,但半环槽削弱了缸筒强度。

(3)螺纹连接式,如图1.4.11(c)、(f)所示。这种连接有外螺纹连接和内螺纹连接两种形式。外形尺寸和质量较小;但结构复杂,外径加工时要求保证与内径同心,装拆要使用专用工具。

(4)拉杆连接式,如图1.4.11(d)所示。其结构简单,工艺性好,通用性强,易于装拆;但端盖的体积和质量较大,拉杆受力后会拉伸变长,影响密封效果,仅适用于长度不大的低、中压液压缸。

(5)焊接式连接,如图1.4.11(e)所示。这种连接形式只适用缸底与缸筒间的连接,其外形尺寸小,连接强度高,制造简单;但焊后易使缸筒变形。

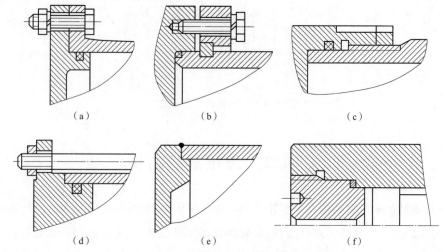

（a）　　　　　　　　（b）　　　　　　　　（c）

（d）　　　　　　　　（e）　　　　　　　　（f）

图 1.4.11　缸筒和缸盖组件的连接形式

2. 密封形式

缸筒与缸盖间的密封属于静密封,主要的密封形式是采用 O 形密封圈密封。

3. 导向与防尘

对于缸前盖还应考虑导向和防尘问题。导向的作用是保证活塞的运动不偏离轴线,以免产生"拉缸"现象,并保证活塞杆的密封件能正常工作。导向套是用铸铁、青铜、黄铜或尼龙等耐磨材料制成的,可与缸盖做成整体或另外制作。导向套不应太短,以保证受力良好,如图 1.4.10 所示的 13 号件。防尘就是防止灰尘被活塞杆带入缸体内,造成液压油的污染。通常是在缸盖上装一个防尘圈,如图 1.4.10 所示的 19 号件。

4. 缸筒与缸盖的材料

(1)缸筒。缸筒采用 35 或 45 钢调质无缝钢管;也有采用锻钢、铸钢或铸铁等材料的,在特殊情况下也有采用合金钢的。

(2)缸盖。缸盖采用 35 或 45 钢锻件、铸件、圆钢或焊接件;也有采用球墨铸铁或灰口铸铁的。

4.2.2　活塞和活塞杆组件

1. 连接形式

(1)螺纹连接式,如图 1.4.12(a)所示。结构简单,装拆方便;但高压时会松动,必须加防松装置。

(2)半环连接式,如图 1.4.12(b)所示。工作可靠,但结构复杂,装拆不便,多用于高压大负载和振动较大的场合。

(3)锥销连接式,如图 1.4.12(c)所示。加工容易,装拆方便,但承载能力小,多用于中、低压轻载液压缸中。

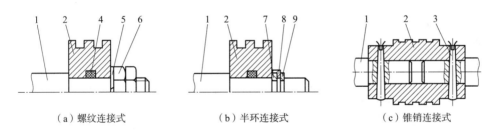

（a）螺纹连接式　　　　　（b）半环连接式　　　　　（c）锥销连接式

图 1.4.12　活塞和活塞杆组件的连接形式

1—活塞杆;2—活塞;3—锥销;4—密封圈;5—弹簧圈;6—螺母;7—半环;8—套环;9—弹簧卡环

2. 密封形式

活塞与活塞杆间的密封属于静密封,通常采用 O 形密封圈来密封。

活塞与缸筒间的密封属于动密封,既要封油,又要相对运动,对密封的要求较高,通常采用的形式有以下几种。

(1)间隙密封[见图 1.4.13(a)],依靠运动件间的微小间隙来防止泄漏,为了提高密封能力,常制出几条环形槽,增加油液流动时的阻力。它的特点是结构简单、摩擦阻力小、可耐高温。但泄漏大、加工要求高、磨损后无法补偿。用于尺寸较小、压力较低、相对运动速度较高的情况下。

(2)摩擦环密封[见图 1.4.13(b)],依靠摩擦环支承相对运动,靠 O 形密封圈来密封。它的特点是密封效果较好,摩擦阻力较小且稳定,可耐高温,磨损后能自动补偿;但加工要求高,装拆较不便。

(3)密封圈密封[见图1.4.13(c)、(d)],采用橡胶或塑料的弹性使各种截面的环形圈贴紧在静、动配合面之间来防止泄漏。它的特点是结构简单、制造方便、磨损后能自动补偿,性能可靠。

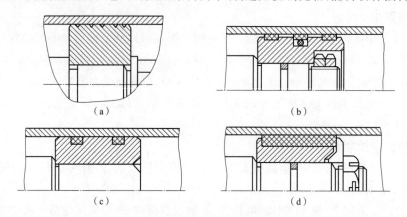

图1.4.13　活塞与缸筒间的密封形式

3. 活塞和活塞杆的材料

活塞通常采用铸铁和钢;也有用铝合金制成的。活塞杆采用35、45钢的空心杆或实心杆。

4.2.3　缓冲装置

液压缸一般都设置缓冲装置,特别是活塞运动速度较高和运动部件质量较大时都有较大惯性,为了防止活塞在行程终点与缸盖或缸底发生机械碰撞,引起噪声、冲击,甚至造成液压缸或被驱动件的损坏,必须设置缓冲装置。其常用方法是利用活塞或缸筒在走向行程终端时在活塞和缸盖之间封住一部分油液,强迫它从小孔后的细缝中挤出,产生很大阻力,使工作部件受到制动,逐渐减慢运动速度。

液压缸中常用的缓冲装置有下面几种形式。

1. 圆柱形环隙式缓冲装置

圆柱形环隙式缓冲装置如图1.4.14(a)所示,当缓冲柱塞A进入缸盖上的内孔时,缸盖和柱塞间形成环形缓冲油腔B,被封闭的油液只能经环状间隙δ排出,产生缓冲压力,从而实现减速缓冲。这种装置在缓冲过程中,由于回油通道的节流面积不变,故缓冲开始产生的缓冲制动力很大,其缓冲效果很差,液压冲击很大,且实现减速所需行程较长,但这种装置结构简单,便于设计和降低成本,所以在一般系列化的成品液压缸中多采用这种缓冲装置。

2. 圆锥形环隙式缓冲装置

圆锥形环隙式缓冲装置如图1.4.14(b)所示,由于缓冲柱塞A为圆锥形,所以缓冲环状间隙δ随位移量不同而改变,即节流面积随缓冲行程的增大而缩小,使机械能的吸收较均匀,其缓冲效果较好,但仍有液压冲击。

3. 可变节流槽式缓冲装置

可变节流槽式缓冲装置如图1.4.14(c)所示,在缓冲柱塞A上开有三角节流沟槽,节流面积随着缓冲行程的增大而逐渐减小,其缓冲压力变化较平缓。

4. 可调节流孔式缓冲装置

可调节流孔式缓冲装置如图 1.4.14(d)所示,当缓冲柱塞 A 进入缸盖内孔时,回油口被柱塞堵住,只能通过节流阀 C 回油,调节节流阀的开度,可以控制回油量,从而控制活塞的缓冲速度。当活塞反向运动时,压力油通过单向阀 D 很快进入到液压缸内,并作用在活塞的整个有效面积上,故活塞不会因推力不足而产生启动缓慢现象。这种缓冲装置可以根据负载情况调整节流阀开度的大小,改变缓冲压力的大小,因此适用范围较广。

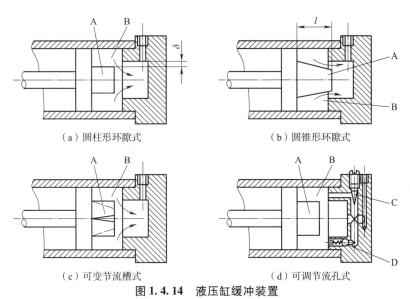

（a）圆柱形环隙式　　　　　　　（b）圆锥形环隙式

（c）可变节流槽式　　　　　　　（d）可调节流孔式

图 1.4.14　液压缸缓冲装置

A—缓冲柱塞;B—缓冲油腔;C—节流阀;D—单向阀

4.2.4　排气装置

液压系统在安装过程中或长时间停止工作后会渗入空气,油中也会混有空气,由于气体有很大的可压缩性,会使执行元件产生爬行、噪声和发热等一系列不正常现象,因此在设计液压缸时,必须考虑排除空气。

排除方法是利用空气比较轻的特点,在液压缸的最高处设置进出油口把气体带走,如不能在最高处设置油口时,可在最高处设置放气孔或专门的放气阀等放气装置,如图 1.4.15 所示。

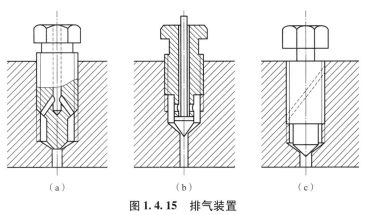

（a）　　　　　　　（b）　　　　　　　（c）

图 1.4.15　排气装置

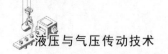

4.3 液压马达

液压马达是液压执行元件。液压马达和液压泵工作原理有相似之处,都是依靠密封工作容积的变化实现能量的转换,都属于容积式,同样具有配油机构。不同点在于:液压马达将液压的压力能转化为机械能。液压马达和液压缸的不同之处在于:液压马达将液压系统的压力能转化为旋转的机械能,输出转矩和角速度,液压缸实现执行元件的直线往复运动或摆动,输出机械能的形式是力和速度(或扭矩和角速度)。

4.3.1 液压马达的分类

液压马达的分类与液压泵相似,液压马达的图形符号如图1.4.16所示。

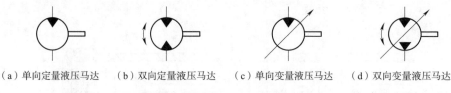

（a）单向定量液压马达　（b）双向定量液压马达　（c）单向变量液压马达　（d）双向变量液压马达

图1.4.16　液压马达的图形符号

液压马达按其结构分为齿轮马达、叶片马达及柱塞马达。按其输入油液的流量能否变化可以分为变量液压马达及定量液压马达。

4.3.2 液压马达的工作原理

● 视 频

叶片式马达工作原理

从能量转换的观点来看,液压泵与液压马达是可逆的。也就是说,液压泵也可作液压马达使用。但由于液压泵和液压马达的工作条件不同,对它们的性能要求也不一样,所以同结构类型的液压泵和液压马达之间,仍存在许多差别。首先液压马达一般要求能够正、反转,因而要求其内部结构对称;液压马达的转速范围需要足够大,特别对它的最低稳定转速有一定要求;其次液压马达由于在输入压力油条件下工作,因而不必具备自吸能力,但需要一定的初始密封性,才能提供必要的启动转矩。由于存在着这些差别,使得液压马达与液压泵在结构上比较相似,但不能可逆工作。

下面以轴向柱塞式液压马达为代表说明液压马达的工作原理,轴向柱塞式液压马达工作原理图如图1.4.17所示,图中斜盘和配油盘固定不动,柱塞轴向安装在缸体内,缸体与马达轴相连一起旋转,斜盘倾角为 γ。当压力油通过配油窗口进入柱塞上的底腔之后,柱塞在液压力的作用下压向斜盘,压力油在柱塞的轴向产生一个力时,在柱塞与斜盘的接触点上,斜盘会对柱塞产生支反力为 F。F 分解成两个分力,轴向分力 F_x 沿柱塞轴线向右,与柱塞所受液压力平衡;径向分力 F_y 与柱塞轴线垂直向下,使得压油区的柱塞都对转子中心产生一个转矩,驱动液压马达旋转做功。瞬时驱动转矩的大小随柱塞所在位置的变化而变化。压油区的所有柱塞产生的转矩和构成了液压马达的总转矩,而且液压马达的总转矩是随外负载而变化的。

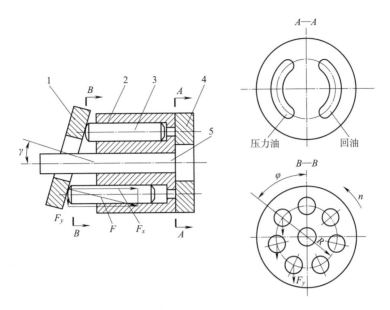

图 1.4.17　轴向柱塞式液压马达工作原理

1—斜盘；2—转子；3—柱塞；4—配油盘；5—转轴

 ## 4.4　液压执行元件的常见故障及排除方法

视　频

液压缸故障检
测与排除方法

4.4.1　液压缸的常见故障及排除方法

液压缸的常见故障及排除方法见表 1.4.1。

表 1.4.1　液压缸的常见故障及排除方法

故障现象	原因分析	排除方法
爬行	1. 混入空气 2. 运动密封件装配过紧 3. 活塞杆与活塞不同轴 4. 导向套与缸筒不同轴 5. 活塞杆弯曲 6. 液压缸安装不良，其中心线与导轨不平行 7. 缸筒内径圆柱度超差 8. 缸筒内孔锈蚀、拉毛 9. 活塞杆两端螺母拧得过紧，使其同轴度降低 10. 活塞杆刚性差 11. 液压缸运动件之间间隙过大 12. 导轨润滑不良	1. 排除空气 2. 调整密封圈，使之松紧适当 3. 校正、修正或更换 4. 修正调整 5. 校直活塞杆 6. 重新安装 7. 镗磨修复，重配活塞或增加密封件 8. 除去锈蚀、毛刺或重新镗磨 9. 略松螺母，使活塞杆处于自然状态 10. 加大活塞杆直径 11. 减小配合间隙 12. 保持良好润滑
冲击	1. 减缓间隙过大 2. 缓冲装置中的单向阀失灵	1. 减小缓冲间隙 2. 修理单向阀

续表

故障现象	原因分析	排除方法
推力不足或工作速度下降	1. 缸筒和活塞的配合间隙过大,或密封件损坏,造成内泄漏 2. 缸筒与活塞的配合间隙过小,密封过紧,运动阻力大 3. 运动零件制造存在误差和装配不良,引起不同心或单面剧烈摩擦 4. 活塞杆弯曲,引起剧烈摩擦 5. 缸筒内孔拉伤与活塞咬死,或缸筒内孔加工不良 6. 液压油中杂质过多,使活塞卡死 7. 油温过高,加剧泄漏	1. 修理或更换不合精度要求的零件,重新装配、调整或更换密封件 2. 增加配合间隙,调整密封件的压紧装置 3. 修理误差较大的零件重新装配 4. 校直活塞杆 5. 镗磨、修复缸筒或更换缸筒 6. 清洗液压系统,更换液压油 7. 分析温升原因,改进密封结构,避免温升过高
外泄漏	1. 密封件咬边、拉伤或破坏 2. 密封件方向装反 3. 缸盖螺钉未拧紧 4. 运动零件之间有纵向拉伤和沟痕	1. 更换密封件 2. 改正密封件方向 3. 拧紧螺钉 4. 修理或更换零件

● 视频

液压马达故障检测与排除方法

4.4.2　液压马达的常见故障及排除方法

液压马达的常见故障及排除方法见表1.4.2。

表1.4.2　液压马达的常见故障及排除方法

故障现象	原因分析	排除方法
转速低、输出转矩小	1. 由于滤油器阻塞,油液黏度过大,泵间隙过大,泵效率低,使供油不足 2. 电动机转速低,功率不匹配 3. 密封不严,有空气进入 4. 油液污染,堵塞马达内部通道 5. 油液黏度小,内泄漏增大 6. 油箱中油液不足、管径过小或过长 7. 齿轮马达侧板和齿轮两侧面、叶片马达配油盘和叶片等零件磨损造成内泄漏和外泄漏 8. 单向阀密封不良,溢流阀失灵	1. 清洗滤油器、更换黏度适当的油液,保证供油量 2. 更换电动机 3. 紧固密封 4. 拆卸、清洗马达,更换油液 5. 更换黏度适合的油液 6. 加油,加大吸油管径 7. 对零件进行修复 8. 修理阀芯和阀座
噪声过大	1. 进油口滤油器堵塞,进油管漏气 2. 联轴器与马达轴不同心或松动 3. 齿轮马达齿形精度低,接触不良,轴向间隙小,内部个别零件损坏,齿轮内孔与端面不垂直,端盖上两孔不平行,滚针轴承断裂,轴承架损坏 4. 叶片和主配油盘接触的两侧面、叶片顶端或定子内表面磨损或刮伤,扭力弹簧变形或损坏 5. 径向柱塞马达的径向尺寸严重磨损	1. 清洗,紧固接头 2. 重新安装调整或紧固 3. 更换齿轮,或研磨修整齿形,研磨有关零件,重配轴向间隙,对损坏零件进行更换 4. 根据磨损程度修复或更换 5. 修磨缸孔,重配柱塞
泄漏	1. 管接头未拧紧 2. 接合面螺钉未拧紧 3. 密封件损坏 4. 配油装置发生故障 5. 相互运动零件的间隙过大	1. 拧紧管接头 2. 拧紧螺钉 3. 更换密封件 4. 检修配油装置 5. 重新调整间隙或修理、更换零件

思考题与习题

1. 液压缸的缓冲装置起什么作用？有哪些形式？各有什么特点？

2. 单活塞杆液压缸有哪3种结构形式？活塞直径为D、活塞杆直径为d,若进入缸的压力油流量为q、压力为p,分析各缸产生的推力、速度大小以及运动方向。

3. 增压缸的工作原理是什么？用于什么场合？

4. 柱塞泵的工作原理是什么？有什么特点？

5. 图1.4.18所示的液压系统中,液压泵的额定流量$q = 20$ l/min,额定压力$p = 8$ MPa,设活塞直径$D = 0.1$ m,活塞杆直径$d = 0.05$ m,负载$F = 20\ 000$ N。在不计压力损失情况下,试求在各图示情况下压力表的读数。

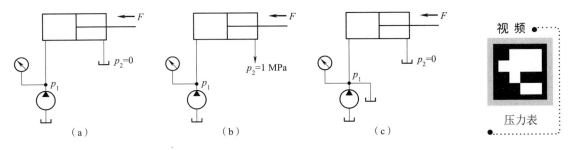

图1.4.18　题5图

6. 如图1.4.19所示的两个结构相同相互串联的液压缸,无杆腔的面积$A_1 = 0.01$ m²,有杆腔的面积$A_2 = 0.008$ m²,缸1的输入压力$p_1 = 6 \times 10^5$ Pa、输入流量$q_1 = 10$ l/min,不计损失和泄漏,求:

(1)两缸负载相同$(F_1 = F_2)$时,该负载的大小及两缸的运动速度？

(2)缸2不受负载$(F_2 = 0)$时缸1能承受多少负载？

(3)缸1不受负载$(F_1 = 0)$时缸2能承受多少负载？

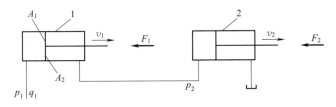

图1.4.19　题6图

7. 如图1.4.20所示的并联液压缸中,$A_1 = A_2$,$F_1 > F_2$,当缸2的活塞运动时,试求v_1、v_2和液压泵的出口压力p。

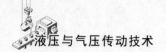

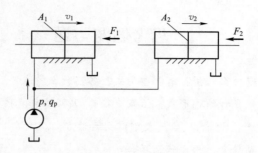

图 1.4.20　题 7 图

8. 某液压马达的工作压力为 10 MPa,排量为 200 ml/r,容积效率为 0.9,机械效率为 0.9,若输入流量为 100 l/min,试求马达的输出转矩及转速?

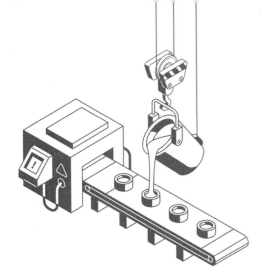

第5章

液压控制阀

5.1 液压控制阀概述

在液压系统中,除需要液压泵供油和液压执行元件来驱动工作装置外,还要配置一定数量的液压控制阀来对液流的流动方向、压力的高低以及流量的大小进行预期的控制,以满足负载的工作要求。

液压阀的种类较多,常见分类见表1.5.1。

表1.5.1 液压阀的种类

分类方法	种类	常用液压件
按用途分	方向控制阀	单向阀、换向阀等
	压力控制阀	溢流阀、减压阀、顺序阀等
	流量控制阀	节流阀、调速阀等
按安装连接方式分	管式连接方式	螺纹连接、法兰连接等
	板式及叠加连接方式	单层连接板、双层连接板、集成块连接、叠加阀等
	插装式连接方式	螺纹插装、法兰插装等
按操纵方式分	人力操纵阀	手轮、踏板、杠杆等
	机械操纵阀	行程阀、行程开关等
	电动操纵阀	电磁、电液等
按阀芯结构形式分	滑阀、锥阀、球阀、转阀	滑阀、锥阀、球阀、转阀等

5.2 方向控制阀

方向控制阀主要用来通断油路或改变油液流动的方向,从而控制液压执行元件的启动或停止,改变其运动方向。方向控制阀主要包括单向阀和换向阀两大类。

5.2.1 单向阀

液压系统中,常用的单向阀有普通单向阀和液控单向阀两种。

结构图 ●

单向阀的结构

视频 ●

单向阀拆装

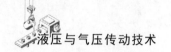

1. 普通单向阀

普通单向阀的作用就是使油液只能向一个方向流动,反向则不能流过。

● 视频

普通单向阀
的工作原理

普通单向阀由阀芯、阀体及弹簧等组成。常用的阀芯主要有钢球形和圆锥形两种,钢球形阀芯的普通单向阀的结构如图1.5.1(a)所示,一般用于小流量的场合。圆锥形阀芯的普通单向阀的结构如图1.5.1(b)所示。静态时,阀芯2在弹簧力的作用下顶在阀座上,当液压油从阀的左端(p_1)进入,即正向通油时,液压力克服弹簧力使阀芯右移,打开阀口,油液经阀口从右端(p_2)流出;而当液压油从右端进入,即反向通油时,阀芯在液压力与弹簧力的共同作用下,紧贴在阀座上,油液不能通过。普通单向阀的图形符号如图1.5.1(c)所示。

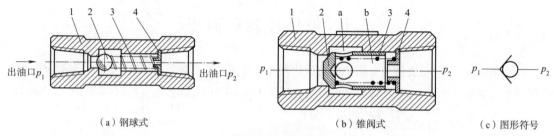

（a）钢球式　　　　　　　　　（b）锥阀式　　　　　　（c）图形符号

图 1.5.1　单向阀

1—阀体;2—阀芯;3—弹簧;4—挡圈;a—径向喉孔;b—内孔

对单向阀的要求是:通油方向(正向)要求液阻尽量小,保证阀的动作灵敏,因此弹簧刚度适当小些,一般开启压力为0.035~0.05 MPa;而对截止方向(反向)要求密封尽量好一些,保证反向不漏油。如果采用单向阀做背压阀时,弹簧刚度要取得较大一些,一般取0.2~0.6 MPa。

2. 液控单向阀

液控单向阀是一种通入控制压力油后即允许油液双向流动的单向阀。它由一个普通单向阀和一个小型控制液压装置组成。液控单向阀如图1.5.2(a)所示,当控制口 K 处没有压力油输入时,液控单向阀相当于普通单向阀,油液从 p_1 口进入,顶开阀芯,从 p_2 口流出,而当油液从 p_2 口进入时,由于在油液的压力和弹簧力共同作用下使阀芯关闭,油路不通;当控制口 K 有压力油输入时,活塞在压力油作用下右移,使阀芯打开,进油口 p_1、出油口 p_2 接通,在单向阀中形成通路,油液在两个方向可自由流通,不起单向阀的作用。液控单向阀的图形符号如图1.5.2(b)所示。

● 视频

液控单向阀的
工作原理

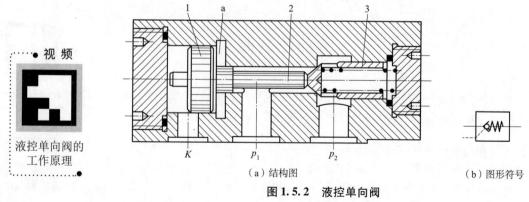

（a）结构图　　　　　　　　　　　　　　　（b）图形符号

图 1.5.2　液控单向阀

1—活塞;2—顶杆;3—阀芯

液控单向阀的作用是可以根据需要控制单向阀在油路中的存在,它的锥阀阀口应具有良好的反向密封性能,它通常用于保压、锁紧和平衡等回路中。

3. 双向液压锁

双向液压锁实际上是两个液控单向阀的组合,结构如图 1.5.3(a)所示。两个液控单向阀共用一个阀体 1 和控制活塞 2,两个锥阀芯 4 分别置于控制活塞的两侧,锥阀芯 4 中装有卸荷阀芯 3。当 P_1 腔通压力油时,一方面顶开左面的锥阀芯使 P_1 腔和 P_2 腔接通;另一方面由于控制活塞右移,顶开右面的锥阀芯,使 P_3 腔和 P_4 腔接通。同时 P_3 腔通压力油时也可使两个锥阀同时打开。即 P_1、P_3 任一腔通压力油都可使 P_1 与 P_2、P_3 与 P_4 腔接通,而 P_1、P_3 腔都不通压力油时,P_3 和 P_4 腔被两个液控单向阀封闭。双向液压锁的图形符号如图 1.5.3(b)所示。汽车起重机的支腿锁紧机构就是采用双向液压锁来实现整个起重机支撑的,在系统停止供油时,支腿仍能保持锁紧。

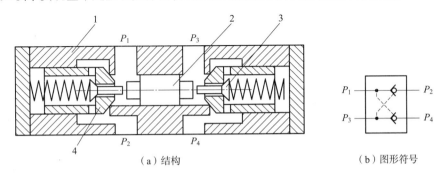

（a）结构　　　　　　　　　（b）图形符号

图 1.5.3　双向液压锁结构原理图

1—阀体;2—控制活塞;3—卸荷阀芯;4—锥阀(主阀)芯

5.2.2　换向阀

1. 换向阀的分类

换向阀是液压系统中用途较广的一种阀,它是利用阀芯在阀体中的相对运动,使液流的通路接通、关断,或变换流动方向,从而使执行机构开启、停止或变换运动方向。换向阀的种类见表 1.5.2。

表 1.5.2　换向阀的种类

分 类 方 式	类 型
按阀芯运动方式	转阀、滑阀等
按阀的操纵方式	手动、机动、液动、电磁、电液等
按阀的工作位置和通路数	二位二通、二位三通、三位四通、三位五通等

2. 换向阀的结构及工作原理

滑阀式换向阀是液压系统中使用最为广泛的换向阀,应用转阀式换向阀较少。任何换向阀都是由阀体和阀芯两部分组成。滑阀式换向阀工作原理图见表 1.5.3 中三位五通结构原理图所示,滑阀型的阀芯是具有多段环形槽的圆柱体,直径大的凸起部分称为凸肩,与阀体内孔间隙配合;阀体内孔也加工环形槽,称为沉割槽,与通油口相连。在外力作用下,阀芯在阀体内做相对运动,以堵塞或开启阀孔,开闭油路,使油口与不同的排油口接通,达到换向的目的。当阀芯往右运动时,P

与 A 通,B 与 T_2 通;当阀芯往左运动时,P 与 B 通,A 与 T_1 通;当阀芯在图示位置时,这些阀口均不通。P 口是接压力油的,A 口和 B 口是接执行元件的,T_1 口和 T_2 口是接油箱的。通过以上分析可知,阀芯在阀体内相对运动时,可以改变油路间的通断关系,使执行元件完成换向和停止。同时我们也知道此阀有 3 个工作位置、五个通油口,所以此阀是三位五通阀。常见滑阀式换向阀的结构形式与图形符号见表 1.5.3。

表 1.5.3 常见滑阀式换向阀结构形式与图形符号

滑阀名称	结构原理图	图形符号
二位二通	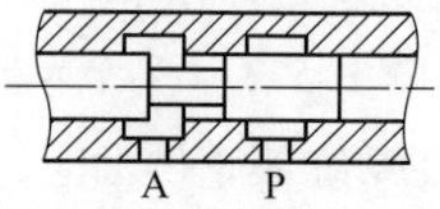	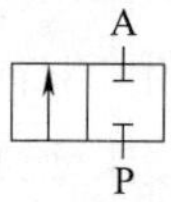
二位三通	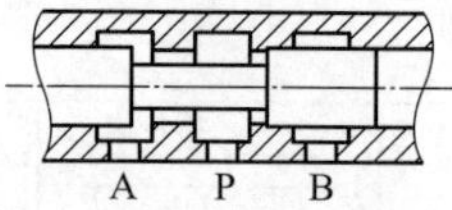	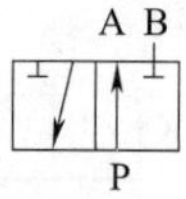
二位四通	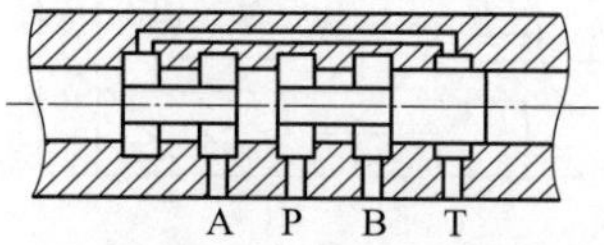	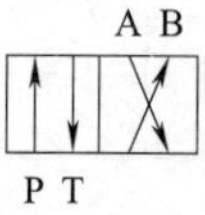
二位五通	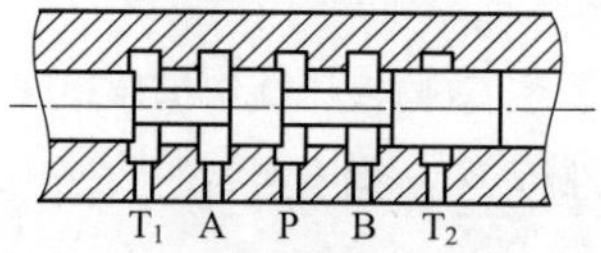	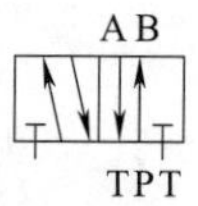
三位四通	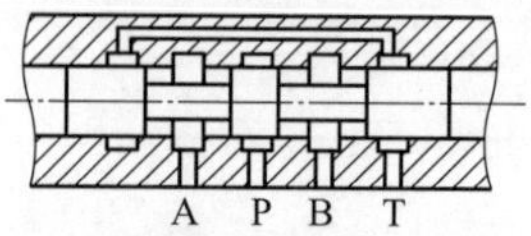	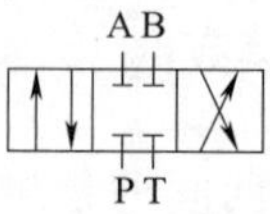
三位五通	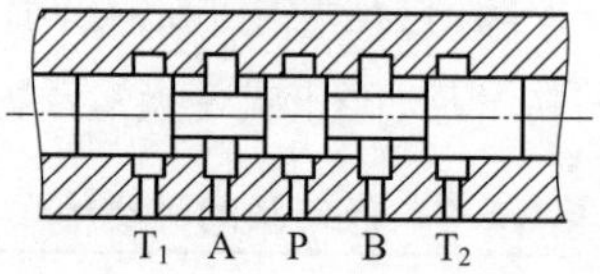	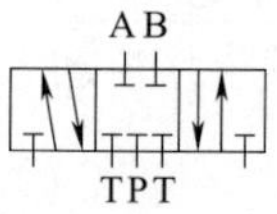

3. 换向阀的图形符号

这些图形符号可使液压系统图简单明了,且便于绘图,液压系统的图形符号应按国家标准《流体传动系统及元件图形符号和回路图 第 1 部分:用于常规用途和数据处理的图形符号》(GB/T 786.1—2009)执行。对于这些图形符号有以下几条基本规定。

(1)符号只表示元件的职能,连接系统的通路,不表示元件的具体结构和参数,也不表示元件在机器中的实际安装位置。

(2)用方框表示换向阀的工作位置,有几个方框就表示有几位。

(3)一个方框的上边和下边与外部连接的接口数即为通路数。

(4)元件符号内的油液流动方向用箭头表示,线段两端都有箭头的,表示流动方向可逆。

（5）方框内的箭头表示此位置上油路的通断状态，但箭头的方向并不一定代表油液实际流动的方向。

（6）符号均以元件的静止位置或中间常态位置表示（三位阀的中间方框和二位阀靠近弹簧的方框为阀的常态位置），当系统的动作另有说明时，可做例外。

（7）一般用 P 表示进油口，T 或 O 表示回油口，A、B、C 等表示与接执行元件连接的油口，用 K 表示控制油口。

（8）方框内的"⊤""⊥"表示此通路被阀芯封闭，即此油路不通。

详细图形符号见附录或国家标准 GB/T 786.1—2009。

4. 换向阀的操纵方式

换向阀的操纵方式有手动、机动、液动、电磁、电液五种，各种操纵方式见表1.5.4。

表1.5.4 换向阀的操纵方式

操纵方式	图形符号	说 明
手动	A B / P T	手动操纵，弹簧复位，属于自动复位；还有靠钢球定位的，复位时需要人来操纵
机动	A / B	二位二通机动换向阀又称行程阀，是实际应用较为广泛的一种阀，靠挡块操纵，弹簧复位，初始位置时处于常闭状态
液动		液压力操纵，弹簧复位
电磁	A B / P	电磁铁操纵，弹簧复位，是实际应用中最常见的换向阀，有二位、三位等多种结构形式
电液		由先导阀（电磁换向阀）和主阀（液动换向阀）复合而成。阀芯移动速度分别由两个节流阀控制，使系统中执行元件能得到平稳的换向

视频 ● 三位四通手动换向阀

结构图 ● 三位四通手动换向阀的结构

视频 ● 三位四通电磁铁换向阀

结构图 ● 三位四通电磁铁换向阀的结构

电磁换向阀是目前最常用的一种换向阀，其利用电磁铁的吸力推动阀芯换向，电磁换向阀分为直流电磁阀和交流电磁阀。电磁阀使用方便，特别适合自动化作业。

液动换向阀的阀芯移动是靠两端密封腔中的油液压差来实现的，推力较大，适用于压力高、流量大、阀芯移动长的场合。

电液换向阀是一种组合阀。电磁阀起先导作用，而液动阀是以其阀芯位置变化而改变油路上油流方向，起"放大"作用。

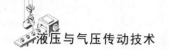

5. 换向阀的中位机能

三位换向阀处于中位时,各通口的连通形式称为换向阀的中位机能。常见的三位阀的中位机能见表1.5.5。

表 1.5.5　三位换向阀的中位机能

滑阀机能	中位时的滑阀状态	中位符号		中位时的性能特点
		三位四通	三位五通	
O	T(T₁) A P B T(T₂)	A B / P T	A B / T₁ P T₂	各油口全部封闭,系统保持压力
H	T(T₁) A P B T(T₂)	A B / P T	A B / T₁ P T₂	各油口全部连通,泵卸荷
Y	T(T₁) A P B T(T₂)	A B / P T	A B / T₁ P T₂	P 口封闭保压,执行元件两腔与回油腔连通
M	T(T₁) A P B T(T₂)	A B / P T	A B / T₁ P T₂	P 与 T 口相通,泵卸荷,A、B 口封闭
P	T(T₁) A P B T(T₂)	A B / P T	A B / T₁ P T₂	P 口与 A、B 口相连,可形成差动回路
J	T(T₁) A P B T(T₂)	A B / P T	A B / T₁ P T₂	P 口封闭保持压力,B 口与回油相通
C	T(T₁) A P B T(T₂)	A B / P T	A B / T₁ P T₂	执行元件 A 口与 P 口相通,而 B 口封闭
K	T(T₁) A P B T(T₂)	A B / P T	A B / T₁ P T₂	P 口与 A、T 口相通,泵卸荷,B 口封闭
X	T(T₁) A P B T(T₂)	A B / P T	A B / T₁ P T₂	P、T、A、B 口半开启接通,P 口保持一定压力
U	T(T₁) A P B T(T₂)	A B / P T	A B / T₁ P T₂	P 口封闭保持压力,A 口与 B 口连通

换向阀的中位机能不仅在换向阀阀芯处于中位时对系统工作状态有影响,而且在换向阀切换时对液压系统的工作性能也有影响。选择换向阀的中位机能时应注意以下几点:

1)系统保压

在三位阀的中位时,P 口堵住,油泵即可保持一定的压力,这种中位机能如 O、Y、J、U 型,适用于一泵多缸的情况。如果在 P、O 口之间有一定的阻尼,如 X 型中位机能,系统也能保持一定压力,可供控制油路使用。

2)系统卸荷

系统卸荷即在三位阀处于中位时,泵的油直接回油箱,让泵的出口无压力,这时只要将 P 口与O 口接通即可,如 M 型中位机能。

3)换向平稳性

在三位阀处于中位时,A、B 口各自堵塞,如 O、M 型,当换向时,一侧有油压,一侧负压,换向过程中容易产生液压冲击,换向不平稳,但位置精度好。

若 A、B 口与 O 口接通,如 Y 型则作用相反,换向过程中无液压冲击,但位置精度差。

4)启动平稳性

当三位阀处于中位时,有一工作腔与油箱接通,如 J 型,则工作腔中无油,不能形成缓冲,液压缸启动不平稳。

5)液压缸在任意位置上的停止和"浮动"问题

当 A、B 口各自封死时,如 O、M 型,液压缸可在任意位置上锁死;当 A、B 口与 P 口接通时,如 P型,若液压缸是单作用式液压缸时,则形成差动回路,若液压缸是双作用式液压缸时,则液压缸可在任意位置上停留。

当 A、B 口与 O 口接通时,如 H、Y 型,则三位阀处于中位时,卧式液压缸任意浮动,可用手动机构调整工作台。

5.3　压力控制阀

结构图 ●·······

压力控制阀
的结构

压力控制阀对液体压力进行控制或利用压力作为信号来控制其他元件动作,以满足执行元件对力、速度、转矩等的要求。按照功能和用途不同可分为溢流阀、减压阀、顺序阀和压力继电器等。这类阀的共同特点是利用作用于阀芯上的液压作用力和弹簧力相平衡进行工作。

5.3.1　溢流阀

溢流阀的基本功能是当压力达到其调定值时打开阀口,通过阀口对液压系统相应液体进行溢流,实现稳压、调压或限压的作用。经常与定量泵和节流阀配合实现节流调速,也可以对液压系统实现过载保护。

1. 溢流阀的结构和工作原理

溢流阀按结构可分为直动式和先导式两种。一般来说,直动式溢流阀用于压力较低的液压系

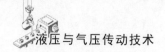

统,先导式溢流阀用于中、高压的液压系统。

1)直动式溢流阀

直动式溢流阀的工作原理图如图1.5.4所示。通过溢流的方法,使入口压力稳定为常值,从进油口 P 进入油腔 c 的油液经阀芯4的径向小孔 e、阀芯下部的阻尼小孔 f 进入阀芯下端的油腔 d,同时对阀芯产生向上的推力。当进油压力较低时,向上推力还不足以克服调压弹簧2的作用力时,阀芯处于最下端位置,阀口关闭,溢流阀不起作用。当油压增高产生向上的推力大于弹簧的作用力时,阀芯被顶起向上移动并停止在某一平衡位置上,这时进油口 P 与回油口 O 接通,油液从回油口 O 排回油箱,实现溢流,使阀入口处油压不再增高,且与此时的弹簧相平衡为某一确定的常值,这就是定压原理。

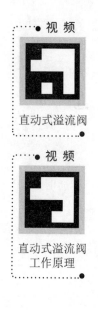

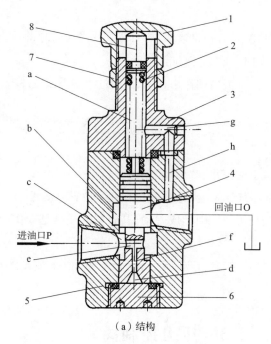

（a）结构　　　　　　　　　（b）图形符号

图 1.5.4　直动式溢流阀

1—调节螺母;2—调压弹簧;3—阀盖;4—阀芯;5—阀体;6—塞堵;7—推杆;8—锁紧螺母

a、b、c、d—油腔;e—径向小孔;f—阻尼小孔;g、h—小孔

直动式溢流阀的动态稳压过程:溢流阀入口压力为一初始定值 p_1,当 p_1 油压突然升高时,d 腔油压也同时等值升高,这样就破坏了阀芯初始的平衡状态,阀芯上移至某一个新的平衡位置,阀口开度加大,将油液多放出去一些(即阀的过流量增加),因而使瞬时升高的入口油压又很快降了下来,并基本上回到原来的数值上。反之,当入口油压降低(但仍然大于阀的开启压力)时,d 油腔油压也同时等值降低,于是阀芯下移至某一新的平衡位置,阀口开度减少,使油液少流出去一些(阀的过流量减少),从而使入口油压又升上去,即基本上又回升至原来的数值上。

当阀芯上移时,调节弹簧受压,阀芯上部油液体积缩小,压力增大,阀芯上部油液经上盖的小孔 g、阀体的小孔 h,经回油口 O 流回油箱,而阀芯下部体积增大,压力减小,入口的油液经油腔 c、阀芯 4 的径向小孔 e、阀芯下部的阻尼小孔 f 进入阀芯下端的油腔 d 进行补油,保证阀芯上移顺畅平稳振动小;而当阀芯下移时,调节弹簧复位,阀芯上部油液体积增大,压力减小,油箱的油液经回油口 O、阀体的小孔 h、上盖的小孔 g 被吸入到阀芯上部进行补油,而阀芯下部体积减小,压力增大,阀芯下端的油腔 d 的油液经阻尼小孔 f、径向小孔 e、油液经油腔 c,流回入口,保证阀芯下移顺畅平稳振动小。这样无论阀芯上移溢流口放油,还是阀芯下移溢流口关闭,都能保证平稳打开或关闭溢流口,阀芯移动平稳,减少入口油压压力波动。阀芯移动过程的稳定需要过渡阶段,该过程经振荡后达到平衡,这时由于阻尼小孔的存在使振幅逐渐衰减而趋于稳定。

由以上可知,调节螺母 1 可以改变调压弹簧 2 的预紧力,就可改变阀入口油液的压力值。故溢流阀入口压力的调定值由溢流阀弹簧的调整压力决定,当调整到某一个位置时,溢流阀入口压力就是某一个常值。这种直动式溢流阀当压力较高、流量较大时,要求弹簧的结构尺寸较大,给设计制造过程和使用带来较大的不便,因此,不适合控制高压的场合。

2)先导式溢流阀

先导式溢流阀一般用于中、高压液压系统,在结构上主要是由先导阀和主阀两部分组成,先导式溢流阀的结构和图形符号如图 1.5.5 所示,溢流阀工作时,油液从进油口 P 进入(油液的压力为 p_1),并通过阻尼孔 5 进入主阀阀芯上腔(油液的压力为 p_2),由于主阀上腔通过阻尼孔 a 与先导阀相通,因此油液通过阻尼孔 a 进入到先导阀的右腔中(远程控制口 K)。先导阀阀芯 1 的开启压力是通过调压手轮 11和先导阀调压弹簧 9 的预压紧力来确定的,在进油压力没有达到先导阀的调定压力时,先导阀关闭,主阀的上、下腔油液压力基本相等(实际上主阀的上端面积略大于下端面积,因此上腔作用力略大于下腔作用力),而在弹簧力的作用下,主阀阀芯关闭。当进油压力增高至打开先导阀时,油液通过阻尼孔 5、阻尼孔 a、先导阀阀口、主阀中心孔至阀底下部的出油口 O 溢流回油箱。当油液通过主阀阀芯上的阻尼孔 5 时,在阻尼孔 5 的两端产生了压差,而这个压差是随通过的流量而变化的,当它足够大时,主阀阀芯开始向上移动,阀口打开,溢流阀就开始溢流。而当油液的压力为 p_1 减少时,先导阀远程控制口 K 的压力也相应减少,先导阀阀芯和主阀阀芯均回位关闭,工作过程正好相反。

视频

先导式溢流阀
工作原理

在直动式溢流阀与先导式溢流阀的主阀弹簧力、主阀芯重力、摩擦力、作用面积等都相同的情况下,直动式溢流阀的液压力由阀芯底部的压力决定,而先导式溢流阀的液压力由主阀阀芯下腔的油液压力与主阀阀芯上腔的油液压力的差值决定。因此,先导式溢流阀可以在弹簧较软,结构尺寸较小的条件下,控制较高的油液压力。

在阀体上有一个远程控制口 K,它的作用是使溢流阀卸荷或进行二级调压。当把它与油箱连接时,溢流阀上腔的油直接回油箱,而上腔油压为零,由于主阀阀芯弹簧较软,因此,主阀阀芯在进油压力作用下迅速上移,打开阀口,使溢流阀卸荷;若将该口与一个远程调压阀连接,溢流阀的溢流压力可由该远程调压阀在溢流阀调压范围内调节。

2. 溢流阀的应用

溢流阀在不同的场合,可以有不同的用途,如图 1.5.6 所示。

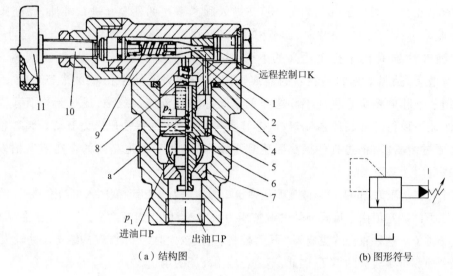

（a）结构图 　　　　　　　　　　（b）图形符号

图 1.5.5　先导式溢流阀

1—先导阀阀芯；2—先导阀阀座；3—先导阀阀体；4—主阀阀体；5—阻尼孔；6—主阀阀芯；

7—主阀座；8—主阀弹簧；9—先导阀调压弹簧；10—调节螺钉；11—调压手轮

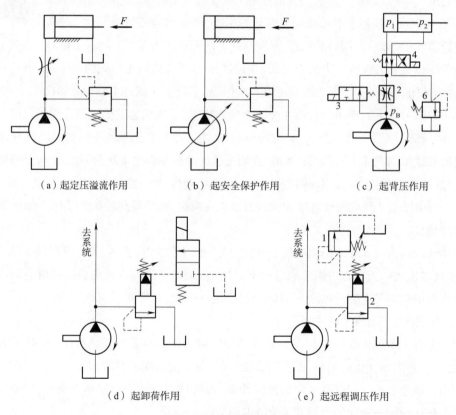

（a）起定压溢流作用 　　　（b）起安全保护作用 　　　（c）起背压作用

（d）起卸荷作用 　　　　　　　　（e）起远程调压作用

图 1.5.6　溢流阀的应用

5.3.2　减压阀

1. 功用和性能

在一个液压系统中,往往使用一个液压泵,但需要供油的执行元件一般不止一个,而各执行元件工作时的液体压力不尽相同。一般情况下,液压泵的工作压力依据系统各执行元件中需要压力最高的那个执行元件的压力来选择,这样,由于其他执行元件的工作压力都比液压泵的供油压力低,则可以在各个分支油路上串联一个减压阀,通过调节减压阀使各执行元件获得合适的工作压力。减压阀的用途是用来降低液压系统中某一部分回路上的压力,使这一回路得到比液压泵所供油压力较低的稳定压力。减压阀常用在系统的夹紧装置、电液换向阀的控制油路、系统的润滑装置等中。

减压阀的工作原理是利用液体流过狭小的缝隙产生压力损失,使其出口压力低于进口压力。减压阀出口压力维持恒定,不受进口压力及通过油液流量大小的影响。

2. 分类

减压阀按照结构形式和工作原理,可以分为直动型和先导型两大类。

按照压力调节要求的不同,分为定值减压阀、定差减压阀和定比减压阀三类。定值减压阀用于保证出口压力为定值的减压阀;定差减压阀用于保证进出口压力差不变的减压阀;定比减压阀用于保证进出口压力成比例的减压阀。定值减压阀(简称减压阀)应用最为广泛,如果不特殊说明,都是指定值减压阀。

3. 减压阀的结构和工作原理

1)直动式减压阀的结构和工作原理

直动式减压阀的结构示意图和图形符号如图1.5.7所示。阀不工作时,阀芯在弹簧作用下处于最下端位置,阀的进、出油口是相通的,即阀是常开的,若出口压力增大,使作用在阀芯下端的压力大于弹簧力时,阀芯上移,关小阀口,这时阀处于工作状态,若忽略其他阻力,仅考虑作用在阀芯上的液压力和弹簧力相平衡的条件,则认为出口压力基本上维持在某一个定值(调定值)上。工作过程:出口压力减小,阀芯下移,阀口开大,阀口处阻力减小,压降减小,使出口压力回升到调定值;反之,若出口压力增大,则阀芯上移,阀口关小,阀口处阻力加大,压降增大,使出口压力下降到调定值。

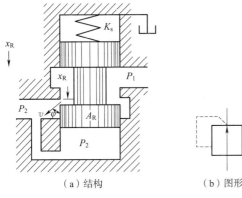

视频 ●
直动式减压阀
工作原理

（a）结构　　　　　（b）图形符号

图1.5.7　直动式减压阀

2）先导式减压阀的结构和工作原理

先导式减压阀的结构示意图和图形符号如图 1.5.8 所示。高压油从进油口 P_1 进入阀内，初始时，减压阀阀芯处于最下端，进油口 P_1 与出油口 P_2 是相通的，因此，高压油可以直接从出油口出去。但在出油口中，压力油又通过端盖 8 上的通道进入主阀阀芯 7 的下部，同时又可以通过主阀阀芯 7 中的阻尼孔 9 进入主阀阀芯的上端，从先导式溢流阀的讨论可知，此时，主阀阀芯正是在上下油液的压力差与主阀弹簧力的作用下工作的。当出油口的油液压力较小时，即没有达到克服先导阀阀芯弹簧力的时候，先导阀阀口关闭，通过阻尼孔 9 的油液没有流动，此时，主阀阀芯上下端无压力差，主阀阀芯在弹簧力的作用下处于最下端；而当出油口的油液压力大于先导阀弹簧的调定压力时，油液经先导阀从泄油口 L 流出，此时，主阀阀芯上下端有压力差，当这个压力差大于主阀阀芯弹簧力时，主阀阀芯上移，阀口减小，从而降低了出油口油液的压力，并使作用于减压阀阀芯上的油液压力与弹簧力达到新的平衡，当进出口压力发生变化（大于调定值的前提下变化）时，减压阀阀芯还得回到这个平衡状态，这样出口压力基本保持不变。由此可见，减压阀以出口油压力为控制信号，自动调节主阀阀口开度，改变液阻，保证出口压力的稳定。

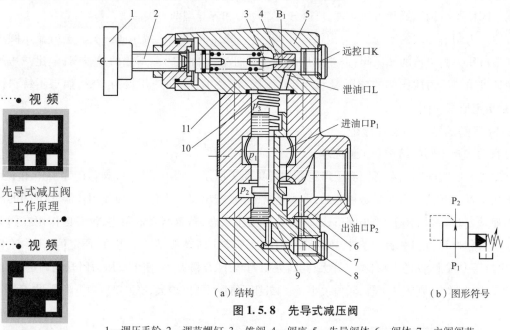

（a）结构 （b）图形符号

图 1.5.8　先导式减压阀

1—调压手轮；2—调节螺钉；3—锥阀；4—阀座；5—先导阀体；6—阀体；7—主阀阀芯；
8—端盖；9—阻尼孔；10—主阀弹簧；11—调压弹簧

视频
先导式减压阀
工作原理

视频
压力顺序阀
工作原理

结构图
顺序阀的结构

5.3.3　顺序阀

在液压系统中，有些动作是有一定规律的，顺序阀主要是利用油路本身的压力或者外部压力来控制液压系统中执行元件的先后动作顺序，也可用来作为背压阀、平衡阀、卸荷阀等。

根据控制油液方式的不同，顺序阀分为内控式（直控）和外控式（远控）两种。直控式就是利用进油口的油液压力来控制阀芯移动；外控式就是引用外来油液的压力来遥控顺序阀。同溢流阀和减压阀相同,在结构上顺序阀也有直动式和先导式两种,直动顺序阀应用较多。先导式顺序阀的结构原理图及图形符号如图1.5.9所示。从结构上看,顺序阀与溢流阀的基本结构相同。所不同的是由于顺序阀出口的油液不是回油箱,而是直接输出到工作机构。因此,顺序阀打开后,出口压力可继续升高,因此,通过先导阀的泄油需单独接回油箱。图1.5.9(b)所示为直控先导式顺序阀的结构,若将底盖旋转90°并打开螺堵,它将变成外控先导式顺序阀,如图1.5-9(a)所示。

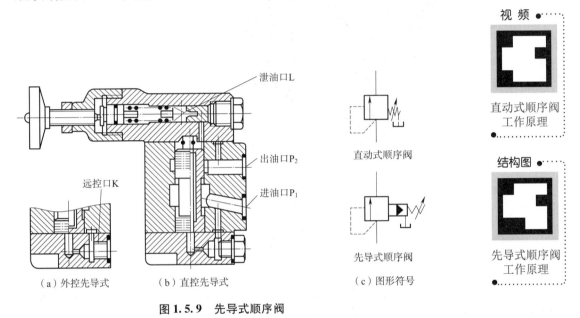

视频

直动式顺序阀
工作原理

结构图

先导式顺序阀
工作原理

泄油口L

出油口P₂

进油口P₁

远控口K

直动式顺序阀

先导式顺序阀

（a）外控先导式　　　（b）直控先导式　　　（c）图形符号

图 1.5.9　先导式顺序阀

直控式顺序阀在使用时,当压力没有达到阀的调定压力之前,阀口关闭。当压力达到阀的调定压力后,阀口开启,压力油从出口输出,驱动执行机构工作,此时,油液的压力取决于负载,可随着负载的增大继续增加,而不受顺序阀调定压力的影响。

外控式顺序阀底部的远程控制口K的作用是在顺序阀需要遥控时使用,当该控制口接到控制油路中时,其阀芯的移动就取决于控制油路上油液的压力,同顺序阀的入口油液压力无关。

5.3.4　压力继电器

压力继电器是一个靠液压系统中油液的压力来启闭电气触点的电气转换元件。在输入压力达到调定值时,它发出一个电信号,以此来控制电气元件的动作,实现液压回路的动作转换、系统遇到故障后的自动保护等功能。压力继电器实际上是一个压力开关。机械方式的压力继电器的结构示意和图形符号如图1.5.10所示,当液压力达到调定压力时,柱塞1上移通过顶杆2合上微动开关4,发出电信号。

视频

压力继电器
工作原理

5.3.5　压力控制阀的性能比较和使用场合

目前所广泛使用的压力控制阀在结构和原理方面十分相似,所不同的只是结构上的局部差别,比如进出油口连接的不同、阀芯结构形状的局部改变等。

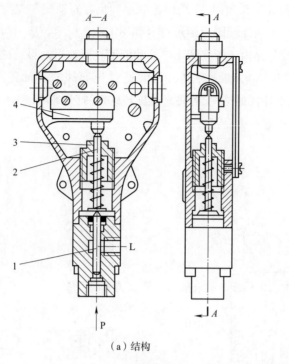

（a）结构　　　　　　（b）图形符号

图 1.5.10　压力继电器

1—柱塞;2—顶杆;3—调节螺钉;4—微动开关

　　压力控制阀有各种不同的类别,可以用在不同的场合。如果熟悉各类压力控制阀的结构、性能以及各自的不同特点,会对分析、使用、排除故障有很大的帮助。

　　各类溢流阀、减压阀和顺序阀的性能比较、使用场合等见表 1.5.6。

表 1.5.6　溢流阀、减压阀和顺序阀的性能比较、使用场合

名　　称	溢　流　阀	减　压　阀	顺　序　阀
控制油路特点	把进口油液引到阀芯底部与弹簧力平衡,所以是控制进口油路的压力	把阀的出口油液引到阀芯底部,与弹簧力平衡,所以是控制出口油路的压力	同溢流阀,把进口油液引到阀芯底部,所以是控制进口油路压力
回油特点	阀的出油直接流回油箱,故泄漏油可在阀体内与回油口连通,属内泄漏式	阀的出油是低于进油压力的二次压力油,供给辅助油路,所以要单独设置泄漏油口,属外泄式	阀的出油是低于进油压力的二次压力油,出口油液接另一个缸,所以要单独设置泄油口,也属外泄式
基本用法	用作溢流阀、安全阀、卸荷阀,一般接在泵的出口,与主油路并联;若用作背压阀,则串联在回油路上,调定压力较低	串联在系统内,接在液压泵与分支油路之间	串联在系统中,控制执行机构的顺序动作,多数与单向阀并联作为单向顺序阀用
接口总数	2 个(1 个进油口、1 个回油口)	3 个(1 个进油口、1 个出油口、1 个回油口)	3 个(1 个进油口、1 个出油口、1 个回油口)
开闭状态	常闭式	常开式	常闭式

5.4　流量控制阀

结构图
流量控制阀的
结构

在液压系统中,各种执行元件的有效面积一般都是固定不变的,那么执行元件的运动速度就取决于输入至执行元件内的液体流量的大小。用来控制油液流量的液压阀,统称为流量控制阀。其功用主要是通过改变阀口通流截面积来调节通过阀口的流量,从而调节执行机构的运动速度。常用的流量控制阀有节流阀和调速阀。

5.4.1　节流口的形式

常见节流口的形式如图 1.5.11 所示。

(1)针式[见图 1.5.11(a)]:针阀做轴向移动,通过调节环形通道的大小以调节流量。

(2)偏心式[见图 1.5.11(b)]:在阀芯上开一个偏心槽,转动阀芯即可改变阀开口的大小。

(3)三角沟式[见图 1.5.11(c)]:在阀芯上开一个或两个轴向的三角沟,阀芯轴向移动即可改变阀开口大小。

(4)周向缝隙式[见图 1.5.11(d)]:阀芯上沿圆周开有狭缝与内孔相通,转动阀芯可改变缝隙大小以改变阀口大小。

(5)轴向缝隙式[见图 1.5.11(e)]:在套筒上开有轴向狭缝,阀芯轴向移动可改变缝隙大小以调节流量。

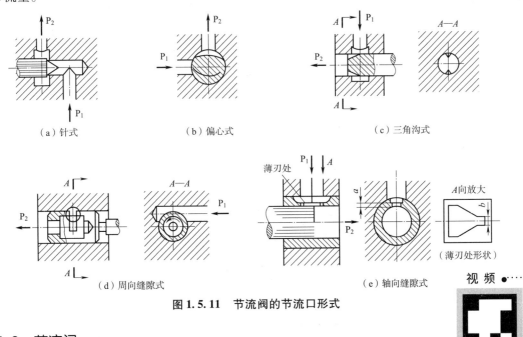

（a）针式　　　　　　　（b）偏心式　　　　　　　（c）三角沟式

（d）周向缝隙式　　　　　　　　　　（e）轴向缝隙式

图 1.5.11　节流阀的节流口形式

视频
节流阀
工作原理

5.4.2　节流阀

1. 普通节流阀

普通节流阀的结构如图 1.5.12 所示,这种节流阀的阀口采用的是轴向三角沟式。该阀在工作时,油液从进油口 P_1 进入,经孔 b,通过阀芯 1 上左端的阀口进入孔 a,然后从出油口 P_2 流出。节流阀流量的调节是通过旋转调节螺母 3,带动推杆 2,推动阀芯移动改变阀口的开度而实现的。

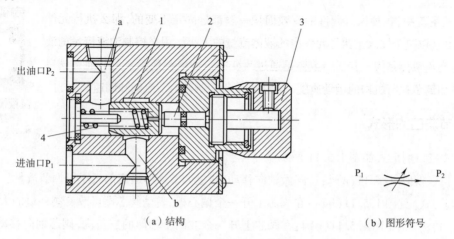

（a）结构　　　　　　　　　　　　　　（b）图形符号

图 1.5.12　普通节流阀的结构

1—阀芯;2—推杆;3—调节螺母;4—弹簧

2. 单向节流阀

在液压系统中,如果要求单方向控制油液流量一般采用单向节流阀。单向节流阀如图 1.5.13 所示。该阀在正向通油,即油液从 P_1 口进入,从 P_2 口输出时。其工作原理同普通节流阀。

但油液反向流动,即从 P_2 口进入时,则推动阀芯压缩弹簧全部打开阀口,实现单方向控制油液的目的。

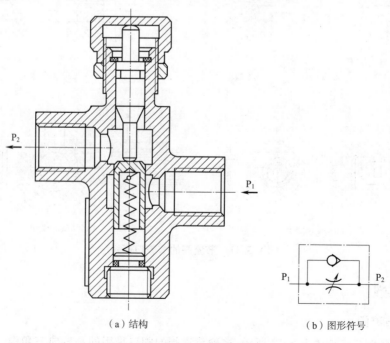

（a）结构　　　　　　　　　　　　　　（b）图形符号

图 1.5.13　单向节流阀

5.4.3　调速阀

在节流阀中,即使采用节流指数较小的开口形式,当负载变化时,节流阀还不能保证流量稳定。要获得稳定的流量,就必须保证节流口两端压差不随负载变化,按照这个思想设计的阀就是调速阀。调速阀有两种形式,一种是节流阀与定差减压阀串联组成的,这种就是通常所说的调速阀;另一种是节流阀与溢流阀并联组成的,这种称为溢流调速阀。下面就对调速阀的工作原理进行介绍。

结构图 ●······

调速阀的结构

视　频 ●······

调速阀
工作原理

1. 调速阀结构和工作原理

图 1.5.14 所示的调速阀是一种先减压、后节流的调速阀。调速阀进油口就是减压阀的入口,直接与泵的输出油口相接,入口的油液压力 p_1 是由溢流阀调定的,其基本保持恒定。调速阀的出油口即节流阀的出油口与执行机构相连,其压力 p_2 由液压缸的负载 F 决定,P_2 通过孔 a 与减压阀上腔 b 相通。减压阀与节流阀中间的油液压力设为 p_m,当节流阀开口面积调定后,其流量主要是由节流阀阀口两端的压差 $p_m - p_2$ 决定的。当外负载 F 增大时,调速阀的出口压力 p_2 随之增大,但由于 P_2 与减压阀上腔 b 连通,因此,减压阀上腔的油液压力也增加,由于减压阀的阀口是受作用于减压阀阀芯上的弹簧力与上下腔油液的压力控制的,当上腔油液压力增大时,减压阀阀芯必然下移,使减压阀阀口 x_R 增大,减压作用减小,由于 p_1 基本不变,因此,势必有 p_m 增加,使得作用于节流阀两端的压差 $p_m - p_2$ 保持不变,保证了通过调速阀的流量基本恒定。如果外负载 F 减小,根据前面的讨论,不难得出,作用于节流阀阀口两端的压差 $p_m - p_2$ 仍保持不变。同样可保证调速阀的流量保持不变。

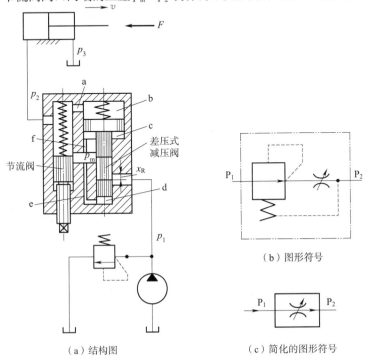

（a）结构图　　　　（b）图形符号　　　（c）简化的图形符号

图 1.5.14　调速阀的工作原理图

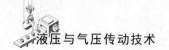

调速阀与节流阀的流量与压差的关系比较如图 1.5.15 所示,调速阀的流量稳定性要比节流阀好,基本可达到流量不随压差变化而变化。但是,调速阀特性曲线的起始阶段与节流阀重合,这是因为此时减压阀没有正常工作,阀芯处于底端。要保证调速阀正常工作时,一般要达到 $0.4 \sim 0.5$ MPa 的压力差,这是减压阀能正常工作的最低要求。

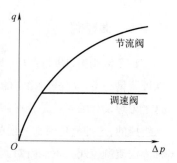

图 1.5.15 调速阀与节流阀的流量与压差的关系

5.4.4 分流集流阀

分流集流阀实际上是分流阀与集流阀的总称。

分流阀的作用是使液压系统由同一个能源向两个执行机构提供相同的流量(等量分流),或按一定比例向两个执行机构提供流量(比例分流),以实现两个执行机构速度同步或有一个定比关系。而集流阀则是从两个执行机构收集等流量的液压油或按比例收集回油量。同样实现两个执行机构在速度上的同步或按比例关系运动。分流集流阀则是实现上述两个功能的复合阀。

1. 分流阀的工作原理

分流阀的结构如图 1.5.16 所示。分流阀由阀体 5、阀芯 6、固定节流口 2 和复位弹簧 7 组成。工作时,若两个执行机构的负载相同,则分流阀的两个与执行机构相连接的出口油液压力 $p_3 = p_4$,由于阀的结构尺寸完全对称,因而输出的流量 $q_1 = q_2 = q_0/2$。若其中一个执行机构的负载大于另一个(设 $p_3 > p_4$),当阀芯还没运动,仍处于中间位置时,根据通过阀口的流量特性,必定使 $q_1 < q_2$,而此时作用在固定节流口 1、2 两端的压差的关系为 $(p_0 - p_1) < (p_0 - p_2)$,因而使得 $p_1 > p_2$,此时阀芯在作用于两端不平衡的压力下向左移,使节流口 3 增大,则节流口 4 减小,从而使 q_1 增大,而 q_2 减小,直到 $q_1 = q_2$、$p_1 = p_2$,阀芯在一个新的平衡位置上稳定下来,保证了通向两个执行机构的流量相等,使得两个相同结构尺寸的执行机构速度同步。

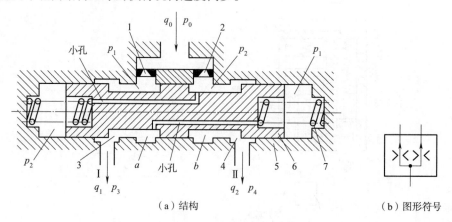

（a）结构   （b）图形符号

图 1.5.16 分流阀的工作原理图

1、2—固定节流口;3、4—可变节流口;5—阀体;6—阀芯;7—复位弹簧

2. 分流集流阀的工作原理

分流集流阀的结构图如图 1.5.17 所示。初始时,阀芯 5、6 在弹簧力的作用下处于中间平衡位

置。工作时,分分流与集流两种状态。

分流工作时,由于 $p_0 > p_1$ 和 p_2,所以阀芯 5、6 相互分离,且靠结构相互勾住,假设 $p_4 > p_3$,必然使得 $p_2 > p_1$,使阀芯向右移,此时,节流口 3 相应减小,使得 p_1 增加,直到 $p_1 = p_2$,阀芯不再移动。由于两个固定节流口 1、2 的面积相等,所以通过的流量也相等,并不因 p_3、p_4 的变化而受影响。

集流工作时,由于 $p_0 < p_1$、$p_0 < p_2$,所以阀芯 5、6 相互压紧,仍设 $p_4 > p_3$,必然使得 $p_2 > p_1$,使相互压紧的阀芯向左移,此时,节流口 4 相应减小,使得 p_2 下降,直到 $p_1 = p_2$,阀芯不再移动。与分流工作时同理,由于两个固定节流口 1、2 的面积相等,所以通过的流量也相等,并不因 p_3、p_4 的变化而受影响。

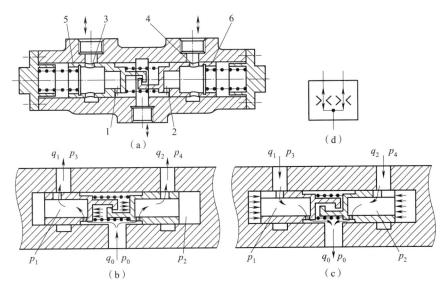

图 1.5.17　分流集流阀

1、2—固定节流口;3、4—可变节流口;5、6—阀芯

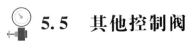 5.5　其他控制阀

5.5.1　插装阀

插装阀是 20 世纪 70 年代初研制出的一种新型的液压元件。由于其具有密封性能好,动作灵敏,结构简单和通用化程度高等优越性,插装阀在塑料成形机械、压力机械及重型机械等流量较大的液压系统方面得到了广泛应用。

1. 插装阀的结构和工作原理

二通插装阀由控制盖板、插装阀单元(阀套、阀芯、弹簧及密封件等组成)、插装块体和先导元件等组成,如图 1.5.18 所示。

控制盖板可用来固定插装组件及密封,还能连接插装件与先导件,起控制作用的通道等。阀的功能(控制方向、压力、流量)不同,控制盖板的结构也不相同。插装组件上配置不同的先导控制盖板,就能实现不同的工作机能。

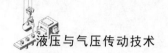

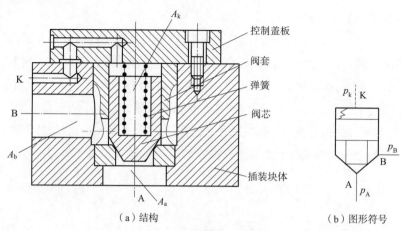

（a）结构   （b）图形符号

图 1.5.18　插装阀逻辑单元

1—控制盖板;2—阀套;3—弹簧;4—阀芯;5—插装块体

二通插装阀的工作原理相当于一个液控单向阀。图 1.5.18 中 A 和 B 为主油路仅有的两个工作油口,主要起通、断作用,所以又称二通插装阀。K 为控制油口(与先导阀相接)。当 K 口无液压力作用时,阀芯受到的向上的液压力大于弹簧力,阀芯开启,A 与 B 相通,至于液流的方向,视 A、B 口的压力大小而定。反之,当 K 口有液压力作用时,且 K 口的油液压力大于 A 和 B 口的油液压力,才能保证 A 与 B 之间关闭。阀芯的结构有滑阀和锥阀两种,多采用锥阀。插装阀与各种先导阀组合,便可组成方向控制阀、压力控制阀和流量控制阀。

2. 插装阀的特点

(1)能实现一阀多能的控制。一个插装组件配上相应的先导控制机构,可以同时实现换向、调速或调压等多种功能,使一阀多用。

(2)液体流动阻力小、通流能力大。特别适合高压、大流量的液压系统。

(3)结构简单、便于制造和集成化。插装阀不同的阀有相同的阀芯,加工工艺简单,非常便于集成化,一阀多能。

(4)动态性能好、换向速度快。

(5)密封性能好、内泄漏很小。油液经过阀时的压力损失小。

(6)工作可靠、对工作介质适应性强。

5.5.2　叠加阀

结构图

叠加阀
基本结构

叠加阀是在安装时以叠加的方式连接的一种液压阀,它是在板式连接的液压阀集成化的基础上发展起来的新型液压元件,不需要另外的连接块,以自身的阀体作为连接体直接叠合组成所需要的液压传动系统。叠加阀按功用的不同可分为压力控制阀、流量控制阀和方向控制阀 3 类。

1. 叠加式溢流阀的结构和工作原理

叠加式溢流阀由主阀和先导阀两部分组成,如图 1.5.19 所示。主阀芯 6 为单向阀二级同心结构,先导阀为锥阀式结构。

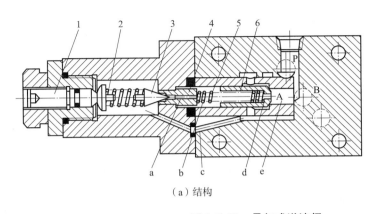 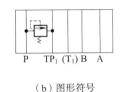

（a）结构　　　　　　　　　　　　　　（b）图形符号

图 1.5.19　叠加式溢流阀

1—推杆;2,5—弹簧;3—锥阀;4—阀座;6—主阀芯

a、c—油路孔;b、e—油腔;d—阻尼孔

叠加式溢流阀的工作原理图如图 1.5.19(a)所示。它利用主阀芯两端的压力差来移动主阀芯,以改变阀口的开度。油腔 e 和进油口 P 相通,孔 c 和回油口 T 相通,压力油作用于主阀芯 6 的右端,同时经阻尼小孔 d 流入阀芯左端,并经小孔 a 作用于锥阀 3 上。当系统压力低于溢流阀的调定压力时,锥阀 3 关闭,阻尼孔 d 没有液流流过,主阀芯两端液压力相等,主阀芯 6 在弹簧 5 的作用下处于关闭位置。当系统压力升高并达到溢流阀的调定值时,锥阀 3 在液压力作用下压缩先导阀弹簧 2 并使阀口打开,于是 b 油腔的油液经锥阀阀口和孔 c 流入 T 口。当油液通过主阀芯上的阻尼孔 d 时产生压力降,使主阀芯两端产生压力差,在这个压力差的作用下,主阀芯克服弹簧力和摩擦力向左移动,使阀口打开,溢流阀便实现在一定压力下溢流。调节弹簧 2 的预压缩量便可改变该叠加式溢流阀的调整压力。

2. 叠加阀的特点

(1)结构紧凑,减小了装置和安装的空间。

(2)由于叠加阀是标准化元件,设计中仅需要绘出液压系统原理图即可,因而设计工作量小,设计周期短。

(3)不需要特殊的安装技能,而且能快速和方便地增加或改变液压回路。

(4)元件之间实现无管连接,消除了因油管、管接头等引起的泄漏、振动和噪声。

(5)整个系统配置灵活,维护保养容易。

(6)标准化、通用化和集成化程度较高。

5.5.3　伺服阀

电液伺服阀是一种将小功率电信号转换为大功率液压能输出,以实现对流量和压力控制的转换装置。它集中了电信号具有传递快,线路连接方便,便于遥控,容易检测、反馈、比较、校正和液压动力具有输出力大、惯性小、反应快等优点,而成为一种控制灵活、精度高、快速性好、输出功率大的控制元件。

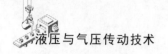

1. 伺服阀的分类

（1）按液压前置放大器结构形式不同,可分为滑阀式、喷嘴挡板式(双喷嘴或单喷嘴)和射流管式三种。

（2）按液压放大器的串联级数的不同,可分为单级、二级和三级。

（3）按伺服阀功用的不同,可分为流量伺服阀(用于控制输出的流量)和压力伺服阀(用于力或压力控制系统)。

（4）按反馈方式的不同,可分为没有反馈、机械反馈、电气反馈、力反馈、负载压力反馈及负载流量反馈等。

2. 伺服阀的结构和工作原理

以喷嘴挡板式二级四通(力反馈)电液伺服阀为例来说明伺服阀的结构和工作原理。

喷嘴挡板式二级四通(力反馈)电液伺服阀的结构示意图如图1.5.20所示。图中上半部为衔铁式力矩马达,下半部为前置级(喷嘴挡板式)和功率级(滑阀式)液压放大器。衔铁3与挡板5和弹簧杆11连接在一起,由固定在阀体10上的弹簧管12支撑着。反馈弹簧杆11下端为一球头,嵌放在滑阀9的凹槽内,永久磁铁1和导磁体2、4形成一个固定磁场。当线圈13中没有电流通过时,导磁体2、4和衔铁3间4个气隙中的磁通相等,且方向相同,衔铁3和挡板5都处于中间位置,因此滑阀没有液压油输出。当有控制电流流入线圈13时,一组对角方向的气隙中的磁通增加,另一组对角方向的气隙中的磁通减小,于是衔铁3就在磁力作用下克服弹簧管12的弹性反作用力而以弹簧管12中的某一点为支点偏转 θ 角,并偏转到磁力所产生的转矩与弹簧管的弹性反作用力所产生的反转矩平衡时为止。这时滑阀9尚未移动,而挡板5因随衔铁3偏转而发生挠曲,改变了它与两个喷嘴6间的间隙,一个间隙减小,另一个间隙加大。

通入伺服阀的压力油经滤油器8、两个对称的固定节流口7和左、右喷嘴6流出,通向回油。当挡板5挠曲,喷嘴挡板的两个间隙不相等时,两喷嘴后侧的压力就不相等,它们作用在滑阀9的左、右端面上,使滑阀9向相应方向移动一段距离,压力油就通过滑阀9上的一个阀口输向执行元件,由执行元件回来的油经滑阀9上另一个阀口通向回油。滑阀9移动时,弹簧杆11下端球头跟着移动。在衔铁挡板组件上产生了转矩,使衔铁3向相应方向偏转,并使挡板5在两喷嘴6间的偏移量减少,这就是所谓的力反馈。反馈作用的结果是使滑阀9两端的压差减小。当滑阀9通过弹簧杆11作用于挡板5的力矩、喷嘴液流作用于挡板的力矩以及弹簧管反力矩之和等于力矩马达产生的电磁力矩时,滑阀9不再移动,并一直使其阀口保持在这一开度上。通入线圈13的控制电流越大,使衔铁3偏转的转矩、弹簧杆11的挠曲变形、滑阀9两端的压差以及滑阀9的偏移量就越大,伺服阀输出的流量也越大。由于滑阀9的位移、喷嘴6与挡板5之间的间隙、衔铁3的转角都依次和输入电流成正比,因此这种阀的输出流量也和输入电流成正比。输入电流反向时,输出流量也反向。

这种伺服阀,由于力反馈的存在,使得力矩马达在其零点附近工作,即衔铁偏转角 θ 很小,这保证了阀的输出有良好的线性度。另外,改变反馈弹簧杆11的刚度,就使得在相同输入电流时滑阀的位移改变,这给伺服阀的研制和系列化带来方便。这种伺服阀的结构很紧凑,外形尺寸小,响应快。但由于喷嘴挡板的工作间隙较小(0.025~0.05 mm),故使用时对系统中油液的清洁度要求较高。

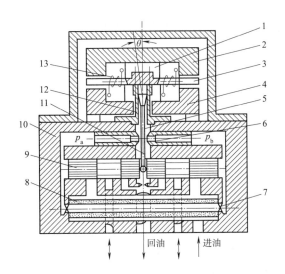

图1.5.20　喷嘴挡板式二级四通电液伺服阀

1—永久磁铁;2、4—导磁体;3—衔铁;5—挡板;6—喷嘴;7—固定节流口;8—滤油器;

9—滑阀;10—阀体;11—反馈弹簧杆;12—弹簧管;13—线圈

5.5.4　电液比例阀

电液比例阀是一种按输入信号连续地、按比例地控制液流的压力、流量和方向的控制阀。由于它具有压力补偿的性能,所以其输出压力和流量可不受载荷变化的影响。

按用途和工作特点的不同,比例阀可分为比例压力阀、比例流量阀和比例方向流量阀三类。比例压力阀按用途不同,又分为比例溢流阀、比例减压阀和比例顺序阀。比例流量阀主要有比例节流阀、比例调速阀。比例方向流量阀主要有比例方向节流阀和比例方向调速阀。

1. 比例压力阀

按结构特点的不同,分为直动型比例压力阀和先导型比例压力阀。以直动型比例压力阀为例说明电液比例阀的结构和工作原理。

直动锥阀式比例溢流阀如图1.5.21所示。比例电磁铁1通电后产生吸力经推杆2和传力弹簧3作用在锥阀上,当锥阀底面的液压力大于电磁吸力时,锥阀被顶开,溢流。连续地改变控制电流的大小,即可连续地、按比例地控制锥阀的开启压力。

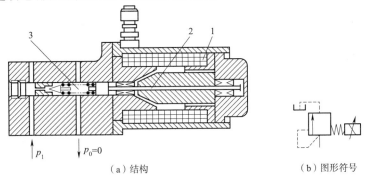

（a）结构　　　　　　　　　　　（b）图形符号

图1.5.21　直动锥阀式比例溢流阀

1—比例电磁铁;2—推杆;3—传力弹簧

直动型比例压力阀可作为比例先导压力阀使用,也可作为远程调压阀使用。

2. 电液比例阀的特点

(1)能实现自动控制、远程控制和程序控制。

(2)能把控制电流的快速、灵活等优点与液压传动功率大等特点结合起来。

(3)能连续地、按比例地控制执行元件的力、速度和方向,并能防止压力或速度变化及换向时的冲击现象。

(4)简化了系统,减少了元件的使用量。

(5)制造简便,价格比伺服阀低廉,但比普通液压阀高。由于在输入信号与比例阀之间需设置直流比例放大器,相应增加了投资费用。

(6)使用条件、保养和维护与普通液压阀相同。

(7)具有良好的静态性能和适当的动态性能。

(8)效率比较高。

(9)抗污染性能好。

5.5.5 电液数字阀

用计算机的数字信息直接控制的液压阀,称为电液数字阀,简称数字阀。数字阀可直接与计算机接口连接,不需要数/模转换器。与比例阀、伺服阀相比,这种阀结构简单,工艺性好,价廉,抗污染能力强,重复性好,工作稳定可靠,功率小。故在机床、飞行器、注塑机、压铸机等领域得到了应用。由于它将计算机和液压技术紧密结合起来,因而其应用前景十分广阔。按控制方式可将数字阀分为增量式数字阀和脉宽调制式数字阀两类。

增量式数字阀将普通液压阀的调节机构改用计算机发出的脉冲序列经驱动电源放大后驱动的步进电动机直接驱动,即可构成增量式数字阀。步进电动机直接用数字量控制,其转角与输入的数字式信号脉冲数成正比,其转速随输入的脉冲频率而变化;当输入反向脉冲时,步进电动机将反向旋转。由于步进电动机是根据增量控制方式进行工作的,所以它所控制的阀称为增量式数字阀。

直控式(由步进电动机直接控制)数字节流阀如图 1.5.22 所示。步进电动机 4 按计算机的指令而转动,通过滚珠丝杠 5 变为轴向位移,使节流阀芯 6 打开阀口,从而控制流量。该阀有两个面积梯度不同的节流口,阀芯移动时首先打开右节流口 8,由于非全周边通流,故流量较小;继续移动时打开全周边通流的左节流口 7,流量增大。阀开启时的液动力可抵消一部分向右的液压力。此阀从节流阀芯 6、阀套 1 和连杆 2 的相对热膨胀中获得了温度补偿。零位移传感器 3 的作用是:每个控制周期结束时,控制阀芯自动返回零位,以保证每个工作周期都从零位开始,提高阀的重复精度。

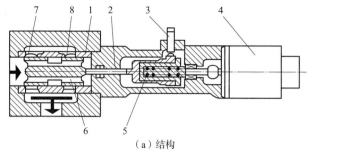

（a）结构　　　　　　　　　　　（b）图形符号

图 1.5.22　直控式数字节流阀

1—阀套；2—连杆；3—零位移传感器；4—步进电动机；

5—滚珠丝杠；6—节流阀芯；7—左节流口；8—右节流口

 ## 5.6　液压控制常见故障及排除方法

视频

单向阀故障检测
与排除方法

5.6.1　方向控制阀的常见故障及排除方法

（1）单向阀的常见故障及排除方法见表 1.5.7。

表 1.5.7　单向阀的常见故障及排除方法

故障现象	原 因 分 析	排 除 方 法
产生噪声	1. 单向阀的流量超过额定流量 2. 单向阀与其他元件共振	1. 更换大规格的单向阀或减少通过阀的流量 2. 适当调节阀的工作压力或改变弹簧刚度
泄漏	1. 阀座锥面密封不严 2. 锥阀的锥面（或钢球）不圆或磨损 3. 油中有杂质，阀芯不能关死 4. 加工、装配不良，阀芯或阀座拉毛甚至损坏 5. 螺纹连接的结合部分没有拧紧或密封不严而引起外泄漏	1. 检查，研磨 2. 检查，研磨或更换 3. 清洗阀，更换液压油 4. 检查更换 5. 拧紧，加强密封
失灵	1. 阀体或阀芯变形、阀芯有毛刺、油液污染引起的单向阀阀芯卡死 2. 弹簧折断、漏装或弹簧刚度太大 3. 锥阀（或钢球）与阀座完全失去密封作用 4. 锥阀与阀座同轴度超差或密封表面有生锈麻点，从而形成接触不良及严重磨损等	1. 清洗，修理或更换零件，更换液压油 2. 更换或补装弹簧 3. 研配阀芯和阀座 4. 清洗，研配阀芯和阀座
液控单向阀反向时打不开	1. 控制油压力低 2. 泄油口堵塞或有背压 3. 反向进油口压力高，液控单向阀选用不当	1. 按规定压力调整 2. 检查外泄管路和控制油路 3. 选用带卸荷阀芯的液控单向阀

（2）换向阀的常见故障及排除方法见表1.5.8。

表1.5.8 换向阀的常见故障及排除方法

故障现象	原因分析	排除方法
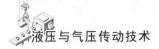 换向阀故障检测与排除方法 阀芯不动或不到位	1. 滑阀卡住 （1）滑阀与阀体配合间隙过小,阀芯在阀孔中卡住不能动作或动作不灵活 （2）阀芯被碰伤,油液被污染 （3）阀芯几何形状超差,阀芯与阀孔装配不同轴,产生轴向液压卡紧现象 （4）阀体因安装螺钉的拧紧力过大或不均而变形,使阀芯卡住不动 2. 液动换向阀控制油路有故障 （1）油液控制压力不够,弹簧过硬,使滑阀不动,不能换向或换向不到位 （2）节流阀关闭或堵塞 （3）液动滑阀的两端(电磁阀专用)泄油口没有接回油箱或泄油管堵塞 3. 电磁铁故障 （1）因滑阀卡住、交流电磁铁的铁芯吸不到底面,烧毁 （2）漏磁,吸力不足 （3）电磁铁接线焊接不良,接触不好 （4）电源电压太低造成吸力不足,推不动阀芯 4. 弹簧折断、漏装、太软,不能使滑阀恢复中位 5. 电磁换向阀的推杆磨损后长度不够,使阀移动过小,引起换向不灵或不到位	1. 检查滑阀 （1）检查间隙情况,研修或更换阀芯 （2）检查、修磨或重配阀芯,换油 （3）检查、修正形状误差及同轴度,检查液压卡紧情况 （4）检查,使拧紧力适当、均匀 2. 检查控制回路 （1）提高控制压力,检查弹簧是否过硬,更换弹簧 （2）检查、清洗节流口 （3）检查,将泄油管接回油箱,清洗回油管,使之畅通 3. 检查电磁铁 （1）清除滑阀卡住故障,更换电磁铁 （2）检查漏磁原因,更换电磁铁 （3）检查并重新焊接 （4）提高电源电压 4. 检查、更换或补装弹簧 5. 检查并修复,必要时更换推杆
电磁铁过热或烧毁	1. 电磁铁线圈绝缘不良 2. 电磁铁铁芯与滑阀轴线同轴度太差 3. 电磁铁铁芯吸不紧 4. 电压不对 5. 电线焊接不好 6. 换向频繁	1. 更换电磁铁 2. 拆卸重新装配 3. 修理电磁铁 4. 改正电压 5. 重新焊接 6. 减少换向次数,或采用高频性能换向阀
电磁铁动作响声大	1. 滑阀卡住或摩擦力过大 2. 电磁铁不能压到底 3. 电磁铁接触不平或接触不良 4. 电磁铁的磁力过大	1. 修研或更换滑阀 2. 校正电磁铁高度 3. 清除污物,修正电磁铁 4. 选用电磁力适当的电磁铁

5.6.2 压力控制阀的常见故障及排除方法

（1）先导式溢流阀的常见故障及排除方法见表1.5.9。

表1.5.9 先导式溢流阀的常见故障及排除方法

故障现象	原因分析	排除方法
无压力	1. 主阀芯阻尼孔堵塞 2. 主阀芯在开启位置卡死 3. 主阀平衡弹簧折断或弯曲使主阀芯不能复位 4. 调压弹簧弯曲或漏装 5. 锥阀(或钢球)漏装或破碎 6. 先导阀座破碎 7. 远程控制口通油箱	1. 清洗阻尼孔,过滤或换油 2. 检修,重新装配(阀盖螺钉紧固力要均匀),过滤或换油 3. 换弹簧 4. 更换或补装弹簧 5. 补装或更换 6. 更换阀座 7. 检查电磁换向阀工作状态或远程控制通断状态

续表

故障现象	原因分析	排除方法
压力波动大	1. 主阀芯动作不灵活,时有卡住现象 2. 主阀芯和先导阀阀座阻尼孔时堵时通 3. 弹簧弯曲或弹簧刚度太小 4. 阻尼孔太大,消振效果差 5. 调压螺母未锁紧	1. 修换阀芯,重新装配(阀盖螺钉紧固力应均匀),过滤或换油 2. 清洗缩小的阻尼孔,过滤或换油 3. 更换弹簧 4. 适当缩小阻尼孔(更换阀芯) 5. 调压后锁紧调压螺母
振动和噪声大	1. 主阀芯在工作状态时径向力不平衡,导致溢流阀性能不稳定 2. 锥阀和阀座接触不好(圆度误差太大),导致锥阀受力不平衡,引起锥阀振动 3. 调压弹簧弯曲(或其轴线与端面不垂直),导致锥阀受力不平衡,引起锥阀振动 4. 通过流量超过公称流量,在溢流阀口处引起空穴现象 5. 通过溢流阀的溢流量太小,使溢流阀处于启闭临界状态而引起液压冲击	1. 检查阀体孔和主阀芯的精度,修换零件,过滤或换油 2. 密封油面圆度误差控制在 0.005 ~ 0.010 3. 更换弹簧或修磨弹簧端面 4. 限在公称流量范围内使用 5. 控制正常工作的最小溢流量

视频 ●

先导式溢流阀故障及排除方法

(2)减压阀的常见故障及排除方法见表 1.5.10。

表 1.5.10 减压阀的常见故障及排除方法

故障现象	原因分析	排除方法
压力调整无效	1. 弹簧折断 2. 阀阻尼孔堵塞 3. 滑阀卡住 4. 先导阀座小孔堵塞 5. 泄油口的螺堵未拧出	1. 更换弹簧 2. 清洗阻尼孔 3. 清洗、修磨滑阀或更换滑阀 4. 清洗小孔 5. 拧出螺堵,接上泄油管
出口压力不稳定	1. 油箱液面低于回油管口或过滤器,空气进入系统 2. 主阀弹簧太软 3. 滑阀卡住 4. 泄漏 5. 锥阀与阀座配合不良	1. 补油 2. 更换弹簧 3. 清洗修磨滑阀或更换滑阀 4. 检查密封,拧紧螺钉 5. 更换锥阀

视频 ●

先导式减压阀故障检测与排除方法

(3)顺序阀的常见故障及排除方法见表 1.5.11。

表 1.5.11 顺序阀的常见故障及排除方法

故障现象	原因分析	排除方法
顺序阀不起顺序作用	1. 滑阀卡 2. 阻尼孔堵塞 3. 回油阻力过大 4. 调压弹簧变形 5. 油温过高 6. 控制油路堵塞	1. 清洗、修磨滑阀或更换 2. 清洗阻尼孔 3. 降低回油阻力 4. 更换弹簧 5. 降低油温至规定值 6. 清洗控制油路

视频 ●

顺序阀故障检测与排除方法

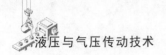

故障现象	原因分析	排除方法
流量不稳定	1. 油液中杂质污物黏附在节流口上,通流面积小,速度变慢 2. 节流阀性能差,由于振动使节流口变化 3. 节流阀内外泄漏大 4. 负载变化使速度突变 5. 油温升高,油液黏度降低,使速度加快 6. 系统中存在大量空气	1. 清洗元件,更换油液,加强过滤 2. 增加节流锁紧装置 3. 检查零件精度和配合间隙,修正或更换超差的零件 4. 改用调速阀 5. 采用温度补偿节流阀或调速阀,或设法减少温升,并采取散热冷却措施 6. 排出空气

● 视频

节流阀故障检测与排除方法

5.6.3 流量控制阀的常见故障及排除方法

（1）节流阀的常见故障及排除方法见表 1.5.12。

表 1.5.12 节流阀的常见故障及排除方法

故障现象	原因分析	排除方法
流量调节失灵或者调节范围小	1. 节流阀阀芯与阀体间隙过大,发生泄漏 2. 节流口阻塞或滑阀卡住 3. 节流阀结构不良 4. 密封件损坏	1. 修复或更换磨损零件 2. 清洗元件,更换液压油 3. 选用节流特性好的节流口 4. 更换密封件
流量不稳定	1. 油液中杂质污物黏附在节流口上,通流面积小,速度变慢 2. 节流阀性能差,由于振动使节流口变化 3. 节流阀内外泄漏大 4. 负载变化使速度突变 5. 油温升高,油液黏度降低,使速度加快 6. 系统中存在大量空气	1. 清洗元件,更换油液,加强过滤 2. 增加节流锁紧装置 3. 检查零件精度和配合间隙,修正或更换超差的零件 4. 改用调速阀 5. 采用温度补偿节流阀或调速阀,或设法减少温升,并采取散热冷却措施 6. 排出空气

（2）调速阀的常见故障及排除方法见表 1.5.13。

表 1.5.13 调速阀的常见故障及排除方法

故障现象	原因分析	排除方法
压力补偿装置失灵	1. 阀芯、阀孔尺寸精度及形位公差超差,间隙过小,压力补偿阀芯卡死 2. 弹簧弯曲,使压力补偿阀芯卡死 3. 油液污染物使补偿阀芯卡死 4. 调速阀进出油口压力差太小	1. 拆卸检查、修配或更换超差的零件 2. 更换弹簧 3. 清洗元件,疏通油路 4. 调整压力,使之达到规定值
流量调节失灵或者调节范围小	1. 节流阀阀芯与阀体间隙过大,发生泄漏 2. 节流口阻塞或滑阀卡住 3. 节流阀结构不良 4. 密封件损坏	1. 修复或更换磨损零件 2. 清洗元件,更换液压油 3. 选用节流特性好的节流口 4. 更换密封件
流量不稳定	1. 油液中杂质污物黏附在节流口上,通流面积小,速度变慢 2. 节流阀性能差,由于振动使节流口变化 3. 节流阀内外泄漏大 4. 负载变化使速度突变 5. 油温升高,油液黏度降低,使速度加快 6. 系统中存在大量空气	1. 清洗元件,更换油液,加强过滤 2. 增加节流锁紧装置 3. 检查零件精度和配合间隙,修正或更换超差的零件 4. 改用调速阀 5. 采用温度补偿节流阀或调速阀,或设法减少温升,并采取散热冷却措施 6. 排出空气

思考题与习题

1. 说明方向阀、压力阀和流量阀的作用。

2. 什么是三位滑阀的中位机能？

3. 滑阀的位及通是如何定义的？试画出下列方向阀的图形符号：二位四通电磁换向阀、二位二通行程阀、三位五通液动换向阀(中位机能为 M、H、O)、双向液压锁。

4. 滑阀式换向阀的控制方式有哪几种，并说出各自的特点及适用场合。

5. 说明溢流阀的工作原理。

6. 试述溢流阀、减压阀的区别，顺序阀能否用溢流阀代替？为什么？

7. 哪些阀可以用作背压阀，其差别有哪些？

8. 调速阀的流量稳定性为什么比节流阀好？

9. 叠加阀有什么特点？

10. 插装阀由哪几部分组成？有何特点？

11. 按用途比例阀可以分为哪几种？与普通阀相比有何特点？

12. 如图 1.5.23 所示回路中，若阀 1 的调定压力为 4 MPa，阀 2 的调定压力为 2 MPa，试回答下列问题：

(1)当液压缸运动时(无负载)，A 点的压力值为(　　　　)、B 点的压力值为(　　　　)；

(2)当液压缸运动至终点碰到挡块时，A 点的压力值为(　　　　)、B 点的压力值为(　　　　)。

13. 如图 1.5.24 所示回路中，两个油缸结构尺寸相同，无杆腔面积 $A_1 = 100\ \mathrm{cm}^2$，溢流阀 1 调定压力为 10 MPa，减压阀 2 调定压力为 3 MPa，顺序阀 3 调定压力为 5 MPa，试确定在下列负载条件下，P_1、P_2、P_3 的值为多少？

(1)$F_1 = 0$、$F_2 = 10\ 000\ \mathrm{N}$；

(2)$F_1 = 10\ 000\ \mathrm{N}$、$F_2 = 40\ 000\ \mathrm{N}$；

(3)$F_1 = 120\ 000\ \mathrm{N}$、$F_2 = 40\ 000\ \mathrm{N}$。

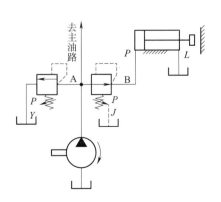

图 1.5.23　题 12 图

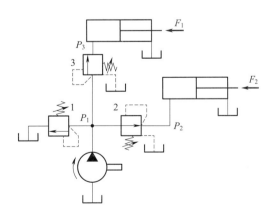

图 1.5.24　题 13 图

14. 如图 1.5.25 所示的两个回路中,溢流阀 1 调定压力为 6 MPa,溢流阀 2 调定压力为 5 MPa,溢流阀 3 调定压力为 4 MPa,试求当系统负载无穷大时,液压泵的工作压力为多少?

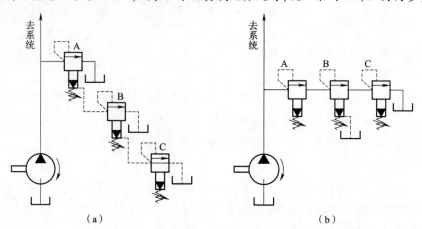

（a）　　　　　　　　　　（b）

图 1.5.25　题 14 图

15. 如图 1.5.26 所示回路,溢流阀的调定压力为 4 MPa,当 YA 断电且负载压力为 2 MPa 时,压力表的读数为多少? 当 YA 通电时,压力表的读数为多少?

16. 3 个溢流阀调整压力如图 1.5.27 所示,试问泵的供油压力有几级? 数值各为多少?

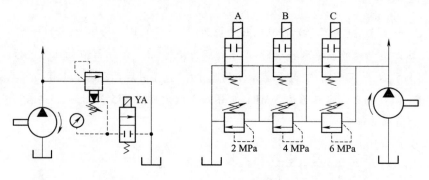

图 1.5.26　题 15 图　　　　　图 1.5.27　题 16 图

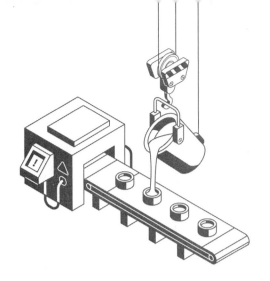

第6章

液压辅助装置

液压辅助装置主要包括油箱、蓄能器、滤油器、冷却器、加热器、油管及管接头和密封装置等。

结构图

液压站的结构

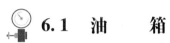

6.1 油　　箱

油箱的功用主要是存储油液。此外还起着散发油液中热量（在周围环境温度较低的情况下则是保持油液中热量）、释放出混在油液中的气体和沉淀油液中污物等作用。

按油箱液面是否与大气相通，油箱可分为开式和闭式两种。开式油箱主要用于一般的液压系统；闭式油箱用于水下和对工作稳定性、噪声有严格要求的液压系统。

油箱的典型结构如图 1.6.1 所示。油箱内部用隔板 7、9 将吸油管 1 与回油管 4 隔开。顶部、侧部和底部分别装有滤油网 2、油位计 6 和排放污油的放油阀 8。安装液压泵及其驱动电动机的安装板 5 则固定在油箱顶面上。

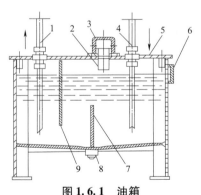

图 1.6.1 油箱

1—吸油管；2—滤油网；3—盖；4—回油管；5—安装板；6—油位计；7、9—隔板；8—放油阀

6.2 蓄　能　器

6.2.1 蓄能器的功用

蓄能器是一种能够储存液体压力能，并在需要时把它释放出来的能量存储装置。其主要作用

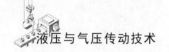

如下。

1. 存储能量、减少油泵的传动功率

当油缸需要大量压力油时,由蓄能器与油泵同时供出压力油。当油缸不工作时,油泵使蓄能器蓄压,满压后,油泵停止或卸荷。压铸机液压系统所采用的蓄能器就是起这种作用的典型实例。

2. 保持系统压力

有些液压系统在油缸停止运动后,仍要求保持恒定的压力(如压力机、夹紧装置、合模装置等的保压回路)。此时,可利用蓄能器来保持系统压力并补偿泄漏,而使油泵卸荷。这样,可节省功率损耗和减少系统发热。当蓄能器压力下降到低于规定数值时,再开动油泵将高压油注入蓄能器。

3. 吸收脉动压力和冲击压力

当液压系统采用齿轮泵和柱塞泵时,因其瞬时流量脉动将导致系统的压力脉动,从而引起振动和噪声。而液压冲击是因为液流的激烈变化所引起的,比如换向阀的突然换向,液压泵突然停止工作等。液压系统的脉动和冲击会引起工作机构运动不均匀,严重时还会引起故障,甚至使设备发生破坏。使用蓄能器可以吸收回路的冲击压力,起安全保护作用。另外,还可使系统的压力脉动均匀化。

4. 做紧急动力源

某些液压系统要求在停电、液压泵发生故障或失去动力时,执行元件应能继续完成必要的动作以紧急避险、保证安全。为此可在系统中设置适当容量的蓄能器作为紧急动力源,避免事故发生。

6.2.2 蓄能器的种类及工作原理

蓄能器分为重力式、弹簧式和充气式3种类型。常用的是充气式,它又分为活塞式、气囊和隔膜式三种。这里主要介绍活塞式和气囊式蓄能器。

1. 活塞式蓄能器

活塞式蓄能器如图1.6.2所示。它主要由活塞1、缸筒2和气门3等组成。活塞1的上部为压缩气体(一般为氮气),下部为压力油,活塞1把缸筒中的液压油和气体隔开,压缩气体(氮气或净化空气)由气门3进入活塞1上部,液压油从a口进入活塞1的下部,液压油压力增加,活塞1上移,压缩气体,这一过程为存储能量过程;液压油压力降低,气体膨胀,活塞1下移,这一过程为输出能量过程。活塞式蓄能器的结构简单、寿命长。

2. 气囊式蓄能器

气囊式蓄能器如图1.6.3所示。它主要由壳体1、气囊2、充气阀3和限位阀4等组成。工作时,充气阀3向气囊2内充进一定压力的气体,然后关闭充气阀,使气体封闭在气囊2内,液压油从壳体底部限位阀4处引入气囊2外腔,使气囊受压缩而存储液压能。气囊式蓄能器的优点是:气液密封可靠,能使油气完全隔离;气囊惯性小,反应灵敏;结构紧凑。其缺点是:气囊制造困难,工艺性较差。气囊有折合型和波纹型两种,前者容量较大,适用于蓄能,后者则用于吸收冲击。

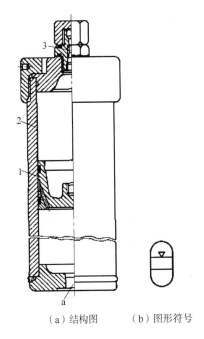

（a）结构图　　　（b）图形符号

图 1.6.2　活塞式蓄能器

1—活塞；2—缸筒；3—气门

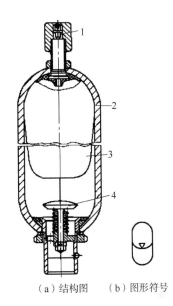

（a）结构图　　　（b）图形符号

图 1.6.3　气囊式蓄能器

1—壳体；2—气囊；3—充气阀；4—限位阀

6.2.3　蓄能器的安装

蓄能器在液压系统中的安装位置随其功用而定,但在安装时应注意以下几个问题:

（1）气囊式蓄能器应垂直安装,油口向下;

（2）不能在蓄能器上进行焊接、铆焊或机械加工;

（3）用于吸收液压冲击和压力脉动的蓄能器应尽可能安装在振源附近;

（4）必须将蓄能器牢固地固定在托架或基础上;

（5）蓄能器与液压泵之间应安装单向阀,防止液压泵停止工作时,蓄能器存储的压力油倒流而使泵反转;

（6）蓄能器与管路之间应安装截止阀,供充气和检修之用。

 **6.3　热　交　换　器**

液压系统的工作温度一般希望保持在 30~50 ℃ 范围内,最高不超过 65 ℃,最低不低于 15 ℃。当液压系统如依靠自然冷却仍不能使油温控制在上述范围内时,就需安装冷却器;反之,如环境温度太低无法使液压泵启动或正常运转时,则需安装加热器。

6.3.1　冷却器

液压系统中的冷却器,最简单的是蛇形管冷却器,如图 1.6.4 所示。它直接装在油箱内,冷却水从蛇形管内部通过,带走油液中的热量。这种冷却器结构简单,但冷却效率低,耗水量大。

液压系统中用得较多的冷却器是强制对流式多管冷却器,如图 1.6.5 所示。油液从进油口 5 流入,从出油口 3 流出;冷却水从进水口 6 流入,通过多根水管后由出水口 1 流出。油液在水管外部流动时,它的行进路线因冷却器内设置了隔板而加长,因而增加了热交换效果。近年来出现一种翅片管式冷却器,如图 1.6.6 所示。其在水管外面增加了许多横向或纵向的散热翅片,大大扩大了散热面积,增强了热交换效果。它是在圆管或椭圆管外

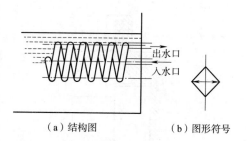

（a）结构图　　　（b）图形符号

图 1.6.4　蛇形管冷却器

嵌套上许多径向翅片,其散热面积可达光滑管的 8 ~ 10 倍。椭圆管的散热效果一般比圆管更好。

液压系统亦可以用汽车上的风冷式散热器进行冷却。这种用风扇鼓风带走流入散热器内油液热量的装置不需另设通水管路,且结构简单、价格低廉,但冷却效果较水冷式差。冷却器一般应安放在回油管或低压管路上。如溢流阀的出口、系统的主回流路上或单独的冷却系统。冷却器所造成的压力损失一般为 0.01 ~ 0.1 MPa。

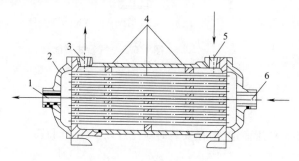

图 1.6.5　多管式冷却器

1—出水口;2—端盖;3—出油口;4—隔板;5—进油口;6—进水口

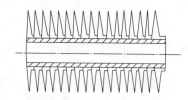

图 1.6.6　翅片管式冷却器

6.3.2　加热器

液压系统的加热一般常采用结构简单、能按需要自动调节最高和最低温度的电加热器。这种加热器的安装方式是用法兰盘横装在箱壁上,发热部分全部浸在油液内。加热器应安装在箱内油液流动处,以利于热量的交换。由于油液是热的不良导体,因此单个加热器的功率容量不能太大,以免其周围油液过度受热后发生变质现象。

6.4　过　滤　器

6.4.1　过滤器的功用及结构

1. 过滤器的功用

过滤器的功用是滤除油液中的杂质。实践证明,液压系统近 80% 的故障都和油液的污染有关。因此,保持油液清洁是保证液压系统可靠工作的关键,而对油液进行过滤则是保持油液清洁的主要手段。

2.过滤器分类

(1)过滤器按过滤精度可分为粗过滤器和精过滤器两大类;

(2)按滤芯结构可分为网式过滤器、线隙式过滤器、磁性过滤器、烧结式过滤器和纸质过滤器等;

(3)按过滤方式可分为表面型过滤器、深度型过滤器和吸附型过滤器;

(4)按过滤器的安装位置可分为吸油过滤器、压油过滤器和回油过滤器。

下面介绍几种常用的过滤器。

3.过滤器结构

(1)网式过滤器,如图1.6.7所示。网式过滤器由上盖1、下盖4、铜丝网3和塑料圆筒2等组成。铜丝网包在圆筒上(一层或两层),过滤精度由网孔大小和层数决定,有80 μm、100 μm和180 μm三种规格。网式过滤器结构简单,清洗方便,通油能力强,压力损失小,但过滤精度低。常用于泵的吸油管路,对油进行粗过滤。

(2)线隙式过滤器,如图1.6.8所示。线隙式过滤器由芯架1、滤芯2和壳体3等组成。它的滤芯由用铜线或铝线密绕在筒形芯架1的外部而成。工作时,流入壳体内的油液经线间缝隙流入滤芯内,再从上部孔道流出。其过滤精度为30～100 μm,常安装在压力管路上,用以保护系统中较精密或易堵塞的液压元件。其通油压力可达6.3～32 MPa,用于吸油管路上的线隙式过滤器没有外壳,过滤精度为50～100 μm,压力损失为0.03～0.06 MPa,其作用是保护液压泵。

线隙式过滤器过滤效果好,结构简单,通油能力强,机械强度好,缺点是不易清洗。

视频

网式滤油器

视频

线隙式滤油器

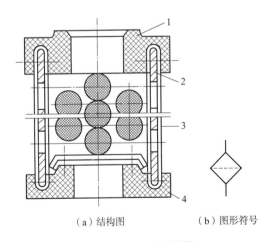

（a）结构图　　（b）图形符号

图1.6.7　网式过滤器

1—上盖;2—塑料圆筒;3—铜丝网;4—下盖

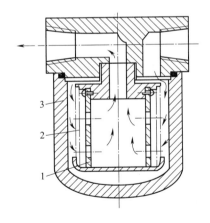

图1.6.8　线隙式过滤器

1—芯架;2—滤芯;3—壳体

(3)烧结式过滤器,如图1.6.9所示。它由端盖1、壳体2和滤芯3组成。其滤芯用球状青铜颗粒粉末压制并烧结而成。它利用颗粒间的微孔滤去油液中的杂质,其过滤精度为10～100 μm,压力损失为0.03～0.2 MPa。主要用于工程机械等设备的液压系统。

烧结式过滤器强度好、性能稳定、抗冲击性能好、耐高温、过滤精度高、制造比较简单,但清洗困难,若有脱粒时会影响过滤精度,甚至损伤液压元件。

● 视频

纸芯式滤油器

（4）纸芯式过滤器,如图1.6.10所示。它由堵塞状态发讯装置1、滤芯外层2、滤芯中层3、滤芯里层4和支撑弹簧5以及壳体等组成。纸芯过滤器的结构与线隙式过滤器类似,只是滤芯材质和组成结构不同。它的滤芯有三层:外层为粗眼钢板网,中层为折叠成W形的滤纸,内层由金属丝网与滤纸折叠而成。这种结构,提高了滤芯强度,增大了滤芯的过滤面积。其过滤精度为5~30 μm,主要用于精密机床、数控机床、伺服机构、静压支撑等要求过滤精度高的液压系统,并常与其他类型的滤油器配合使用。

纸芯式过滤器结构紧凑,通油能力强,过滤精度高,滤芯价格低,但无法清洗,需要经常更换滤芯。

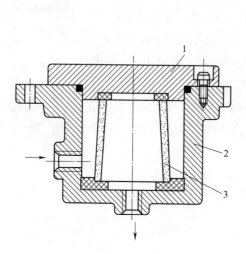

图 1.6.9　烧结式过滤器

1—端盖;2—壳体;3—滤芯

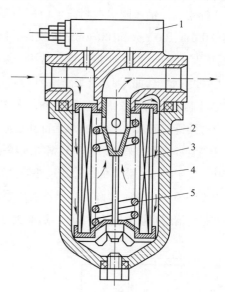

图 1.6.10　纸芯式过滤器

1—堵塞状态发讯装置;2—滤芯外层;3—滤芯中层;

4—滤芯里层;5—支撑弹簧

6.4.2　过滤器的选用及安装

1. 过滤器选用

选用过滤器时,应根据所设计液压系统的技术要求,按过滤精度、通油能力、工作压力、油的黏度和工作温度等来选择其类型及型号。

选用过滤器时,要考虑下列几点:

（1）过滤精度应满足预定要求。

（2）能在较长时间内保持足够的通流能力。

（3）滤芯具有足够的强度,不因液压的作用而损坏。

（4）滤芯抗腐蚀性能好,能在规定的温度下持久地工作。

（5）滤芯清洗或更换简便。

2. 安装

过滤器在液压系统中的安装位置通常有以下几种：

（1）安装在泵的吸油口。泵的吸油路上一般都装有过滤器，目的是滤去较大的杂质微粒，保护液压泵，不影响泵的吸油性能，防止气穴现象。安装在吸油路上的过滤器过滤能力应大于泵流量的 2 倍以上，压力损失不得超过 0.02 MPa。

（2）安装在泵的出口油路上。安装在泵出口油路上的过滤器用来滤除可能侵入阀类等元件的污染物。一般采用 10～15 μm 过滤精度的过滤器，并应能承受油路上的工作压力和冲击压力，压力降应小于 0.35 MPa。为防止泵过载和滤芯损坏，应并联安全阀和设置堵塞状态发讯装置。

（3）安装在系统的回油路上。这种连接方式只能间接地过滤。由于回油路压力低，可采用强度低的过滤器，其压力降对系统影响也不大。安装时，一般与单向阀并联，起旁通作用，当过滤器堵塞达到一定压力损失时，单向阀打开通油。

（4）单独过滤系统。大型液压系统可专门设置由液压泵和过滤器组成的独立的过滤回路，用来清除系统中的杂质，还可与加热器、冷却器、排气器等配合使用。

6.5　管　　件

6.5.1　油管

液压系统中使用的油管种类有钢管、紫铜管、橡胶软管、尼龙管和耐油塑料管等。

（1）钢管：钢管分为焊接钢管和无缝钢管。焊接钢管用于压力小于2.5 MPa，冷拔无缝钢管用于压力大于 2.5 MPa。

（2）紫铜管：容易弯曲成形，适用于压力在 10 MPa 范围内的中小型液压系统，但价格高。

（3）橡胶软管：常用于有相对运动部件的连接油管，分为高压和低压两种：高压管由耐油橡胶夹钢丝编织层制成，其最高承受压力可达42 MPa；低压管由耐油橡胶夹帆布制成，承受压力一般在1.5 MPa 以下。橡胶软管安装方便，不怕振动，并能吸收部分液压冲击。

（4）尼龙管：一种新型油管，其承受压力范围为 2.5～8.0 MPa。

（5）耐油塑料管：承受压力小于 0.5 MPa，只用作回油管和泄油管。

6.5.2　管接头

管接头是油管与油管，油管与液压元件间的可拆卸连接件。管接头性能的好坏直接影响液压系统的泄漏和压力损失。常用管接头的类型及特点见表1.6.1。

各种管接头已标准化，选用时可查阅有关液压设计手册。

结构图

KZE开闭式
液压快速接头

101

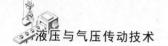

表 1.6.1　常用管接头的类型和特点

类　　型	结构图	特　　点
卡套式管接头	油管　卡套	用卡套卡住油管进行密封,轴向尺寸要求不严,装拆简便,对油管径向尺寸精度要求较高,为此要采用冷拔无缝钢管
固定铰接管接头	螺钉　组合垫圈　接头体　组合垫圈	直角接头的优点是可以随意调整布管方向,安装方便,占空间小,中间由通油孔的固定螺钉把两个组合垫圈压紧在接头体上进行密封
扩口式管接头	油管　管套	用油管管端的扩口在管套的压紧下进行密封,结构简单,适用于铜管、薄壁钢管、尼龙管和塑料管等低压管道的连接
扣压式软管接头		用来连接高压软管在中、低压系统中应用
焊接式管接头	球形头	连接牢固,利用球面进行密封,简单可靠,焊接工艺必须保证质量,必须采用厚壁钢管,拆装不便

6.6　密封装置

　　液压系统中的各元件都相当于一种压力容器。因此,在有可能泄漏的表面间和连接处都需要有可靠的密封。若是密封不良,会造成液压元件的内部或外部泄漏,从而降低液压系统的效率并污染工作环境。所以,密封装置性能的好坏是提高系统的压力、效率和延长元件使用寿命的重要因素之一。

　　密封装置按工作原理,可以分为非接触式密封(如间隙密封)和接触式密封(如密封圈等)两大类。

6.6.1　间隙密封

　　间隙密封是非接触式密封,靠相对运动的配合表面之间的微小间隙来防止泄漏,广泛地应用于油泵、阀类和液压油马达中,是一种非常简单的密封方式。常见的有柱塞油泵的配油盘和转子端面间的配合(平面配合)、滑阀的阀芯与阀套间的配合(圆柱面配合)。在圆柱形配合面的间隙密封中,往往在配合表面上开几条环形的平衡槽,如图1.6.11所示,其目的主要是提高密封能力。

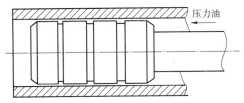

图1.6.11　间隙密封

间隙密封的特点是结构简单,阻力小,经久耐用。但磨损后不能自行补偿,对零件的加工精度要求很高。所以,这种密封方式只适于在低压和低速的情况下使用。

6.6.2　O形密封圈

O形密封圈的结构如图1.6.12所示。它一般用合成橡胶制成,截面为圆形,结构简单,密封可靠,体积小,寿命长,装卸方便,摩擦力小。主要用于静密封及滑动密封,转动密封用得较少,但也可用于圆周速度小于0.2 m/s的回转运动密封。其缺点是启动摩擦力较大(约为动摩擦力的3 ~ 4倍);在高压下容易被挤入间隙。

O形密封圈属于挤压密封,它的工作原理如图1.6.13所示,在装配时,截面要受到一定的压缩变形,从而在密封面上产生预压紧力,实现初始密封;当密封面上的单位压紧力大于液体压力时,即构成了密封。而且当液体压力升高时,密封圈因为受到挤压而使密封面上的压紧力相应提高,因此仍能起密封作用。

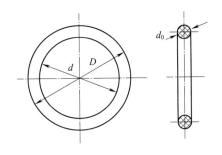

图1.6.12　O形密封圈

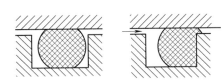

图1.6.13　O形密封圈的密封原理图

O形密封圈损坏的主要原因之一是被挤入间隙,如图1.6.14所示。这会导致密封件被挤裂,最终造成漏油,这样很有可能被密封元件就不能正常工作了。油压越高、间隙越大、密封材料硬度越低,挤入现象越容易发生。在动密封中,O形密封圈的侧面可以设置挡圈,防止O形圈被挤入间隙中而损坏。单向受压时,在不承受油压的一侧设置一个挡圈,如图1.6.15(a)所示;双向受压时,在O形密封圈的两侧都设置挡圈,如图1.6.15(b)所示。挡圈通常用聚四氟乙烯或尼龙来制作。

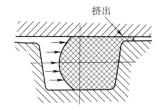

图1.6.14　O形密封圈的挤出现象

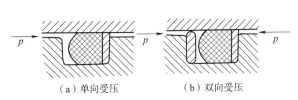

(a)单向受压　　　　(b)双向受压

图1.6.15　挡圈的正确使用方法

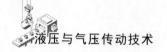

6.6.3 Y形密封圈

Y形密封圈的结构如图1.6.16所示,Y形密封圈的截面为Y形。一般用耐油橡胶制成,是一种密封性、稳定性和耐油性较好、摩擦阻力小、寿命较长、应用较广的密封圈。工作时,油液压力使两唇分开并紧贴密封表面,形成密封。Y形密封圈的密封能力能随油压升高而提高,并能对磨损自行补偿。此外,它还具有结构简单,摩擦阻力小、往复运动速度较高时也能使用等优点。它适于在压力$p < 21$ MPa时做内径或外径的滑动密封用。

近年来,小Y形密封圈在液压元件中的应用越来越多。所谓"小Y形"是指断面高宽比为2以上的Y形密封圈。采用聚氨酯橡胶制成。工作时靠油压使两唇分开并紧贴密封表面形成密封。这种密封圈的硬度高,弹性、耐油性、耐磨性及耐高压性均好,但耐热性不好。可用于相对运动速度较快时的密封。它的径向断面尺寸较小,对减少液压元件的结构尺寸有利。

小Y形密封圈分为轴用和孔用两种。其结构如图1.6.17所示。轴用时,其内唇和轴面间有相对运动;孔用时,其外唇和缸内壁间有相对运动。这种密封圈的两唇高度不等,在有相对运动的一侧较低,这样可以防止运动件切伤密封唇,提高密封圈的使用寿命。

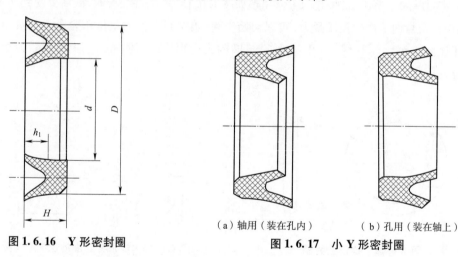

图1.6.16 Y形密封圈

（a）轴用（装在孔内）   （b）孔用（装在轴上）

图1.6.17 小Y形密封圈

6.6.4 V形夹织物密封圈

V形夹织物密封圈的结构如图1.6.18所示,它由支撑环、密封环和压环三个不同截面的零件组成,密封环的数量由工作压力大小而定。这种密封圈可以用耐油橡胶、夹布橡胶、聚四氟乙烯和皮革等制成。它的特点是:接触面较长,密封性好,耐高压,寿命长,通过调节压紧力,可获得最佳的密封效果,但V形密封装置的摩擦阻力及结构尺寸较大,主要用于活塞及活塞杆的往复运动密封,其适应工作压力$p \leqslant 50$ MPa。安装V形密封圈时,应使其唇口面对压力油腔,因为它也是靠唇边张开起密封作用的。

6.6.5 回转轴的密封

回转轴的密封有多种方式,常用的是回转轴用橡胶密封圈,如图1.6.19所示。所用的材料是耐油橡胶。它的内部由直角形圆环铁骨架支撑着,内边围有一根螺旋弹簧,使密封圈的内边收缩紧贴在轴上起密封作用。这种密封主要用于油泵、液压马达和回转油缸外伸轴的密封。密封处的工作压力一般不超过 100 kPa,最大允许线速度为 4 ~ 8 m/s。

6.6.6　活塞环

活塞环是用合金铸铁制成的。它依靠金属弹性变形的膨胀力压紧密封表面而起密封作用。其优点是密封效果好,能用于相对运动速度大、工作温度高的场合。但是,活塞环的加工工艺复杂,密封表面的加工要求很高。因此,近年来已逐渐被密封圈所代替,仅在密封圈不能满足要求时才使用。

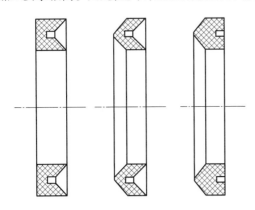

图 1.6.18　V 形夹织物密封圈

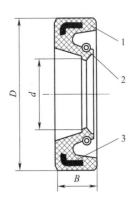

图 1.6.19　回转轴用橡胶密封圈

1—橡胶环;2—弹簧;3—加固环

6.6.7　防尘密封圈

为了防止灰尘进入油缸,保持油液清洁,减少运动件的磨损,延长液压元件的使用寿命,对外伸活塞杆处必须采取防尘措施。这一点对铸造设备来讲,十分重要。因为铸造设备的工作环境大都比较恶劣。

常用的防尘措施是在活塞杆伸出处使用防尘密封圈。经常使用的是骨架式和三角形式两种防尘圈(参看有关设计手册)。此外,为了保护外伸的活塞杆表面的清洁,必要时可在活塞杆上加装折叠式防尘套,防尘套可用帆布或橡胶制成。

 思考题与习题

1. 蓄能器有哪些用途?
2. 蓄能器为什么能存储和释放能量?
3. 蓄能器的种类有哪些? 各有什么特点?
4. 滤油器有哪几种形式?
5. 选择滤油器时应考虑哪些问题?
6. 常用的密封装置有哪几种类型? 各有什么特点?
7. 油管的种类有哪些? 各有什么特点? 分别用在什么场合?
8. 管接头的种类有哪些?
9. 油箱的功用是什么?

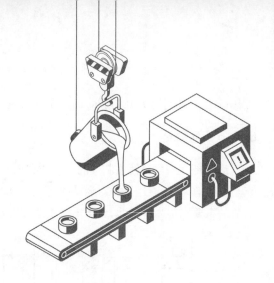

第7章

液压基本回路

●结构图

油路分配器
分油排

任何一个液压系统,无论它所要完成的动作有多么复杂,都是由一些基本回路组成的。所谓液压基本回路就是由有关的液压元件组成的。具有完成特定功能的油路,是组成液压系统最基本的特点。

液压基本回路按功用可以分为方向控制回路、压力控制回路、速度控制回路和多执行元件控制回路等。

7.1 方向控制回路

在液压系统中,工作元件的启动、停止或变化运动方向等都是利用控制进入执行元件液流的通、断及改变流动方向来实现的。实现这些功能的回路为方向控制回路。常见的方向控制回路有换向回路和锁紧回路。

7.1.1 换向控制回路

换向控制回路用于控制液压系统中的液流方向,从而改变执行元件的运动方向。一般采用各种换向阀来实现,在闭式容积回路中也可利用双向变量泵实现换向过程。

1. 采用电磁换向阀的换向回路

采用电磁换向阀的换向回路如图 1.7.1 所示。按下启动按钮,当 1YA 通电,2YA 不通电时,阀左位,液压缸左腔进油,活塞右移;当 2YA 通电,1YA 不通电时,阀右位,液压缸右腔进油,活塞左移;当 1YA 与 2YA 都断电时,活塞停止运动。采用二位四通、三位四通、三位五通的电磁换向阀组成的换向回路是比较常用的。由电磁换向阀组成的换向回路操作方便,易于实现自动化,但换向时间短,故换向冲击大,适用小流量、平稳性要求不高的场合。

2. 采用电液换向阀的换向回路

电液换向阀的换向回路如图 1.7.2 所示。当 1YA 通电时,三位四通电磁换向阀 5 左位工作,控制油路的压力油推动液控三位四通换向阀 4 处于左位工作状态,液压泵 1 输出油液经液控三位四通换向阀 4 输入液压缸 6 左腔,推动活塞右移。当 1YA 断电,2YA 通电时,三位四通电磁换向阀 5 换向,使液控三位四通换向阀 4 也换向,液压缸右腔进油,推动活塞左移。对于流量较大、换向平稳性要求较高的液压系统,除采用电液换向阀换向回路外,还经常采用手动、机动换向阀作为先导阀,以液动换向阀为主阀的换向回路。

由于换向阀种类较多,也可以采用手动换向阀和行程换向阀作为先导阀控制液动换向阀的换向回路。

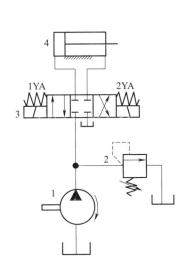

图 1.7.1　电磁换向阀的换向回路

1—油泵;2—溢流阀;

3—三位四通电磁换向阀;4—液压缸

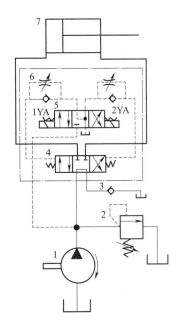

图 1.7.2　电液换向阀的换向回路

1—液压泵;2—溢流阀;3—单向阀;

4—液控三位四通换向阀;5—三位四通电磁换向阀;

6—单向节流阀;7—液压缸

7.1.2　锁紧回路

锁紧回路的功用是使执行元件在需要的任意运动位置上停留锁紧,且不会因外力作用而移动位置。以下几种是常见的锁紧回路。

1. 利用换向阀中位机能的锁紧回路

采用三位换向阀 O 型(或 M 型)中位机能锁紧的回路如图 1.7.3 所示。其特点是结构简单,无须增加其他装置,但由于滑阀环形间隙泄漏较大,故其锁紧效果不太理想,一般只用于要求不太高或只需短暂锁紧的场合。

2. 采用双向液控单向阀的锁紧回路

采用双向液控单向阀(又称双向液压锁)的锁紧回路如图 1.7.4 所示。当换向阀 3 处于左工位时,压力油经双向液压锁 4 的左边液控单向阀进入液压缸 5 左腔,同时通过控制口打开右边液控单向阀,使液压缸右腔的回油可经右边的液控单向阀及换向阀流回油箱,活塞向右运动;反之,活塞向左运动。到了需要停留的位置,只要使换向阀处于中位,因阀的中位为 H 型机能,所以两个液控单向阀均关闭,液压缸双向锁紧。由于液控单向阀的密封性好(线密封),液压缸锁紧可靠,其锁紧精度主要取决于液压缸的泄漏。这种回路被广泛应用于工程机械、起重运输机械等有较高锁紧要求的场合。

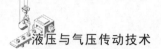

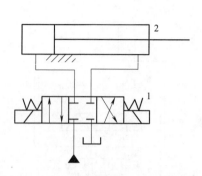

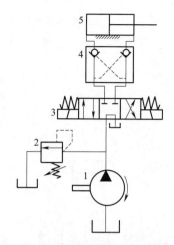

图 1.7.3　采用换向阀中位机能的锁紧回路

1—O 型三位四通电磁换向阀;2—液压缸

图 1.7.4　采用双向液压锁的锁紧回路

1—液压泵;2—溢流阀;3—换向阀;

4—双向液压锁;5—液压缸

7.2　压力控制回路

　　压力控制回路是利用压力控制阀来控制或调节整个液压系统或液压系统局部油路上油液的工作压力,以满足系统中不同执行元件对工作压力和转矩的要求。压力控制回路主要包括调压、减压、增压、保压、卸荷、平衡、卸压等多种回路。

7.2.1　调压回路

　　调压回路的功用是使液压系统整体或某一部分的压力保持恒定或限定为不许超过某个数值,或者使执行元件在工作过程的不同阶段能够实现多种不同压力变换,这一功能一般由溢流阀来实现。当液压系统工作时,如果溢流阀始终能够处于溢流状态,就能保持溢流阀进口的压力基本不变;如果将溢流阀并接在液压泵的出油口,就能达到调定液压泵出口压力基本保持不变的目的。

　　调压回路又分为单级调压回路和多级调压回路。

1. 单级调压回路

　　这是液压系统中最为常见的回路,在液压泵的出口处并联一个溢流阀来调定系统的压力,如图 1.7.5 所示。单级调压回路中使用的溢流阀可以是直动式或先导式结构。采用直动式溢流阀的单级调压回路如图 1.7.5(a)所示,当改变节流阀 2 的开口大小来调节液压缸运动速度时,由于要排掉定量泵输出的多余流量,溢流阀 5 始终处于开启溢流状态,使系统工作压力稳定在溢流阀 5 调定的压力值附近,此时的溢流阀 5 在系统中做定压阀使用。如果图 1.7.5(a)回路中没有节流阀 2,则泵出口压力将直接随液压缸负载压力的变化而变化,溢流阀 5 做安全阀使用,即当回路工作压力低于溢流阀 5 的调定压力时,溢流阀处于关闭状态,此时系统压力由负载压力决定;当负载压力达到或超过溢流阀调定压力时,溢流阀处于开启溢流状态,使系统压力不再继续升高,溢流阀将限

·视 频

压力取决于
外负载

108

定系统最高压力,对系统起安全保护作用;采用先导式溢流阀的单级调压回路如图1.7.5(b)所示,在先导式溢流阀4的远控口处接上一个远程调压的直动式溢流阀5,则回路压力可由直动式溢流阀5远程调节,实现对回路压力的远程调压控制。但此时要求先导式溢流阀4的调定压力必须大于远程调压的直动式溢流阀5的调定压力,否则远程调压的直动式溢流阀5将不起远程调压作用。

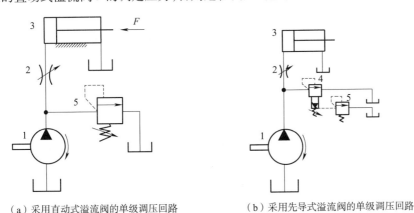

（a）采用直动式溢流阀的单级调压回路　　　　（b）采用先导式溢流阀的单级调压回路

图1.7.5　单级调压回路

1—液压泵;2—节流阀;3—液压缸;4—先导式溢流阀;5—直动式溢流阀

2. 多级调压回路

如图1.7.6所示。液压泵1的出口处并联一个先导式溢流阀2,其远程控制口上串接一个二位二通电磁换向阀4及一个远程调压的直动式溢流阀3。当先导式溢流阀2的调压高于远程调压的直动溢流阀时,则系统的压力通过二位二通换向阀的换向可得到两种调定压力,当二位二通换向阀左位时,二位二通换向阀的油路是切断的,先导式溢流阀2的远程控制端无法起作用,此时系统压力由先导式溢流阀2决定;当二位二通换向阀右位时,二位二通换向阀的油路是接通的,系统压力由先导式溢流阀2远程调压的直动溢流阀决定。当先导式溢流阀2调压低于远程调压的直动式溢流阀的调压时,系统压力由先导式溢流阀2决定。若将溢流阀的远程控制口接一个多位换向阀,并联多个调压阀,则可获得多级调压。

如果将图1.7.6的回路中溢流阀换成比例溢流阀,则可将此回路变成无级调压回路,多级调压对于动作复杂,负载、流量变化较大的系统的功率合理匹配、节能、降温具有重要作用。

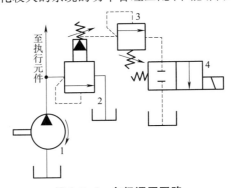

图1.7.6　多级调压回路

1—液压泵;2—先导式溢流阀;3—直动式溢流阀;4—二位二通电磁换向阀

视 频

减压回路

视 频

执行元件运动
方向的控制

7.2.2 减压回路

减压回路的功用是使系统中某一部分油路具有较低的稳定压力,如在机床的工件夹紧、导轨润滑及液压系统的控制油路中常需用减压回路。

最常见的减压回路是在所需低压的分支路上串接一个定值输出减压阀,如图 1.7.7(a)所示。图中两个执行元件(液压缸 4 与液压缸 5)需要的压力不同,在压力较低的液压缸 4 回路上安装一个减压阀 2 以获得较低的稳定压力,单向阀 3 的作用是当主油路的压力低于减压阀 2 的调定值时,防止油液倒流,起短时保压作用。

二级减压回路如图 1.7.7(b)所示。在先导式减压阀 6 的远控口上接入远程调压的溢流阀 9,当二位二通电磁换向阀 8 处于图示位置时,液压缸 7 的压力由先导式减压阀 6 的调定压力决定;当二位二通电磁换向阀 8 处于右位时,液压缸 7 的压力由溢流阀 9 的调定压力决定。此时要求溢流阀 9 的调定压力必须低于先导式减压阀 6。液压泵的最大工作压力由溢流阀 1 调定。减压回路也可以采用比例减压阀实现无级减压。

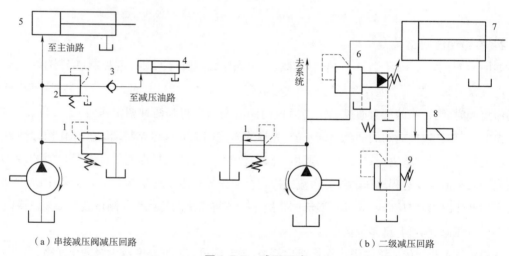

（a）串接减压阀减压回路　　　　　　　　　　　（b）二级减压回路

图 1.7.7　减压回路

1、9—溢流阀;2—减压阀;3—单向阀;4、5、7—液压缸;6—先导式减压阀;8—二位二通电磁换向阀

为使减压阀的回路工作可靠,减压阀的最低调压不应小于 0.5 MPa,最高压力至少比系统压力低 0.5 MPa。当回路执行元件需要调速时,调速元件应安装在减压阀的后面,以免减压阀的泄漏对执行元件的速度产生影响。

视 频

增压回路

7.2.3 增压回路

增压回路的功用是提高系统中局部油路的压力,使系统中的局部压力远远大于液压泵的输出压力。增压回路中实现油液压力放大的主要元件是增压器。增压器的增压比取决于增压器大、小活塞的面积之比。在液压系统中的超高压支路采用增压回路可以节省动力源,且增压器的工作可靠,噪声相对较小。

采用单作用增压器的增压回路如图 1.7.8 所示。增压器的两端活塞面积不同,因此,当活塞面积较大的腔中通入压力油时,在另一端,活塞面积较小的腔中就可获得较高的油液压力,增压的倍数取决于大小活塞面积的比值。它适用于单向作用力大、行程小、作业时间短的场合,如制动器、离合器等。其工作原理如下:当二位三通电磁换向阀 3 处于右位时,增压器 4 输出的压力 $p_2 = p_1 A_1 / A_2$ 的压力油进入工作液压缸 7;当二位三通电磁换向阀 3 处于左位时,工作液压缸 7 靠弹簧力回程,高位补油箱 6 的油液在大气压力作用下经油管顶开单向阀 5 向增压器 4 右腔补油。采用这种增压方式液压缸不能获得连续稳定的高压油源。

7.2.4　保压回路

保压回路的功用在于使系统在液压缸加载不动或因工件变形而产生微小位移的工况下能保持稳定不变的压力,并且使液压泵处于卸荷状态。常见的保压回路有以下两种。

1. 利用蓄能器的保压回路

用于夹紧油路的保压回路如图 1.7.9 所示,当 1YA 通电时,三位四通电磁换向阀 7 左位接通,液压缸 8 右移进给,进行夹紧工作,当压力升至调定压力时,压力继电器 6 发出信号,使二位二通电磁换向阀 5 换向上位,先导式溢流阀的先导阀打开,即先导式溢流阀卸油使油泵 1 卸荷。此时,单向阀 2 关闭,夹紧油路利用蓄能器 4 进行保压。

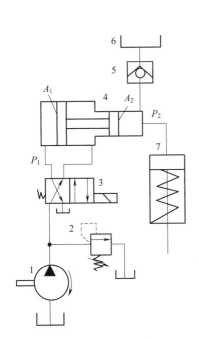

图 1.7.8　增压回路

1—液压泵;2—溢流阀;3—二位四通电磁换向阀

4—增压器;5—单向阀;6—补油箱;7—液压缸

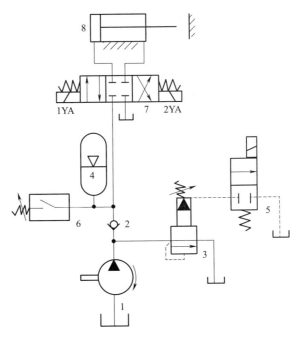

图 1.7.9　应用蓄能器的保压回路

1—液压泵;2—单向阀;3—先导式溢流阀;4—蓄能器

5、7—电磁换向阀;6—压力继电器;8—液压缸

2. 利用液控单向阀的保压回路

采用液控单向阀和电接触式压力表的自动补油保压回路如图 1.7.10 所示。主要是保证液压

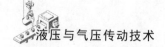

缸上腔通油时系统的压力在一个调定的稳定值,当2YA通电时,三位四通电磁换向阀3右位接通,压力油进入液压缸5上腔,处于工作状态。当压力升至电接触式压力表6上触点调定的上限压力值时,上触点接通,电磁铁2YA断电,三位四通电磁换向阀3处于中位,系统卸荷;当压力降至电接触式压力表上触点调定的下限压力值时,压力表又发出信号,电磁铁2YA通电,三位四通电磁换向阀3右位又接通,泵向系统补油,压力回升。

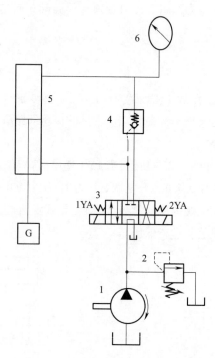

图1.7.10 利用液控单向阀的保压回路

1—液压泵;2—溢流阀;3—三位四通电磁换向阀;4—液控单向阀;5—液压缸;6—压力表

7.2.5 卸荷回路

许多机电设备在使用时,执行装置并不是始终连续工作的,而动力源却要始终工作,以避免其频繁开停,因此,当执行装置处在工作的间歇状态时,要设法让液压系统输出的功率接近于零,使动力源在空载下工作,以减少动力源和液压系统的功率损失,节省能源,降低液压系统发热,这种压力控制回路称为卸荷回路。卸荷回路的功用是使液压泵在处于接近零压的工作状态下运转,以减少功率损失和系统发热,延长液压泵和电动机的使用寿命。常用卸荷回路有以下3种。

1. 采用先导式溢流阀和电磁阀组成的卸荷回路

采用先导式溢流阀和电磁阀组成的卸荷回路如图1.7.9所示,当二位二通电磁换向阀5通电时,先导式溢流阀3的远程控制口与油箱接通,溢流阀打开,泵实现卸荷。

2. 采用三位阀的中位机能的卸荷回路

在定量泵系统中,利用三位换向阀M、H、K型等中位机能的结构特点,可以实现泵的压力卸荷。采用 M 型中位机能的卸荷回路如图 1.7.10 所示,当三位阀处于中位时,将回油孔 O 与同泵相连的进油口 P 接通(如 M 型),液压泵即可卸荷。这种卸荷回路的结构简单。

3. 采用二位二通电磁换向阀的卸荷回路

采用二位二通电磁换向阀的卸荷回路如图 1.7.11 所示。在这种卸荷回路中,主换向阀的中位机能为 O 型,利用与液压泵和溢流阀同时并联的二位二通电磁换向阀 3 的通与断,实现系统的卸荷与保压功能。这种卸荷回路效果较好,一般用于液压泵的流量小于 63 l/min 的场合。

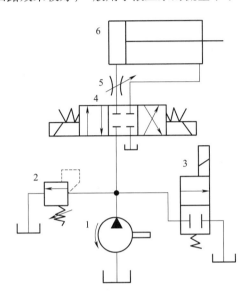

图 1.7.11　采用二位二通电磁换向阀的卸荷回路

1—液压泵;2—溢流阀;3—二位二通电磁换向阀;4—三位四通电磁换向阀;5—节流阀;6—液压缸

7.2.6　平衡回路

平衡回路的功用是使液压执行元件的回油路始终保持一定的背压力,防止立式液压缸及其工作部件因自重而自行下落或在下行运动中因自重造成的运动失控,实现液压系统对机床设备动作的平稳、可靠控制。平衡回路一般采用平衡阀(单向顺序阀)。常见的有以下几种平衡回路。

1. 采用单向顺序阀的平衡回路

采用单向顺序阀实现的平衡回路如图 1.7.12(a)所示。在这个回路中,调整单向顺序阀 4 使其开启压力与液压缸 5 下腔作用面积的乘积稍大于垂直运动部件的重力,当活塞向下运动时,由于回油路上存在一定的背压来支撑重力负载,立式油缸有杆腔中油液压力必须大于单向顺序阀的调定压力后才能将单向顺序阀打开,活塞才会平稳下落,使回油进入油箱中,单向顺序阀可以根据需要调定压力,以保证系统达到平衡,此处的单向顺序阀又称平衡阀。

在这种平衡回路中,单向顺序阀调整压力调定后,若工作负载变小,则泵的压力需要增加,这将使系统的功率损失增大。由于滑阀结构的顺序阀和换向阀存在内泄漏,使活塞很难长时间稳定停在任意位置,会造成重力负载装置下滑,故这种回路适用于工作负载固定且液压缸活塞锁定定

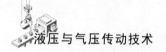
位要求不高的场合。

2. 采用远控平衡阀的平衡回路

在工程机械液压系统中采用远控平衡阀的平衡回路如图1.7.12(b)所示。这种远控平衡阀是一种特殊阀口结构的外控单向顺序阀8,它不但具有很好的密封性,能起到对活塞长时间的锁闭定位作用,而且阀口开口大小能自动适应不同载荷对背压压力的要求,保证了活塞下降速度的稳定性不受载荷变化的影响。

3. 采用液控单向阀的平衡回路

采用液控单向阀的平衡回路如图1.7.12(c)所示,由于液控单向阀6为锥面密封结构,其闭锁性能好,能够保证活塞较长时间在停止位置处不动。在回油路上串联单向节流阀7,用于保证活塞下行运动的平稳性。假如回油路上没有串接节流阀7,活塞下行时液控单向阀7被进油路上的控制油打开,回油腔因没有背压,运动部件由于自重而加速下降,造成液压缸上腔供油不足而压力降低,使液控单向阀7因控制油路降压而关闭,加速下降的活塞突然停止;液控单向阀7关闭后控制油路又重新建立起压力,液控单向阀7再次被打开,活塞再次加速下降。这样不断重复,由于液控单向阀7时开时闭,使活塞一路抖动向下运动,并产生强烈的噪声、振动和冲击。

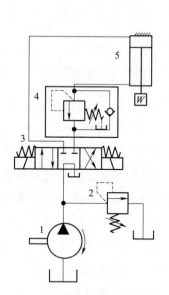
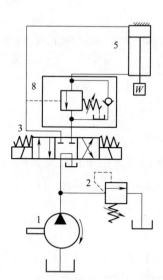
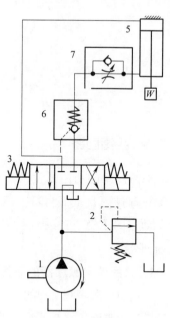

（a）采用单向顺序阀的平衡回路　　（b）采用远控平衡阀的平衡回路　　（c）采用液控单向阀的平衡回路

图 1.7.12　平衡回路

1—液压泵;2—溢流阀;3—三位四通电磁换向阀;4—单向顺序阀;5—液压缸;

6—液控单向阀;7—单向节流阀;8—外控单向顺序阀

7.3　速度控制回路

液压系统中用来控制调节执行元件运动速度的回路称为速度控制回路,速度控制回路是液压基本回路的核心部分。速度控制回路包括调速回路、快速运动回路、速度换接回路等。

7.3.1　调速回路

1. 调速回路的分类

假设输入执行元件的流量为 q,液压缸的有效作用面积为 A,液压马达的排量为 V,则液压缸的运动速度为 $v = q/A$,运动速度 v 由输入流量 q 和 A 决定;液压马达的转速为 $n = q/V$,转速 n 由输入流量 q 和 V 决定。要调节 v 和 n,可通过改变输入的流量 q,或改变液压缸的有效面积 A 和马达的排量 V 的方法来实现,但要改变液压缸的有效面积 A 是不实际的,实际上,常通过改变输入流量 q 或马达的排量 V 的方法来进行调速。

调速回路按其调速方式的不同,主要有以下 3 种类型:

(1)节流调速回路,由定量泵供油、流量阀调节流量来调节执行元件的速度。

(2)容积调速回路,通过改变变量泵或变量马达的排量来调节执行元件的速度。

(3)容积节流调速回路,流量阀与变量泵配合来调节执行元件的速度。

2. 节流调速回路

节流调速回路是在液压回路上采用流量调节元件(节流阀或调速阀),通过改变流量调节元件通流截面积的大小来控制流入执行元件或从执行元件流出的流量,以实现调速的一种回路。

节流调速回路按流量调节阀在回路中的位置不同可分为进油节流调速、回油节流调速及旁路节流调速三种。

1)采用节流阀的进油节流调速回路

这种调速回路采用定量泵供油,在泵与执行元件之间串联安装节流阀,在泵的出口处并联安装一个溢流阀,如图 1.7.13(a)所示。进入液压缸油液流量的大小就由调节节流阀开口的大小来决定,实现对液压缸运动速度的调节。

(1)速度负载特性:

速度负载特性就是当节流阀开口面积调定后,执行元件的运动速度与负载之间的关系。用速度刚度 K_v 表示,即 $K_v = -\dfrac{\partial F}{\partial v}$,显然 K_v 越大,速度稳定性越好。所以希望 K_v 越大越好。

从回路上看,根据第 2 章油液流经阀口的流量计算公式有

$$q_1 = KA_T(\Delta p)^m \tag{1.7.1}$$

式中　q_1——串联于进油路上的节流阀的输出流量(流入液压缸的流量);

　　　K——节流阀的流量系数;

　　　A_T——节流阀的开口面积;

　　　m——节流指数;

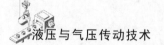

Δp——作用于节流阀两端的压力差,其值为

$$\Delta p = p_{\mathrm{p}} - p_1 \qquad (1.7.2)$$

式中　p_{p}——液压泵出口处的压力(回路工作压力),由溢流阀调定;

　　　p_1——液压缸工作腔压力,即作用于活塞杆上的压力。

而 p_1 是根据作用于活塞杆上的受力平衡方程可得

$$p_1 A_1 = F + p_2 A_2 \qquad (1.7.3)$$

式中　A_1——液压缸工作腔有效工作面积,即液压缸无杆腔的活塞有效作用面积;

　　　F——负载力;

　　　p_2——回油路有杆腔的油液压力,由于回油直接回油箱,可取 p_2 为零。

所以,作用于活塞杆上的压力 p_1 等于

$$p_1 = \frac{F}{A_1} \qquad (1.7.4)$$

综合式(1.7.1)~式(1.7.4)可得

$$v = \frac{q_1}{A_1} = \frac{KA_{\mathrm{T}} \left(p_{\mathrm{p}} - \dfrac{F}{A_1} \right)^m}{A_1} = \frac{KA_{\mathrm{T}}}{A_1^{m+1}} (p_{\mathrm{p}} A_1 - F)^m \qquad (1.7.5)$$

式中　v——活塞运动速度。

式(1.7.5)就是进油节流调速回路的速度负载特性公式,根据此式绘出的曲线即是速度负载特性曲线。进油节流调速回路在节流阀不同开口条件下的速度负载特性,如图 1.7.13(b)所示。曲线表明了速度随负载变化的规律,曲线越陡,表明负载变化对速度的影响越大,即速度刚度越小。

其速度刚度表达式为

$$K_{\mathrm{v}} = -\frac{\partial F}{\partial v} = -\frac{1}{\tan \alpha} = \frac{p_{\mathrm{p}} A_1 - F}{mv} \qquad (1.7.6)$$

提高溢流阀的调定压力、增大液压缸的有效工作面积、减小节流阀的节流指数或减小负载,都能提高进油节流调速回路的速度刚度。

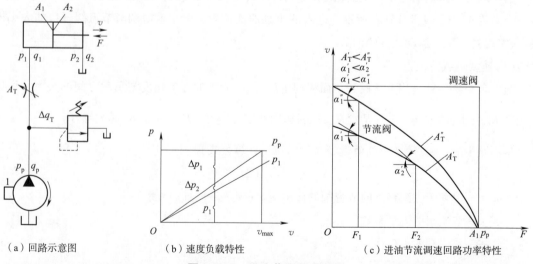

（a）回路示意图　　　（b）速度负载特性　　　（c）进油节流调速回路功率特性

图 1.7.13　进油节流调速回路

从图 1.7.13(b)中曲线和式(1.7.6)可以得出以下结论:

①在节流阀同一开口条件下即节流阀开口面积 A_T 一定时,液压缸负载 F 越小,曲线斜率越小,速度刚度越大,速度稳定性越好;

②在同一负载 F 条件下,节流阀开口面积 A_T 越小,曲线斜率越小,速度刚度越大,速度稳定性越好;

③多条曲线汇交于横轴上的一点,该点对应的 F 值即为最大承载能力 F_{max},这说明最大承载能力 F_{max} 与速度调节无关,因最大承载时缸停止运动($v=0$),可知该回路的最大承载能力为 $F_{max} = p_p A_1$。

因此,进油节流调速回路适合于低速、轻载、负载变化不大和对速度稳定性要求不高的小功率的场合。

(2)功率和效率特性:

功率特性是指功率随速度和负载变化而变化的情况,在进油节流调速回路中,主要有两种情况。第一种情况是在负载一定的条件下。此时,若不计损失,泵的输出功率 $P_p = p_p q_p$,作用于液压缸上的有效输出功率 $P_1 = Fv$,因回油路的压力 $p_2 = 0$,所以 $P_1 = p_1 q_1$,该回路的功率损失为:

$$\Delta P = P_p - P_1 = p_p q_p - p_1 q$$
$$= p_p (\Delta q + q_1) - p_1 q_1$$
$$= p_p \Delta q + q_1 (p_p - p_1)$$

即
$$\Delta P = \Delta P_1 + \Delta P_2 \qquad (1.7.7)$$

式中　ΔP_1——溢流损失(油液通过溢流阀的功率损失),$\Delta P_1 = p_p \Delta q$;

ΔP_2——节流损失(油液通过节流阀的功率损失),$\Delta P_2 = q_1 \Delta p$,($\Delta p = p_p - p_1$)。

可见,进油节流调速回路的功率损失是由溢流损失和节流损失两项组成的,如图 1.7.13(c)所示,随着速度的增加,有用功率在增加,而节流损失也在增加,溢流损失在减小。这些损失将使油温升高,因而影响系统的工作。

液压系统的有效功率为:

$$P_1 = p_1 q_1 = p_1 K A_T (p_p - p_1)^m = \frac{F}{A_1} K A_T \left(p_p - \frac{F}{A_1} \right)^m \qquad (1.7.8)$$

由式(1.7.8)可见,P_1 是随 F 变化的一条曲线,且 $F=0$ 时 $P_1=0$,$F=F_{max}=p_p A_1$ 时 $P_1=0$。其最大值出现在曲线的极值点。

2)采用节流阀的回油节流调速回路

这种调速回路采用定量泵供油,在泵的出口处并联安装一个处于常开式的溢流阀来保证泵的出口压力基本保持恒定,节流阀串联安装在液压系统的回油路上,借助于节流阀控制液压缸的排油量 q_2 来实现速度调节,如图 1.7.14 所示。

(1)速度负载特性:

在回油节流调速回路中,q_2 即是通过串联于回油路上的节

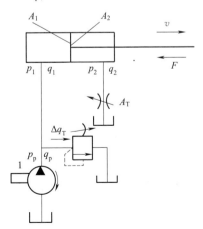

图 1.7.14　回油节流调速回路

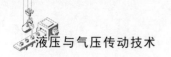

流阀的流量。

$$q_2 = KA_T (\Delta p)^m \tag{1.7.9}$$

式中　q_2——流出液压缸的流量；

　　　Δp——作用于节流阀两端的压力差，其值为

$$\Delta p = p_2 \tag{1.7.10}$$

根据作用于活塞杆上的力平衡方程，有

$$p_1 A_1 = F + p_2 A_2 \tag{1.7.11}$$

式中　A_2——液压缸工作腔的有效工作面积，即液压缸有杆腔的活塞有效工作面积。

$$p_2 = \frac{p_1 A_1 - F}{A_2} \tag{1.7.12}$$

综合式(1.7.9)~式(1.7.12)，又根据 $p_p = p_1$ 有

$$v = \frac{q_2}{A_2} = \frac{KA_T \left(\dfrac{p_1 A_1 - F}{A_2} \right)^m}{A_2} = \frac{KA_T}{A_2^{m+1}} (p_p A_1 - F)^m \tag{1.7.13}$$

式中　v——活塞运动速度。

式(1.7.13)就是回油节流调速回路的速度负载特性公式。从公式可知，除了公式分母上的 A_1 变为 A_2 外，其他与进油节流调速回路的速度负载特性公式(1.7.5)是相同的，因此，其速度负载特性以及速度刚性基本相同。回油节流调速回路同样适合于低速、轻载、负载变化不大和对速度稳定性要求不高的小功率的场合。

(2)功率特性：

下面只讨论负载一定的条件下，功率随速度变化而变化的情况。此时，若不计损失，泵的输出功率 $P_p = p_p q_p$，作用于液压缸上的有效输出功率 $P_1 = p_1 q_1 - p_2 q_2$，该回路的功率损失为

$$\begin{aligned}
\Delta P &= P_p - P_1 = p_p q_p - (p_1 q_1 - p_2 q_2) \\
&= p_p (q_p - q_1) + p_2 q_2 \\
&= p_p \Delta q + p_2 q_2 \\
&= \Delta P_1 + \Delta P_2
\end{aligned}$$

可见，回油节流调速回路的功率损失也同进油节流调速回路的一样，分为溢流损失和节流损失两部分。

(3)进油与回油两种节流调速回路比较：

进油节流调速与回路节流调速虽然其流量特性与功率特性基本相同，但在使用时还有以下5个主要不同点：

①承受负值负载的能力不同。所谓负值负载就是与活塞运动方向相同的负载。例如起重机向下运动时的重力和负载，铣床上与工作台运动方向相同的逆铣等。回油节流调速回路的节流阀使液压缸回油腔形成一定的背压，背压能阻止工作部件的前冲，即能在负值负载下工作，而进油节流调速则不能，由于回油腔没有背压力，因而不能在负值负载下工作，如果需要在负值负载下工作要在回油路上加背压阀才能承受负值负载，但需提高调定压力，功率损耗大。

②发热及泄漏的影响不同。回油节流调速回路中油液通过节流阀时油液温度升高,但所产生的热量直接返回油箱时将散掉;而在进油节流调速回路中,油液则进入执行元件中,增加系统的负担,因此,发热和泄漏对进油节流调速回路的影响大于对回油节流调速的影响。

③运行稳定性不同。在使用单杆液压缸的场合,无杆腔的进油量大于有杆腔的回油量,当两种回路结构尺寸相同时,若速度相等,则进油节流调速回路的节流阀开口面积要大,低速时不易堵塞,因而,可获得更低的速度。

④实现压力控制的方便性不同。进油节流调速回路中,进油腔的压力将随负载而变化,当工作部件碰到止挡块停止后,其压力将升到溢流阀的调定压力,利用这一压力变化来实现压力控制是很方便的,但在回油节流调速回路中,只有回油腔的压力才会随负载而变化,当工作部件碰到止挡块后,其压力将降到零,虽然也可以利用这一压力变化来实现压力控制,但其可靠性差,一般不予采用。

⑤停车后的启动性能不同。长期停车后液压缸油腔内的油液会流回油箱,当液压泵重新向液压缸供油时,在回油节流调速回路中,由于进油路上没有节流阀控制流量,会使活塞前冲;而在进油节流调速回路中,由于进油路上有节流阀控制流量,故活塞前冲很小,甚至没有前冲。

在调速回路中,还可以在进、回油路中同时设置节流调速元件,使两个节流阀的开口能同时联动调节,以构成进出油的节流调速回路,比如由伺服阀控制的液压伺服系统经常采用这种调速方式。

3)采用节流阀的旁路节流调速回路

在这种调速回路中,将节流阀并联安装在泵与执行元件油路的一个支路上,此时,溢流阀阀口关闭,做安全阀使用,只是在过载时才会打开。泵出口处的压力随负载变化而变化,因此,又称变压式节流调速回路,如图 1.7.15(a)所示。此时泵输出的油液(不计损失)一部分进入液压缸,另一部分通过节流阀进入油箱,调节节流阀的开口可调节通过节流阀的流量,也就是调节进入执行元件的流量,从而调节执行元件的运行速度。

(1)速度负载特性:

在旁路节流调速回路中,通过节流阀的流量根据第 2 章油液流经阀口的流量计算公式有

$$q_3 = K A_\mathrm{T} (\Delta p)^m \tag{1.7.14}$$

式中　Δp——作用于节流阀两端的压力差,其值为

$$\Delta p = p_\mathrm{p} = p_1 \tag{1.7.15}$$

p_p 等于 p_1,根据作用于活塞杆上的力平衡方程,有

$$p_1 = \frac{F}{A_1} \tag{1.7.16}$$

综合式(1.7.14)~式(1.7.16)得

$$v = \frac{q_1}{A_1} = \frac{q_\mathrm{p} - q_2}{A_1} = \frac{q_\mathrm{p} - K A_\mathrm{T} \left(\dfrac{F}{A_1} \right)^m}{A_1} \tag{1.7.17}$$

式中　q_p——泵的输出流量;

　　　q_1——流入液压缸的流量;

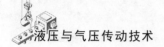

q_3——流过节流阀的流量。

式(1.7.17)就是旁路节流调速回路在不考虑泄漏情况下的速度负载特性公式。旁路节流调速回路在节流阀不同开口条件下的速度负载曲线,如图1.7.15(b)所示。从这个曲线上可以分析出,液压缸负载 F 越大时,其速度稳定性越好;节流阀开口面积越小时,其速度稳定性越好。因此,旁路节流调速回路适合于功率、负载较大的场合。

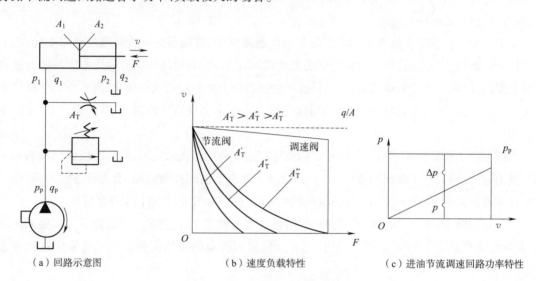

图 1.7.15 旁路节流调速回路

根据前述,亦可推出该回路的速度刚度 K_v 为

$$K_v = -\frac{\partial F}{\partial v} = \frac{FA_1}{m(q_p - A_1 v) + (1-m)K_1 \dfrac{F}{A_1}} \tag{1.7.18}$$

(2)功率特性:

在负载一定的条件下,若不计损失,泵的输出功率 $P_p = p_p q_p$,作用于液压缸上的有效输出功率 $P_1 = p_1 q_1$,该回路的功率损失为

$$\Delta P = P_p - P_1 = p_p q_p - p_1 q_1$$
$$= p_p(q_p - q_1)$$
$$= p_p q_3$$

可见,该回路的功率损失只有一项,通过节流阀的功率损失称为节流损失。其功率特性曲线如图1.7.15(c)所示。由图可见,这种回路随着执行元件速度的增加,有用功率在增加,而节流损失在减小。回路的效率是随工作速度及负载而变化的,并且在主油路中没有节流损失和发热现象,因此适合于速度较高、负载较大、负载变化不大且对运动平稳性要求不高的场合。

4)采用调速阀的调速回路

采用节流阀的节流调速回路,由于节流阀两端的压差是随着液压缸的负载变化的,因此其速度稳定性较差。如果用调速阀来代替节流阀,由于调速阀本身能在负载变化的条件下保证其通过内部的节流阀两端的压差基本不变,因此,速度稳定性将大大提高。采用调速阀的节流调速回路的速度负载特性曲线如图 1.7.13 和图 1.7.15 所示。

3. 容积调速回路

容积调速回路主要是利用改变变量式液压泵或变量式液压马达的排量来实现调节执行元件速度的目的。由于容积调速回路中没有流量控制元件,回路工作时液压泵与执行元件的流量完全匹配,因此这种回路没有溢流损失和节流损失,回路的效率高,发热少,适用于大功率液压系统。

按油路的循环形式不同,容积式调速回路分为开式回路和闭式环回路两种。

在开式回路中,液压泵从油箱中吸油,把压力油输给执行元件,执行元件排出的热油直接回油箱停留一段时间,达到降温、沉淀杂质、分离气泡的目的,如图 1.7.16(a)所示,这种回路结构简单,冷却能力好,但油箱尺寸较大,空气和杂物易进入回路中,影响回路的正常工作。

在闭式回路中,液压泵排油腔与执行元件进油管相连,执行元件的回油管直接与液压泵的吸油腔相连,管路中的绝大部分油液在系统中被循环使用,只有少量的液压油通过补油泵从油箱吸入系统中,如图 1.7.16(b)所示。闭式回路油箱尺寸小、结构紧凑,且不易污染,但冷却条件较差,需要辅助泵进行换油和冷却。

容积调速回路可分为泵-缸组合和泵-马达组合两种,这里以泵-马达组合为例进行说明。泵-马达组合回路可分为变量泵与定量马达组成的回路、定量泵与变量马达组成的回路、变量泵与变量马达组成的回路 3 种。

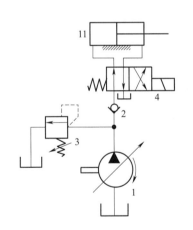
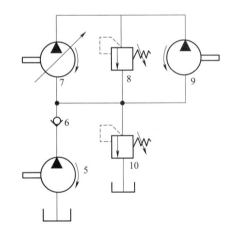

（a）变量泵-液压缸回路（开式回路）　　　　　（b）变量泵-定量马达回路（闭式回路）

图 1.7.16　变量泵-定量执行元件的容积调速回路

1—变量泵;2、6—换向阀;3、10—安全阀;4—换向阀;5—液压泵;
7—补油泵;8—溢流阀;9—定量马达;11—液压缸

1)变量泵与定量马达组成的容积调速回路

在这种容积调速回路中,采用变量泵供油,执行元件为定量液压马达,如图 1.7.16(b)所示。在这个回路中,溢流阀 10 是安全阀,主要用于防止系统过载,起安全保护作用。此回路为闭式回路,补油泵 7 将冷油送入回路,而溢流阀 8 的功用是控制补油泵 7 的压力,溢出回路中多余的热油进入油箱冷却。

这种回路速度主要是通过改变变量泵的排量来调节的。在这种回路中,若不计损失,其转速为

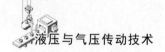

$$n_{\mathrm{m}} = \frac{q_{\mathrm{p}}}{V} \tag{1.7.19}$$

马达的排量是定值,因此改变泵的排量,即改变泵的输出流量,马达的转速也随之改变。从第3章可知,马达的输出转矩为

$$T_{\mathrm{m}} = \frac{p_{\mathrm{p}}V}{2\pi}\eta_{\mathrm{m}} \tag{1.7.20}$$

从式(1.7.20)中可知,若系统压力恒定不变,则马达的输出转矩也就恒定不变,因此,该回路称为恒转矩调速,回路的负载特性曲线如图1.7.17所示。由于泵和执行元件有泄漏,所以当 V 还未调到零值时,实际的 n_{m}、T_{m} 和 P_{m} 也都为零值。该回路调速范围大,可连续实现无级调速,一般用于在机床上做直线运动的主运动(刨床、拉床等)。若采用高质量的轴向柱塞变量泵,其调速范围 R_{p}(即最高转速和最低转速之比)可达40,当采用变量叶片泵时,其调速范围仅为 $5 \sim 10$。

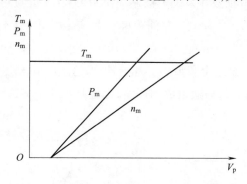

图1.7.17 变量泵-定量马达容积调速回路特性曲线

2)定量泵与变量马达组成的容积调速回路

定量泵与变量马达组成的容积调速回路如图1.7.18(a)所示。在该回路中,执行元件的速度是靠改变变量马达5的排量 V 来调定的,液压泵1的作用为补油。

若不计泵和马达效率损失的情况下,由于液压泵为定量泵,若系统压力恒定,则泵的输出功率恒定,液压马达的输出转速与其排量反比,故马达的输出功率 P_{m} 不变,因此,该回路又称恒功率调速,其速度负载特性曲线如图1.7.18(b)所示。

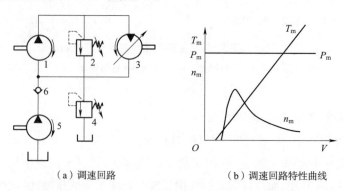

(a)调速回路　　　　　　　　　　(b)调速回路特性曲线

图1.7.18 定量泵与变量马达的容积节流调速回路

1—主液压泵;2—安全阀;3—变量马达;4—低压溢流阀;5—辅助泵;6—单向阀

当马达排量 V 减小到一定程度,T_m 不足以克服负载时,马达便停止转动。这说明不仅不能在运转过程中用改变马达排量 V 的办法使马达本身换向,因为换向必然经过"高转速-零转速-高转速",速度转换困难,也可能低速时带不动,存在死区;而且其调速范围 R_m 也很小,即使采用了高效率的轴向柱塞马达,调速范围也只有 4 左右。这种回路能最大限度地发挥原动机的作用。要保证输出功率为常数,马达的调节系统应是一个自动的恒功率装置,其原理就是保证马达的进、出口压差为常数。

3)变量泵与变量马达组成的容积调速回路

一种变量泵与变量马达组成的容积调速回路如图 1.7.19 所示,在一般情况下,这种回路都是双向调速,改变双向变量泵 2 的供油方向,可使双向变量马达 10 的转向改变。单向阀 4 和 5 保证补油泵 1 能为双向变量泵 2 补油,而且只能进入双向变量泵的低压腔,而液动滑阀 8 的作用是始终保证低压溢流阀 9 与低压管路相通,使回路中的一部分热油由低压管路经低压溢流阀 9 排入油箱冷却。当高、低压管路的压差很小时,液动滑阀处于中位,切断了低压溢流阀 9 的油路,此时补油泵供给的多余的油液就从低压安全阀 3 流掉。

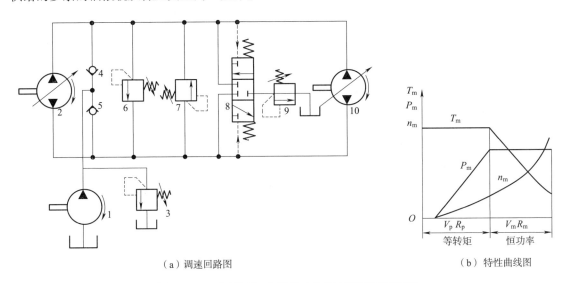

（a）调速回路图　　　　　　　　　　　　　　　　（b）特性曲线图

图 1.7.19　变量泵与变量马达的容积节流调速回路

1—补油泵;2—双向变量泵;3—低压安全阀;4、5—单向阀;6、7—高压安全阀;

8—液动滑阀;9—低压溢流阀;10—双向变量马达

这种回路在工作中,泵的速度 n_p 为常数,改变泵的排量 V_p 或改变马达的排量 V 均可达到调节转速的目的。从图 1.7.19(a)中可见,该回路实际上是前两种回路的组合,因此它具有前两种回路的特点。该回路的调速一般分为两段,调速输出特性如图 1.7.19(b)所示。

①当马达转速 n_m 由低速向高速调节(即低速阶段)时,将马达排量 V 固定在最大值上,改变泵的排量 V_p 使其从小到大逐渐增加,马达转速 n_m 也由低向高增大,直到 V_p 达到最大值。在此过程中,马达最大转矩 T_m 不变,而功率 P_m 逐渐增大,这一阶段为等转矩调速,调速范围为 R_p。

②高速阶段时,将泵的排量 V_p 固定在最大值上,使马达排量 V 由大变小,而马达转速 n_m 继续升高,直至马达允许的最高转速为止。在此过程中,马达输出转矩 T_m 由大变小,而输出功率 P_m 不变,

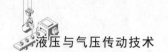

这一阶段为恒功率调节,调节范围为 R_m。

这样的调节顺序可以满足大多数机械低速时要求的较大转矩,高速时能输出较大功率的要求。其总调速范围为上述两种回路调速范围之乘积,即 $R = R_p R_m$。

4. 容积节流调速回路

容积节流调速回路就是容积调速回路与节流调速回路的组合,一般采用压力补偿变量泵供油,而在液压缸的进油或回油路上安装有流量调节元件来调节进入或流出液压缸的流量,并使变量泵的输出流量自动与液压缸所需流量相匹配,由于这种调速回路没有溢流损失,其效率较高,速度稳定性也比单纯的容积调速或节流调速回路好。故适用于速度变化范围大,中小功率的场合。以限压式变量泵与调速阀组成的容积节流调速回路为例来说明容积节流调速回路的原理。

限压式变量泵与调速阀组成的容积节流调速回路如图 1.7.20 所示。在这种回路中,由限压式变量泵供油,为获得更低的稳定速度,一般将调速阀 2 安装在进油路中,回油路中装有背压阀 6。空载时,变量泵以最大流量输出,经电磁阀 3 进入液压缸使其快速运动;工进时,电磁阀 3 通电使其所在油路断开,压力油经调速阀 2 流入液压缸内,具有自动调节流量的功能,泵的输出流量与进入液压缸的流量相等,若关小调速阀的开口,通过调速阀的流量减小,此时,泵的输出流量大于通过调速阀的流量,因此,泵的输出压力增高,根据限压式变量泵的特性可知,变量泵将自动减小输出流量,直到与通过调速阀的流量相等。由于这种回路中泵的供油压力基本恒定,因此,又称定压式容积节流调速回路;工进结束后,压力继电器 5 发信,使电磁阀 3 换向,调速阀再被短接,液压缸快退。

这种回路适用于负载变化不大的中、小功率场合,如组合机床的进给系统等。

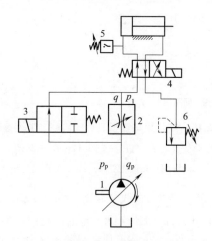

图 1.7.20　限压式变量泵与调速阀组成的容积节流调速回路

1—变量泵;2—调速阀;3—电磁阀;4—两位四通电磁换向阀;5—压力继电器;6—背压阀

5.3 种调速回路特性对比

节流调速回路、容积调速回路和容积节流调速回路 3 种调速回路特性对比见表 1.7.1。

表 1.7.1　3 种调速回路特性对比

项　　　目	节流调速回路	容积调速回路	容积节流调速回路
调速范围与低速稳定性	调速范围较大,采用调速阀可获得稳定的低速运动	调速范围较小,获得稳定低速运动较困难	调速范围较大,能获得较稳定的低速运动
效率与发热	效率低,发热量大,旁路节流调速较好	效率高、发热量小	效率较高,发热较小
结构(泵、马达)	结构简单	结构复杂	结构较简单
适用范围	适用于小功率轻载的中低压系统	适用于大功率、重载高速的中高压系统	适用于中小功率、中压系统,在机床液压系统中获得广泛的应用

7.3.2　快速运动回路

快速运动回路的功用是提高执行元件的空载运行速度,缩短空行程运行时间,以提高系统的工作效率。常见的快速运动回路有以下两种。

1. 液压缸采用差动连接的快速运动回路

在前面液压缸中已介绍过,单杆活塞液压缸在工作时,两个工作腔连接起来就形成了差动连接,其运行速度可大大提高。差动连接的快速运动回路如图 1.7.21 所示,图 1.7.21(a)采用二位三通 3YA 通电电磁换向阀右位时,形成差动连接,液压缸快速进给;图 1.7.21(b)采用 P 型三位四通电磁换向阀的中位机能实现差动连接,当 1YA 与 2YA 均不通电使三位四通电磁换向阀 3 处于中位时实现差动连接液压缸 4 快速向前运动,当 1YA 通电而 2YA 不通电使三位四通电磁换向阀 3 切换至左位时,液压缸 4 转为慢速前进。当 2YA 通电而 1YA 不通电使三位四通电磁换向阀 3 切换至右位时,液压缸 4 转为快速回退。这种回路结构简单,最大的好处是在不增加任何液压元件的基础上提高工作速度,因此,在液压系统中被广泛采用。

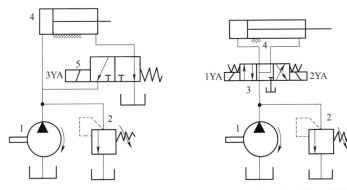

(a)采用二位三通电磁换向阀的回路图　　　(b)采用三位四通电磁换向阀的回路图

图 1.7.21　差动连接的快速运动回路

1—液压泵;2—溢流阀;3—三位四通电磁换向阀;4—液压缸;5—二位三通电磁换向阀

2. 采用双泵供油系统的快速运动回路

双泵供油系统的快速运动回路如图 1.7.22 所示。当执行元件需要快速进给运动时,系统负载较小,双泵同时供油;当执行元件转为慢速工作进给时,系统压力升高,打开液控顺序阀5,液控顺序阀的作用是卸荷,低压大流量泵1卸荷,高压小流量泵2单独供油。这种回路的功率损耗小,系统效率高,目前使用的较广泛。

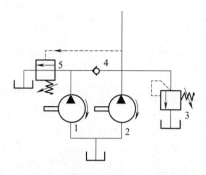

图 1.7.22　双泵供油系统的快速运动回路
1—低压大流量泵;2—高压小流量泵;
3—溢流阀;4—单向阀;5—液控顺序阀

7.3.3　速度换接回路

速度换接回路的功用是在液压系统工作时,执行元件从一种工作速度转换为另一种工作速度。

1. 快速运动转为工作进给运动的速度换接回路

采用行程阀的快慢速换接回路是最常见的一种快速运动转为工作进给运动的速度换接回路,如图1.7.23所示,是由行程阀4、节流阀5和单向阀6并联而成的。当二位四通换向阀1右位接通时,液压缸2快速进给,当活塞上的挡块3碰到常开的行程阀4,并压下行程阀时,行程阀关闭,液压缸的回油只能改走节流阀5才能回油箱,活塞转为慢速工作进给;当二位四通换向阀1左位接通时,液压油经单向阀6进入液压缸有杆腔,活塞反向快速退回。这种回路快慢速的换接过程比较平稳,有较好的可靠性,换接点的位置精度高,但其缺点是行程阀的安装位置不能任意布置,管路连接较为复杂,若将行程阀4改为电磁阀并通过用挡块压下电气行程开关不操纵,也可实现快慢速的换接,其优点是安装连接比较方便,但换接的平稳性、可靠性、换向精度不如行程阀的快慢速换接回路。

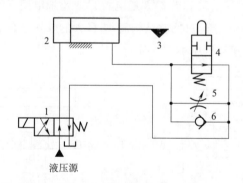

图 1.7.23　采用行程阀的快慢速换接回路
1—二位四通电磁换向阀;2—液压缸;3—挡块;4—行程阀;5—节流阀;6—单向阀

2. 两种不同工作进给速度的速度换接回路

两种不同工作进给速度(又称二次工进速度)的速度换接回路一般采用两个调速阀串联或并联而成,如图1.7.24所示。

图1.7.24(a)所示为两个调速阀并联。由二位三通电磁换向阀4实现速度换接,两个调速阀分别调节两种工作进给速度,互不干扰,在图1.7.24(a)所示位置,二位三通电磁换向阀通电左位时输入液压缸5的流量由调速阀2调节;当二位三通电磁换向阀右位时输入液压缸的流量由调速

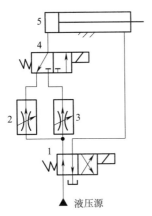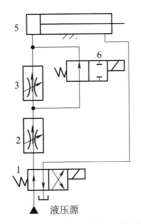

（a）两个调速阀并联的速度换接回路　　　　　（b）两个调速阀串联的速度换按回路

图 1.7.24　两种工作进给的速度换接回路

1—二位四通电磁换向阀;2,3—调速阀;4—二位三通电磁换向阀;

5—液压缸;6—二位二通电磁换向阀

阀 3 调节。但在这种调速回路中,一个阀处于工作状态,另一个阀则无油通过,使其定差减压阀处于最大开口位置,速度换接时,油液大量进入使执行元件突然前冲。因此,该回路不适合于在工作过程中的速度换接,而只用于预先有速度换接的场合。

图 1.7.24(b)所示为两个调速阀串联。速度的换接是通过二位二通电磁阀 6 的两个工作位置的换接。因调速阀 3 被二位二通电磁换向阀 6 短路,输入液压缸 5 的流量由调速阀 2 控制。当二位二通电磁换向阀切换至右位时,输入液压缸 5 的流量由调速阀 3 控制。这种回路中由于调速阀 2 一直处于工作状态,它在速度换接时限制了进入调速阀 3 的流量,在这种回路中,调速阀 3 的流量比调速阀 2 的小,工作时油液通过两个调速阀,速度换接平稳性较好,但由于油液经过两个调速阀,所以能量损失较大。

 7.4　多执行元件控制回路

在液压系统中,用一个能源(泵)向多个执行元件(缸或马达)提供液压油,并能按各执行元件之间的运动关系要求进行控制、完成规定的动作顺序的回路,就称为多执行元件控制回路。

7.4.1　顺序动作回路

顺序动作回路的功用是保证各执行元件严格地按照给定的动作顺序运动。

按控制方式不同,常用的顺序动作回路有行程控制式和压力控制式两种。

1. 行程控制式顺序动作回路

行程控制式顺序动作回路就是将控制元件安放在执行元件行程中的一定位置,当执行元件触动控制元件时,就发出控制信号,继续下一个执行元件的动作。

采用行程阀作为控制元件的行程控制式顺序动作回路如图 1.7.25(a)所示。当电磁换向阀 3

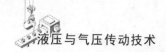

通电后,左位接通,液压油进入液压缸 1 的无杆腔,液压缸 1 的活塞向右进给,完成第一个动作。当活塞上的挡块碰到二位四通行程阀 4 时,压下行程阀,使其上位接通,液压油通过行程阀 4 进入液压缸 2 的无杆腔,液压缸 2 的活塞向右进给,完成第二个动作。当电磁换向阀 3 断电后,其右位接通,液压油进入液压缸 1 的有杆腔,液压缸 1 向左后退,完成第三个动作。当液压缸 1 活塞上的挡块脱离二位四通行程阀 4 时,行程阀 4 的下位接通,液压油进入液压缸 2 的有杆腔,液压缸 2 随之向左后退,完成第四个动作。这种回路的换向可靠,但改变运动顺序较困难。

采用电磁换向阀和行程开关的行程控制式顺序动作回路如图 1.7.25(b)所示。当二位四通电磁换向阀 3 的 1YA 通电时左位接通,液压油进入液压缸 1 的无杆腔,液压缸 1 的活塞向右进给,完成第一个动作。当活塞上的挡块碰到行程开关 2S 时,发出电信号,使二位四通换向阀 3 的 2YA 通电左位接通,液压油进入液压缸 2 的无杆腔,液压缸 5 的活塞向右进给,完成第二个动作。当液压缸 2 活塞上的挡块碰到行程开关 4S 时,发出电信号,使二位四通换向阀 3 的 1YA 断电,使其右位接通,液压油进入液压缸 1 的有杆腔,液压缸 1 的活塞向左退回,完成第三个动作。当液压缸 1 活塞上的挡块碰到行程开关 1S 时,发出电信号,使二位四通换向阀 3 的 2YA 断电右位接通,液压油进入液压缸 2 的有杆腔,液压缸 2 的活塞向左退回,完成第四个动作,当液压缸 2 活塞上的挡块碰到行程开关 3S 时,发出电信号表明整个工作循环结束。这种回路使用调整方便,便于更改动作顺序,更适合采用 PLC 控制,因此,得到广泛应用。

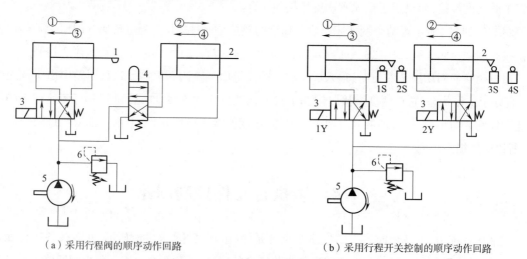

（a）采用行程阀的顺序动作回路　　　　　（b）采用行程开关控制的顺序动作回路

图 1.7.25　行程控制顺序动作回路

1,2—液压缸;3—二位四通电磁换向阀;4—行程阀;5—液压泵;6—溢流阀

2. 压力控制式顺序动作回路

采用顺序阀的压力控制式顺序动作回路如图 1.7.26(a)所示。当电磁换向阀 5 处于左位时,液压油进入夹紧液压缸 1 的无杆腔,夹紧液压缸 1 向右运动,完成第一个动作——进给夹紧。当夹紧液压缸 1 运动到终点时,油液压力升高,打开顺序阀 4,液压油进入进给液压缸 2 的无杆腔,进给液压缸 2 向右运动,完成第二个动作——进给。当电磁换向阀 5 处于右位时,液压油进入进给液压缸 2 的有杆腔,进给液压缸 2 向左运动,完成第三个动作——退回。当液压缸 2 运动到终点时,油

液压力升高,打开顺序阀3,液压油进入夹紧液压缸1的有杆腔,夹紧液压缸1向左运动,完成第四个动作——松开。

采用压力继电器压力控制的顺序动作回路如图1.7.26(b)所示。按启动按钮后电磁换向阀8的1YA通电,电磁换向阀8左位,夹紧液压缸1活塞向右前进到右端点后,回路压力升高,压力继电器1KP动作,使电磁铁3YA得电,电磁换向阀9左位,进给液压缸2活塞向右运动。按返回按钮,1YA、3YA同时失电,4YA得电,使电磁换向阀8中位、电磁换向阀9右位,导致夹紧缸1锁定在右端点位置、进给液压缸2活塞向左运动。当进给液压缸2活塞退回原位后,回路压力升高,压力继电器2KP动作,使2YA得电,电磁换向阀8右位,夹紧液压缸1活塞后退直至到起点。这种回路只适用于系统中执行元件数目不多、负载变化不大的场合、控制比较方便、灵活,但油路中液压冲击容易产生误动作,目前应用较少。

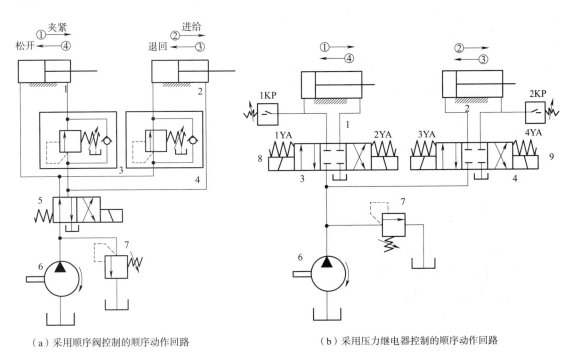

（a）采用顺序阀控制的顺序动作回路　　　　　　　　（b）采用压力继电器控制的顺序动作回路

图1.7.26　压力控制顺序动作回路

1—夹紧液压缸;2—进给液压缸;3,4—顺序阀;5—电磁换向阀;

6—液压泵;7—溢流阀;8、9—三位四通电磁换向阀

7.4.2　同步回路

从理论上讲,只要保证多个执行元件的结构尺寸和输入油液的流量相同就可使执行元件保持同步动作,但由于泄漏、摩擦阻力、外负载、制造精度、结构弹性变形及油液中含气等因素,很难保证多个执行元件的同步。因此,在同步回路的设计、制造和安装过程中,要尽量避免这些因素的影响,必要时可采取一些补偿措施。

同步回路的功用是保证液压系统中两个以上执行元件克服负载、摩擦阻力、泄漏、制造质量和

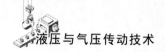

结构变形上的差异,而保证在运动上的同步。同步运动分为速度同步和位置同步两类。速度同步是指各执行元件的运动速度相等(或一定的速比),而位置同步是指各执行元件在运动中或停止时都保持相同的位移量。对于开式系统,严格做到每一瞬间的位置同步是困难的,所以常采用速度同步控制;如果想获得高精度的位置同步回路,则需要采用闭环控制系统才能实现。

1. 速度同步回路

速度同步回路主要有同步缸或同步马达的同步回路、采用流量控制阀的同步回路、机械式连接同步回路、串联液压缸的同步回路等。这里主要介绍前两种。

1)用同步缸或同步马达的同步回路

同步缸的同步回路如图 1.7.27(a)所示。同步缸 8 是两个尺寸相同的缸体和两个活塞共用一个活塞杆的液压缸,活塞向左或向右运动时输出或接受相等容积的油液,在回路中起着配流的作用,使有效面积相等的两个液压缸实现双向同步运动。同步缸的两个活塞上装有双作用单向阀 4,可以在行程端点消除误差。和同步缸一样,用两个同轴等排量双向液压马达 5 作为配油环节,输出相同流量的油液亦可实现两缸双向同步。如图 1.7.27(b)所示,节流阀 6 用于行程端点消除两缸位置误差。这种回路的同步精度比采用流量控制阀的同步回路高,但专用元件使系统复杂,制作成本高。

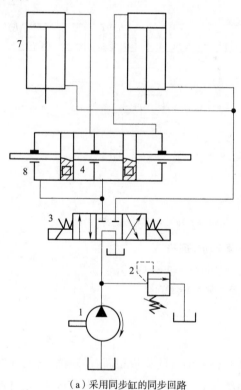

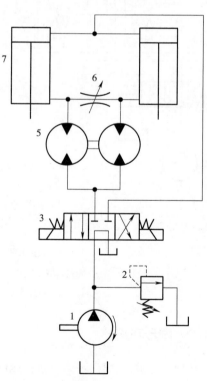

（a）采用同步缸的同步回路　　　　　　　　（b）采用同步马达的同步回路

图 1.7.27　用同步缸或同步马达的同步回路

1—溢流阀;2—液压泵;3—换向阀;4—双作用单向阀;

5—液压马达;6—节流阀;7—液压缸;8—同步缸

2）采用流量控制阀的同步回路

采用流量控制阀的同步回路如图 1.7.28（a）所示,在两个并联液压缸 7 与 8 的进（回）油路上分别串接一个单向调速阀 9 与 10,仔细调整两个调速阀的开口大小,控制进入两液压缸或自两液压缸流出的流量,可使它们在一个方向上实现速度同步。这种回路结构简单,但调整比较麻烦,同步精度不高,不宜用于偏载或负载变化频繁的场合。

采用分流集流阀的同步回路如图 1.7.28（b）所示,采用分流阀 5（同步阀）来控制两液压缸 7 与 8 的进入或流出的流量。分流阀具有良好的偏载承受能力,可使两液压缸在承受不同负载时进入两个液压缸等量的液压油以保证两缸的同步运动。回路中的单向节流阀 4 用来控制活塞的下降速度,液控单向阀 6 是防止活塞停止时的两缸负载不同而通过分流阀的内节流孔窜油。由于同步作用靠分流阀自动调整,使用较为方便。但效率低,压力损失大,不宜用于低压系统。

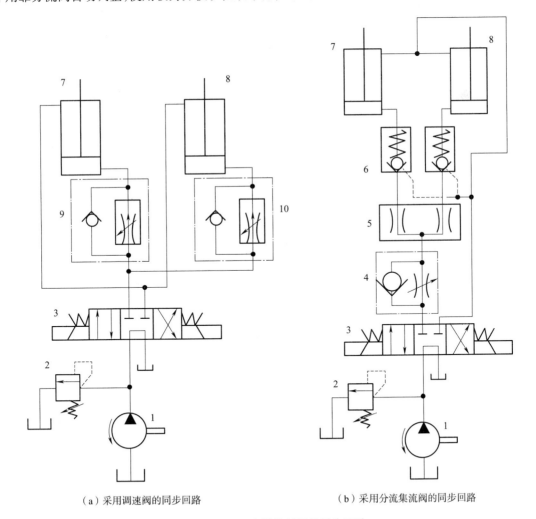

（a）采用调速阀的同步回路　　　　　　　　（b）采用分流集流阀的同步回路

图 1.7.28　用流量控制阀的同步回路

1—液压泵;2—溢流阀;3—换向阀;4—单向节流阀;5—分流阀;

6—液控单向阀;7,8—液压缸;9,10—单向调速阀

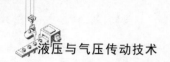

2. 位置同步回路

位置同步回路主要有带补偿装置的串联缸同步回路和采用伺服阀的同步运动回路等。

将有效工作面积相等的两个液压缸串联起来便可实现两缸同步,这种回路允许较大偏载,因偏载造成的压差不影响流量的改变,只导致微量的压缩和泄漏,因此同步精度较高,回路效率也较高。这种情况下泵的供油压力至少是两缸工作压力之和。由于制造误差、内泄漏及混入空气等因素的影响,经多次行程后,将积累为两缸显著的位置差别。为此,回路中应具有位置补偿装置,如图 1.7.29 所示。当两缸活塞同时下行时,若液压缸 7 活塞先到达行程端点,则挡块压下行程开关 1S,电磁铁 3Y 得电,换向阀 4 左位,压力油经换向阀 4 和液控单向阀 5 进入液压缸 6 上腔,进行补油,使其活塞继续下行到达行程端点。如果液压缸 6 的活塞先到达端点,行程开关 2S 使电磁铁 4Y 得电,换向阀 4 右位,压力油进入液控单向阀 5 的控制腔,打开液控单向阀 5、液压缸 7 下腔与油箱接通,使其活塞继续下行到达行程端点,从而消除积累误差。

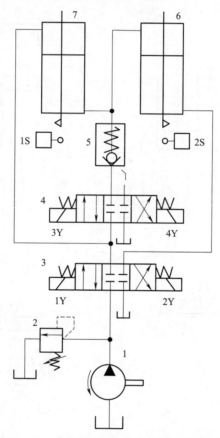

图 1.7.29 采用带补偿装置的串联缸同步回路

1—溢流阀;2—液压泵;3,4—换向阀;5—液控单向阀;6,7—液压缸

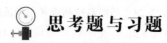 **思考题与习题**

1. 节流调速、容积调速各有什么特点?

2. 如何利用行程阀来实现两种不同速度的换接?

3. 两个调速阀串联与并联如何实现两种不同工作速度的换接? 两种方法有何不同?

4. 快速运动回路有哪几种,各有什么特点?

5. 在什么情况下需要应用保压回路? 试绘出两种保压回路。

6. 减压回路有何功用?

7. 多级调压回路都采用哪些方式,各有什么特点?

8. 多缸同步回路可以采用哪些方式,各有什么特点?

9. 什么是液压基本回路? 常见液压基本回路有几类? 各在系统中起什么作用?

10. 液压系统中为什么要设置背压阀? 背压回路与平衡回路有何区别?

11. 试确定图 1.7.30 所示调压回路在下列情况下液压泵的出口压力。

(1)全部电磁铁断电。

(2)电磁铁 2YA 通电,1YA 断电。

(3)电磁铁 2YA 断电,1YA 通电。

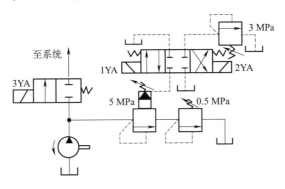

图 1.7.30　题 11 图

12. 在图 1.7.31 所示调压回路中,若溢流阀的调整压力分别为 $p_{Y1} = 9$ MPa、$p_{Y2} = 4.5$ MPa。液压泵出口处的负载阻力为无限大,试问在不计管道损失和调压偏差时:

(1)换向阀下位接入回路时,液压泵的工作压力为多少? B 点和 C 点的压力各为多少?

(2)换向阀上位接入回路时,液压泵的工作压力为多少? B 点和 C 点的压力又是多少?

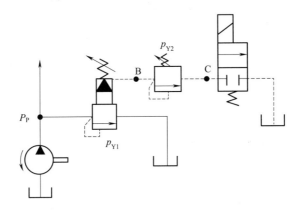

图 1.7.31　题 12 图

13. 如图 1.7.32 所示的平衡回路中,若液压缸无杆腔的工作面积 $A_1 = 100\ cm^2$,有杆腔的工作面积 $A_2 = 50\ cm^2$,活塞与运动部件自重为 6 000 N,运动时活塞上的摩擦阻力为 2 000 N,活塞向下运动时要克服负载阻力为 24 000 N,试问顺序阀和溢流阀的最小调定压力应各为多少?

14. 图 1.7.33 所示油路中,若溢流阀和减压阀的调定压力分别为 5.0 MPa、2.0 MPa,试分析活塞在运动期间和碰到死挡铁后,溢流阀进油口、减压阀出油口处的压力各为多少?

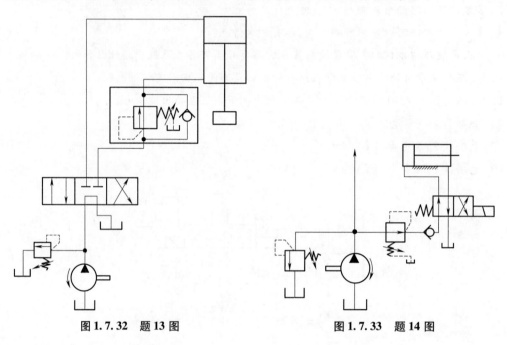

图 1.7.32　题 13 图　　　　　图 1.7.33　题 14 图

15. 如图 1.7.34 所示,写出施行工作循环时的电磁铁动作顺序表。

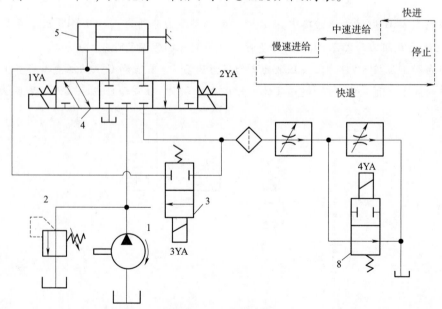

图 1.7.34　题 15 图

16. 如图 1.7.35 所示的液压系统能实现"夹紧→快进※工进→快退→停止→松开→泵卸荷"等顺序动作。

(1)写出施行工作循环时的电磁铁动作顺序表。

(2)说明系统是由哪些基本回路组成的。

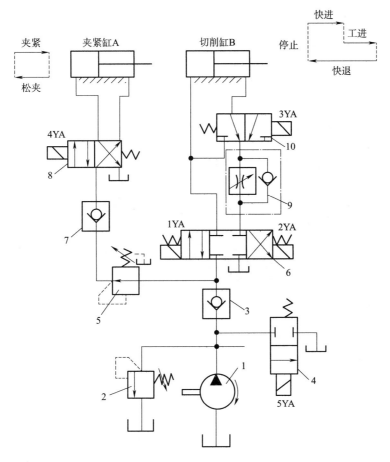

图 1.7.35　题 16 图

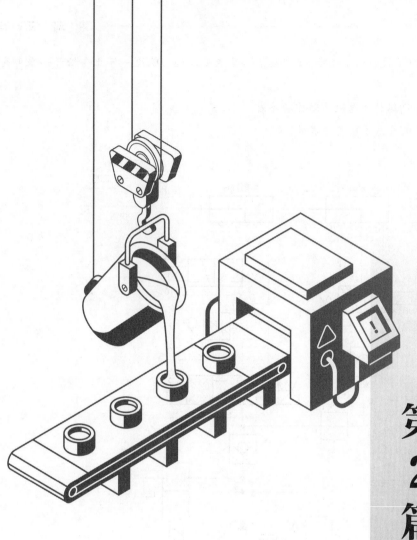

第 2 篇　气压传动

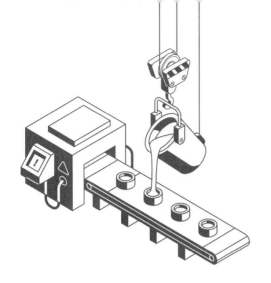

第1章

气动系统基础知识

 1.1 气压传动概述

气压传动是指以压缩空气为工作介质,进行能量和信号的传递、转换和控制的传动方式。气压传动是气动技术的一种,与液压传动的主要区别是工作介质不同,气压传动是实现各种生产控制自动化的重要手段之一。

1.1.1 气压传动的发展概况及发展趋势

气动技术应用的雏形大约开始于1776年,John Wilkinson发明的能产生1个大气压左右的空气压缩机。1880年,人们第一次利用气缸做成气动刹车装置,并将它成功地用到火车的制动上。20世纪30年代初,气动技术成功地应用于自动门的开闭及各种机械的辅助动作上。进入到60年代尤其是70年代初,随着工业机械化和自动化的发展,气动技术才广泛应用到生产自动化的各个领域,形成现代气动技术。近年来,随着气动技术与电子技术的结合,其应用领域在迅速地拓宽,尤其是在各种自动化生产线上得到广泛应用。气动机械手、柔性自动化生产线的迅速发展,对气动技术提出了更多更高的要求。气动技术的发展动向可归纳为以下几个方面:

(1)微型化。气动元件正在向小型化方向发展,在制药业、医疗技术等领域已经出现了活塞直径小于2.5 mm的气缸、宽度为10 mm的气动阀。

(2)集成化。气动阀的集成化不仅仅是将几只阀组合安装,还包含了传感器、可编程序控制器等功能。集成化的目的不单单是节省空间,还有利于安装、维修和提高可靠性。

(3)智能化。气动技术的智能化体现在元件中集成了微处理器,并具有处理命令和程序控制的功能。

1.1.2 气压传动的优缺点

气动技术与其他的传动和控制方式相比,主要优缺点如下。

1. 优点

(1)工作介质来得比较容易,用后的空气排入大气,处理方便。

(2)因空气的黏度小,传输时损失也很小,便于集中供气和远距离输送。外泄不会造成明显的

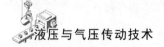

压力降低和环境污染。

(3)与液压传动相比,动作迅速、反应快、维护简单、工作介质清洁、不易堵塞阀口和管道、不存在介质变质和补充等问题。

(4)工作环境适应性强。特别在易燃、易爆、多尘、强磁、辐射、震动等恶劣工作环境中,比其他传动和控制性能优越。

(5)成本低,过载自动保护好。

2. 缺点

(1)由于空气具有很大的压缩性,所以工作时速度稳定性差。

(2)工作压力低,输出力小。

(3)噪声大。

(4)空气本身没有润滑性,需另加油雾器等装置进行给油润滑。

1.1.3 气动装置的应用

目前气压传动技术在下述几方面应用较普遍。

(1)机械制造业,其中包括机械加工生产线上工件的装夹与搬送,铸造生产线上的造型、捣固、合箱等以及在汽车制造中,汽车自动化生产线、车体部件自动搬运与固定、自动焊接等。

(2)电子 IC 及电器行业,如用于硅片的搬运,元器件的插装与锡焊,家用电器的组装等。

(3)石油、化工业用管道输送介质的自动化流程绝大多数采用气压传动,如石油提炼加工、气体加工、化肥生产等。

(4)轻工食品包装业,其中包括各种半自动或全自动包装生产线,如酒类、油类、煤气罐装及各种食品的包装等。

(5)机器人如装配机器人、喷漆机器人、搬运机器人以及爬墙机器人、焊接机器人等。

(6)其他如车辆刹车装置、车门开闭装置、颗粒物质的筛选装置、鱼雷导弹自动控制装置等。各种气动工具的广泛使用,也是气动技术应用的一个组成部分。

1.2　气压传动的原理及组成结构

1.2.1 气动系统的工作原理

气压传动的工作过程是利用空气压缩机把电动机或其他原动机输出的机械能转换为空气的压力能,然后在控制元件的作用下,通过执行元件把压力能转换为直线运动或回转运动形式的机械能,从而完成各种动作,并对外做功。

首先以气动剪切机为例,初步了解气压传动的工作原理。气动剪切机的结构及工作原理图如图 2.1.1 所示。图示位置为剪切前的预备状态。空气压缩机 1 产生的压缩空气经过初次净化(冷却器 2、油水分离器 3)后存储在储气罐 4,再经过气动三大件(空气过滤器 5、减压阀 6、油雾器 7)及气控换向阀 9,进入气缸 10。此时,气控换向阀 9 的 A 腔的压缩空气将阀芯推到上位,使气缸上腔充压,活塞处于下位,剪切机的剪口张开,处于预备工作状态。

当送料机构将工料 11 送入剪切机并到达规定位置时,工料将行程阀 8 的阀芯向右推动,气控换向阀 9 的阀芯在弹簧的作用下移动到下位,将气缸上腔与大气连通,下腔与压缩空气连通。此时活塞带动剪刀快速向上运动将工料切下。工料被切下后,即与行程阀 8 脱开,行程阀的阀芯在弹簧作用下复位,将排气口封死,气控换向阀 9 的 A 腔压力上升,阀芯上移,使气路换向。气缸上腔进入压缩空气,下腔排气,活塞带动剪刀向下运动,系统又恢复到图示的预备状态,待第二次进料剪切。

气动剪切机的结构及工作原理图如图 2.1.1(a)所示。用这种图表示气压传动系统,直观且容易理解,但绘制比较麻烦,因此工程上常用一系列标准的符号来表示元件的职能。目前我国的液压与气压系统图采用国家标准《GB/T 786.1—2009》所规定的图形符号绘制。用图形符号绘制的气动剪切机的工作原理图如图 2.1.1(b)所示。主要的液压与气动元件的图形符号在本书各章分别都有介绍,同时也可查阅本书附录中"常用液压与气动图形符号"一表。

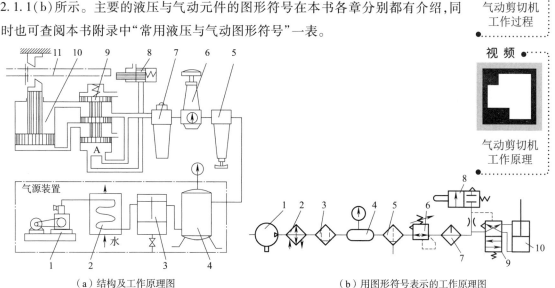

（a）结构及工作原理图　　　　　　　（b）用图形符号表示的工作原理图

图 2.1.1　气动剪切机的结构及工作原理图

1—空气压缩机;2—冷却器;3—油水分离器;4—储气罐;5—空气过滤器;6—减压阀;

7—油雾器;8—行程阀;9—气控换向阀;10—气缸;11—工料

1.2.2　气动系统的组成结构

在气压传动系统中,根据气动元件和装置的不同功能,可将气压传动系统分成以下四个组成部分。

1. 气源装置

气源装置是获得压缩空气的能源装置,其主体部分是空气压缩机,另外还有气源净化设备。

空气压缩机将原动机供给的机械能转化为空气的压力能;而气源净化设备用以降低压缩空气的温度,除去压缩空气中的水分、油分以及污染杂质等。使用气动

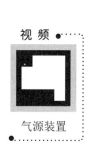

视频

气源装置

设备较多的厂矿常将气源装置集中在压气站(俗称空压站)内,由压气站再统一向各用气点(分厂、车间和用气设备等)分配供应压缩空气。

2. 执行元件

执行元件是以压缩空气为工作介质,并将压缩空气的压力能转变为机械能的能量转换装置。包括作直线往复运动的气缸,作连续回转运动的气马达和作不连续回转运动的摆动马达等。

3. 控制元件

控制元件又称操纵、运算、检测元件,是用来控制压缩空气流的压力、流量和流动方向等以便使执行机构完成预定运动规律的元件。包括各种压力阀、方向阀、流量阀、逻辑元件、射流元件、行程阀、转换器和传感器等。

4. 辅助元件

辅助元件是使压缩空气净化、润滑、消声以及元件间连接所需要的一些装置。包括分水滤气器、油雾器、消声器以及各种管路附件等。

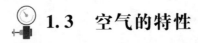

1.3 空气的特性

1.3.1 空气的组成

自然空气由多种气体混合而成。其主要成分是氮气和氧气,其次是氩气和少量的二氧化碳及其他气体。另外,还含有一定量的水蒸气及砂土等细小固体。在城市和工厂区,由于烟雾及汽车排气,大气中还含有二氧化硫、亚硝酸、碳氢化合物等物质。完全不含水蒸气的空气称为干空气。干空气在基准状态(温度 0 ℃,压力 0.101 3 MPa)的体积组成和质量组成见表 2.1.1。

表 2.1.1　干空气的组成

成　　分	氮气(N_2)	氧气(O_2)	氩(Ar)	二氧化碳(CO_2)	其他气体
体积组成/%	78.03	20.93	0.932	0.03	0.078
质量组成/%	75.50	23.10	1.28	0.045	0.075

空气中氮气所占比例最大,由于氮气的化学性质不活泼,具有稳定性,不会自燃,所以空气作为工作介质可以用在易燃、易爆场所。

1.3.2 空气的湿度

1. 干空气和湿空气

空气通常分为干空气和湿空气两种形态,以是否含水蒸气作为区分标志。

湿空气:把含有水蒸气的空气称为湿空气。大气中的空气基本上都是湿空气。

干空气:不含水蒸气的空气称为干空气。

空气中含有水分的多少对系统的稳定性有直接影响,因此各种气动元件对含水量有明确规定,并且要采取一些措施防止水分的带入。

2. 湿度

湿空气中的水分(水蒸气)含量通常用湿度来表示。表示方法有绝对湿度、相对湿度以及含湿量。

(1)绝对湿度。在标准状态下,单位体积湿空气中所含水蒸气的质量,称为湿空气的绝对湿度。

$$X = \frac{m_s}{V} \tag{2.1.1}$$

式中　X——绝对湿度,kg/m^3;

m_s——水蒸气质量,kg;

V——湿空气的体积,m^3。

空气中的水蒸气含量是有极限的。在一定温度和压力下,空气中所含水蒸气达到最大可能的含量时,将空气称为饱和湿空气。饱和湿空气所处的状态称为饱和状态。

(2)饱和绝对湿度。饱和绝对湿度是指在一定温度下,单位体积饱和湿空气所含水蒸气的质量,用 X_b 表示,其表达式为

$$X_b = \frac{p_b}{R_s T} \tag{2.1.2}$$

式中　p_b——饱和湿空气中水蒸气的分压力;

R_s——水蒸气的气体常数;

T——热力学温度。

在 2 MPa 压力下,可近似地认为饱和空气中水蒸气的密度与压力大小无关,只取决于温度。标准大气压下,湿空气的饱和水蒸气分压力和饱和绝对湿度见表 2.1.2。

表 2.1.2　饱和湿空气表

温度 $t/℃$	饱和水蒸气分压力 p_b/MPa	饱和绝对湿度 $X/(g/m^3)$	温度 $t/℃$	饱和水蒸气分压力 p_b/MPa	饱和绝对湿度 $X/(g/m^3)$
100	0.101 23	588.7	20	0.002 33	17.28
80	0.047 32	290.6	15	0.001 70	12.81
70	0.031 13	196.8	10	0.001 23	9.39
60	0.019 91	129.6	5	0.000 87	6.79
50	0.012 33	82.77	0	0.000 61	4.85
40	0.007 37	51.05	-6	0.000 37	3.16
35	0.005 62	39.55	-10	0.000 26	2.25
30	0.004 24	30.32	-16	0.000 15	1.48
25	0.003 16	23.04	-20	0.000 1	1.07

(3)相对湿度是指在一定温度和压力下绝对湿度和饱和绝对湿度之比,可表示为

$$\varphi = \frac{X}{X_b} \times 100\% = \frac{p_s}{p_b} \times 100\% \tag{2.1.3}$$

式中　X, X_b——绝对湿度和饱和绝对湿度;

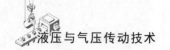

p_s,p_b——湿空气中水蒸气的分压力和饱和湿空气中水蒸气的分压力。

当 $p_s=0$、$\varphi=0$ 时,空气绝对干燥;当 $p_s=p_b$、$\varphi=100\%$ 时,湿空气饱和,饱和空气吸收水蒸气的能力为零。温度降至此温度以下,湿空气中便有水滴析出。降温法清除湿空气中的水分,就是利用此原理。

(4)含湿量单位质量湿空气中所含水蒸气的质量,用 d 表示:

$$d = \frac{m_s}{m_g} = \frac{\rho_s}{\rho_g} \tag{2.1.4}$$

式中　m_s——水蒸气的质量;

　　　m_g——干空气的质量;

　　　ρ_s——水蒸气的密度;

　　　ρ_g——干空气的密度。

3. 露点

露点是指在规定的空气压力下,当温度一直下降到成为饱和状态时,水蒸气开始凝结的那一刹那的温度。如果空气继续冷却,那么它不能保留所有的水分,过量的水分则以小液滴的形式凝结出来形成冷凝水。空气中水分的含量完全取决于温度。

露点又可分为大气压露点和压力露点两种,大气压露点是指在大气压下水分的凝结温度。而压力露点是指气压系统在某一高压下的凝结温度。以空气压缩机为例,其吸入口为大气压露点,输出口为压力露点。

1.3.3　空气的状态参数

1. 压力及其表示方法

1)压力的定义

空气的压力是由于气体分子热运动而相互碰撞,从而在容器的单位面积上产生的力的统计平均值,用 p 表示。

空气总压力是干空气的分压力和其中的水蒸气分压力之和,即

$$p = p_a + p_s \tag{2.1.5}$$

式中　P_a——空气中所含干空气分压力,Pa;

　　　p_s——空气中所含水蒸气分压力,Pa。

湿度为 φ 的湿空气,其分压力为

$$p_s = \varphi p_b \tag{2.1.6}$$

式中　p_b——同温度下饱和水蒸气分压力,Pa。

2)压力表示方法

空气压力可用绝对压力、表压力和真空度等来度量,绝对压力、表压力和真空度之间的关系如图 2.1.2 所示。

绝对压力:以绝对真空作为计算压力的起点。

表压力:高出当地大气压的压力值。压力表测得的值为表压力。

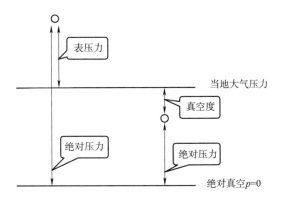

图 2.1.2　绝对压力、表压力和真空度之间的关系

真空度:低于当地大气压的压力值。

由图 2.1.2 可知:

$$表压力 = 绝对压力 - 当地大气压$$

$$真空度 = 当地大气压 - 绝对压力$$

在工程计算中,常将当地大气压用标准大气压代替。

国际单位制中,压力的单位为 Pa(1 Pa = 1 N/m²),这也是我国的法定压力单位。较大的压力单位还有 kPa(1 kPa = 1 × 10³ Pa) 或 MPa(1 MPa = 1 × 10⁶ Pa)。Pa 与其他压力单位的换算见表 2.1.3。

表 2.1.3　各种压力单位的换算

Pa	atm	bar	kgf/cm²	lbf/in²	mmHg	mmH₂O
1	9.87×10^{-6}	10^{-5}	1.02×10^{-5}	1.45×10^{-4}	7.5×10^{-3}	0.102

2. 空气的温度

温度是指空气的冷热程度,它常用以下三种形式表达。

绝对温度:以气体分子停止运动时的最低极限温度为起点测量的温度,用 T 表示。其单位为开尔文,单位符号为 K。

摄氏温度:用符号 t 表示,其单位为摄氏度,单位符号为℃。

华氏温度:用符号 t_F 表示,其单位为华氏度,单位符号为℉。

三者之间的关系是

$$T = t + 273.1$$

$$t_F = 1.8t + 32$$

3. 空气的密度

气体与固体不同,它既无一定的体积,也无一定的形状,要说明气体的质量是多少,必须说明质量占有多大容积。单位体积的空气质量称为空气密度。

$$\rho = \frac{m}{V}(\text{kg/m}^3) \tag{2.1.7}$$

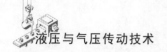

单位质量的空气体积称为空气比体积。

$$v = \frac{V}{m}\,(\text{m}^3/\text{kg}) \qquad (2.1.8)$$

干空气密度

$$\rho_a = 3.484 \times \frac{10^{-3}p}{T}\,(\text{kg}/\text{m}^3) \qquad (2.1.9)$$

式中　p——空气的绝对压力,Pa;

　　　T——空气的热力学温度,K。

对于水蒸气

$$\rho_s = \varphi\rho_b = 2.165 \times \frac{10^{-3}\varphi p_b}{T}\,(\text{kg}/\text{m}^3) \qquad (2.1.10)$$

式中　φ——相对湿度,%;

　　　T——空气的热力学温度,K;

　　　p_b——温度 t 下的饱和水蒸气的分压力,Pa。

对于湿空气

$$\rho = \rho_a + \rho_s = 3.84 \times 10^{-3}\left(p - \frac{0.379\varphi p_b}{T}\right) \qquad (2.1.11)$$

式中　p——空气的绝对压力,Pa;

　　　φ——相对湿度,%;

　　　T——空气的热力学温度,K;

　　　p_b——温度 t 下的饱和水蒸气分压力,Pa。

1.3.4　空气的主要性能

1. 空气的压缩性和膨胀性

气体在压力变化时,其体积随之改变的性质称为气体的压缩性。气体因温度变化,体积随之改变的性质称为气体的膨胀性。气体的压缩性和膨胀性都远远大于液体的压缩性和膨胀性。例如,对于大气压下的气体等温压缩,压力增大 0.1 MPa,体积减小一半。而将油的压力增大 18 MPa,其体积仅缩小 1%。在压力不变、温度变化 1 ℃时,气体体积变化约 1/273,而水的体积只改变 1/20 000,空气体积变化的能力是水的 73 倍。

气体的体积随压力和温度变化的规律服从气体状态方程。气体容易压缩,有利于气体的储存,但气体的可压缩性导致气压传动系统刚度差,定位精度低。

2. 空气的黏性

流体的黏性是指流体具有抗拒流动的性质。气体与液体相比,其黏性小得多,但实际上气体都具有黏性。

空气黏度的变化只与温度有关,其大小用动力黏度 $\eta(\text{Pa}\cdot\text{s})$ 和运动黏度 $v = \eta/\rho\,(\text{m}^2/\text{s})$ 表示。空气的动力黏度 η 与温度 t 有如下关系:

$$\eta = \eta_0 \frac{273 + C}{273 + t + C} \left(\frac{273 + t}{273}\right)^{1.5} \qquad (2.1.12)$$

式中　η_0——0 ℃时气体的黏度,空气为 17.09×10^{-6} Pa·s,水蒸气为 8.93×10^{6} Pa·s;

　　　C——常数,空气为 111,水蒸气为 961;

　　　t——气体温度,℃。

对于湿空气,可将其视为干空气与水蒸气的混合气体,其黏度可由下式确定:

$$\frac{1}{\eta} = \frac{Y_a}{\eta_a} + \frac{Y_s}{\eta_s} \qquad (2.1.13)$$

式中　η_a——空气的黏度;

　　　η_s——水蒸气的黏度;

　　　Y_a——空气的质量分数,%,$Y_a = \rho_a / \rho$,ρ_a,ρ 由式(2.1.9)确定;

　　　Y_s——水蒸气的质量分数,%,$Y_s = \rho_s / \rho$,ρ_s,ρ 由式(2.1.7)和式(2.1.10)确定。

1.3.5　空气的污染

为了提高气动系统的运行精度和元件的使用寿命,必须对压缩空气(工作介质)进行良好的净化,以避免污染带来的危害。

1. 压缩空气的污染和危害

空气中含有一定量的水分、油污和灰尘杂质,如净化处理不当,这些污染物一旦进入气动系统,将给系统造成诸多不良影响。因此,气压传动系统中使用的压缩空气,必须经过干燥、净化处理后才可使用。压缩空气的污染杂质主要来源于以下几个方面。

(1)由外部吸入系统内的杂质空气。压缩机吸气口的过滤装置使用不当时,因空压机的吸力会将空气中的尘埃、其他混合物等杂质吸入,如后续净化不彻底,会使部分杂质混入系统内,破坏系统运行精度,并使运动元件产生磨损而降低使用寿命。另外,即便系统停机时,外界的杂质也会从阀的排气口进入系统内部,造成污染损坏。

(2)系统运行时内部产生的杂质空气。压缩机内部相对运动表面的润滑油在高温下会变质生成油泥,由于汽蚀导致元件或管道腐蚀所产生的锈屑,以及元件铸造、焊接时残留的砂粒、焊渣等,这些污染物会使孔口、阀芯堵塞,并造成运动元件磨损。

(3)系统安装、维修时遗留的污染物防护不当,或清理不彻底,都会将一些污染物残留在系统内部,运行时造成污染。

2. 空气的质量等级

压缩空气的质量主要是指其污染程度,对于不同的气动系统,应有不同的要求。因此,需要根据系统的具体情况,合理控制压缩空气中所含固体尘埃颗粒、含水率和含油率等污染指标。压缩空气污染物和清洁度等级见表2.1.4,仅供参考使用。

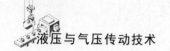

表 2.1.4　压缩空气污染物和清洁度等级

等级	最大颗粒		压力露点(最大值)/℃	最大含油量/(mg/m³)
	尺寸/um	浓度/(mg/m³)		
1	0.1	0.1	−70	0.01
2	1	1	−40	0.1
3	5	5	−20	1
4	15	8	+3	5
5	40	10	+7	25
6			+10	
7			不规定	

 1.4　气体的状态方程和状态变化

1.4.1　气体的状态方程

1. 理想气体状态方程

忽略气体分子的自身体积,将分子看作有质量的几何点;假设分子间没有相互吸引和排斥,即不计分子势能,分子之间及分子与器壁之间发生的碰撞是完全弹性的,不造成动能损失。这种气体称为理想气体。

理想气体在平衡状态时,其状态参数之间有如下关系:

$$pv = RT \qquad (2.1.14)$$

式中　p——压力,Pa;

　　　v——比体积,m³/kg;

　　　R——气体常数,空气为 287J/(kg·K);

　　　T——温度,K。

比体积与体积 V 有如下关系:

$$v = \frac{V}{m} \qquad (2.1.15)$$

式中　V——体积,m³;

　　　m——质量,kg。

因为比体积与密度 ρ 的关系为 $v = 1/\rho$,因此式(2.1.14)又可写为

$$p = \rho RT \qquad (2.1.16)$$

式中　ρ——密度,kg/m³。

2. 实际气体状态方程

实际上,任何实际存在的气体,其分子间有相互作用力,且分子占有体积。实际气体密度较大时,就不能将其视为理想气体。实际气体的范德瓦尔斯方程为

$$(p + a/v^2)(v - b) = RT \qquad (2.1.17)$$

式中　a,b——由气体种类确定的常数。

工程中,常引入修正系数 Z(压缩率),这时实际气体的状态方程为

$$pv = ZRT \tag{2.1.18}$$

在气动技术所使用的压力范围内(<2 MPa)$Z \approx 1$ 误差仅为 1%,故可将压缩空气视为理想气体。

1.4.2　气体的状态变化

在气动系统中,工作介质的实际变化过程非常复杂。为了便于进行工程分析,通常是突出状态参数的主要特征,把复杂的过程简化为一些基本的热力过程。空气的状态变化过程有等容过程、等压过程、等温过程、绝热过程和多变过程。

1. 等容过程

一定质量的气体在体积不变的条件下,所进行的状态变化过程称为等容过程。由式(2.1.14)可得到等容过程的方程(查理法则)为

$$\frac{p_1}{T_1} = \frac{p_2}{T_2} \tag{2.1.19}$$

密闭气罐内的气体,在受到外界温度变化的影响下,罐内气体状态发生的变化过程可以看作等容过程。即温度升高压力增大,温度降低压力减小,压力与温度的比值为常数。

2. 等压过程

一定质量的气体在压力不变的条件下,所进行的状态变化过程称为等压过程。由式(2.1.14)可得到等压过程的方程(盖·吕萨克法则)为

$$\frac{v_1}{T_1} = \frac{v_2}{T_2} \tag{2.1.20}$$

负载一定的密闭气缸,被加热或放热时,缸内气体的状态变化过程可看作等压变化过程。即温度升高,体积增大,温度降低体积减小。体积或比体积与温度的比值为常数。

3. 等温过程

一定质量的气体在温度不变的条件下,所进行的状态变化过程称为等温过程。由式(2.1.14)可得到等温过程的方程(波义耳法则)为

$$p_1 v_1 = p_2 v_2 \tag{2.1.21}$$

气罐内的气体通过小孔长时间放气的过程,可以看作等温过程。即压力与体积或比体积的乘积为一定值。

4. 绝热过程

绝热过程即气体与外界无热交换的状态变化过程。气体流动速度较快、尚来不及与外界交换热量,这样的气体流动过程可视为绝热过程。绝热过程气体状态方程为

$$\frac{T_2}{T_1} = \left(\frac{p_2}{p_1} \right)^{\frac{k-1}{k}} = \left(\frac{v_1}{v_2} \right)^{k-1} \tag{2.1.22}$$

式中　k——气体的绝热指数,$k = c_p/c_v$,对于不同的气体,k 的取值不同,自然空气可取

$k = 1.4$;

c_p——空气质量等压比热容,J/($kg \cdot K$);

c_v——空气质量等容比热容,J/(kg·K)。

气罐内的气体,在很短的时间内放气,罐内气体的变化可以看作绝热过程。

5. 多变过程

一定质量的气体,若基本状态参数都在变化,与外界也不是绝热的,这种变化过程称为多变过程。在气动过程中大多数变化过程为多变过程,其状态方程为

$$\frac{T_2}{T_1} = \left(\frac{p_2}{p_1}\right)^{\frac{n-1}{n}} = \left(\frac{v_1}{v_2}\right)^{n-1}$$ (2.1.23)

式中　n——气体的多变指数,对于不同的气体,n 的取值不同,自然空气可取 $n = 1.4$。

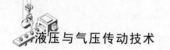 1.5　气体的流动规律

1.5.1　气体流动的基本方程

1. 连续性方程

当空气在管道内作稳定、连续流动时应遵守连续性方程,根据质量守恒定律,通过流管任意截面的气体的质量都相等可推导出:

$$\rho_1 v_1 A_1 = \rho_2 v_2 A_2 = 常数$$ (2.1.24)

式中　A_1, A_2——流入处和流出处的管道截面积,m^2;

　　　$v_1 \cdot v_2$——流入处和流出处的空气流动速度,m/s;

　　　ρ_1, ρ_2——流入处和流出处的空气密度,kg/m^3。

2. 伯努利方程

对于气动技术中所使用的压缩空气,其流动可看一维、定常、绝热的流动。由于空气的质量较小,可忽略其质量力。其流动过程的参数关系可用伯努利方程表示为

$$\frac{v^2}{2} + \frac{p}{\rho} \times \frac{k}{k-1} = C$$ (2.1.25)

式中　p——气体压力,Pa;

　　　ρ——气体密度,kg/m^3;

　　　v——气体流动速度,m/s;

　　　k——气体的绝热指数,空气为1.4;

　　　C——常数。

3. 能量方程

当流体机械对气体做功时,绝热过程下气体的能量方程为

$$\frac{k}{k-1} \times \frac{p_1}{\rho_1} + \frac{v_1^2}{2} + L_K = \frac{k}{k-1} \times \frac{p_2}{\rho_2} + \frac{v_2^2}{2}$$ (2.1.26)

$$L_K = \frac{k}{k-1} \times \frac{p_1}{\rho_1} \left[\left(\frac{p_2}{\rho_2}\right)^{\frac{k-1}{k}} - 1\right] + \frac{v_2^2 - v_1^2}{2}$$ (2.1.27)

同样,多变过程下气体的能量方程为

$$\frac{n}{n-1} \times \frac{p_1}{\rho_1} + \frac{v_1^2}{2} + L_n = \frac{n}{n-1} \times \frac{p_2}{\rho_2} + \frac{v_2^2}{2} \tag{2.1.28}$$

$$L_n = \frac{n}{n-1} \times \frac{p_1}{\rho_1} \left[\left(\frac{p_2}{\rho_2} \right)^{\frac{n-1}{n}} - 1 \right] + \frac{v_2^2 - v_1^2}{2} \tag{2.1.29}$$

式中　L_K, L_n——绝热、多变过程中,流体机械对单位质量气体所做的全功,J/kg。

若将式(2.1.28)和式(2.1.29)中的 $\frac{v_2^2 - v_1^2}{2}$ 项去掉,剩下的便是流体机械对单位质量气体所做的压缩功。

1.5.2　气体的通流能力

通流能力是指单位时间内通过阀、管路等的气体体积或质量的能力。

1. 气体管道的阻力

一般,压缩空气在管道内的流动速度不是很大,流动过程中可能通过管道与外界产生一定的热交换,由于温度比较均匀而常作为等温过程处理。为了简化计算,在考虑流动阻力时常作为不可压缩流体,利用前面介绍的阻力计算公式。工程上常以单位时间内流过有效截面积的气体质量即质量流量% 来计算气体流量。因此每米管长的气体流动压力损失可计算如下:

$$\Delta_q = \frac{8\lambda}{\pi^2 \rho} \frac{q_m^2}{d^5} \tag{2.1.30}$$

式中　λ——沿程阻力系数,可通过查表得出;

　　　d——管径,m。

2. 节流孔的有效截面积

如图 2.1.3 所示,气体在管道中流至节流口时,由于孔口具有尖锐边缘导致气体流束收缩,其最小收缩截面积称为节流口的有效截面积,这个有效截面积表示节流孔的通流能力。通常将节流孔的有效截面积 A 与孔口实际截面积 A_0 之比 α 称为收缩系数,即

$$\alpha = \frac{A}{A_0} \tag{2.1.31}$$

该收缩系数通常可从相应的手册中查到。

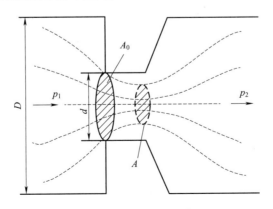

图 2.1.3　节流孔的有效截面积

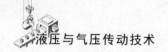

3. 通过节流孔的流量

声音是由于物体的振动引起周围介质(如空气或液体)的密度和压力的微小变化而产生的,而声速即为这种微弱压力波的传递速度。而在气体力学中,压缩性具有重要影响,通常采用马赫数 M_a 来判定压缩性对气流运动的影响。马赫数是气流速度 v 与局部声速 c 之比,即 $M_a = v/c$。一般认为,可压缩性气体在管道中运动时存在三种基本情况:当 $M_a < l$ 即 $v < c$ 时气体呈亚声速流动;$M_a = l$ 即 $v = c$ 时,气体呈临界流动;而当 $M_a > 1$ 即 $v > c$ 时,气体呈超声速流动。气体流动状态不同,其流量计算方法也不同。

气流通过气动元件的进、出口压力比 $p_1/p_2 \geqslant 1.893$ 或 $p_2/p_1 \leqslant 0.528$ 时,流速在声速区,自由状态的流量为

$$q_z = 113.4 A p_1 \sqrt{\frac{273}{T_1}} \tag{2.1.32}$$

式中 T_1——进口气体的绝对温度,K。

如果 $p_2/p_1 > 0.528$ 或 $p_1/p_2 < 1.893$ 时,流速在亚声速区,此时自由状态的流量为

$$q_z = 234.44 A \sqrt{\Delta p p_1} \sqrt{\frac{273}{T_1}} \tag{2.1.33}$$

式中 Δp——进、出口压力差,MPa,$\Delta p = p_1 - p_2$。

1.6　容器的充气和排气计算

气罐、气缸、马达、管道及其他气动执行元件都可以看作气压容器,气压容器的充气和放气过程较为复杂,它关系到气动系统与外界之间的能量交换,也就是能量的消耗和功率的消耗,容器的充、放气的计算主要涉及充、放气过程温度和时间的计算。

1.6.1　充气温度和时间的计算

图 2.1.4 所示为容器充气过程。当电磁换向阀接通时,容器充气,换向阀截止时,充气结束。

1. 充气温度

设容器的容积为 V,气源的压力为 P_0,气源的温度为 T_0。充气后容器内的压力从 p_1 升高到 p_2,容器的温度由原来的温度 T_1 升高到 T_2。因为充气过程进行得较快,热量来不及与外界进行交换,充气的过程按绝热过程考虑。根据能量守恒定律,充气后的温度为

$$\frac{T_2}{T_1} = \frac{k}{\dfrac{T_1}{T_0} + \left(k - \dfrac{T_1}{T_0}\right)\dfrac{p_1}{p_2}} \tag{2.1.34}$$

如果充气前容器内气体温度等于充入气体的温度,即 $T_1 = T_0$,并且充气至气源的压力,则上面的公式简化为

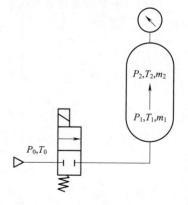

图 2.1.4　容器充气过程

$$T_2 = \frac{kT_0}{1 + (k-1)\dfrac{p_1}{p_0}} \tag{2.1.35}$$

充入容器的气体质量为

$$\Delta m = m_2 - m_1 = \frac{V}{kRT_0}(p_2 - p_1) \tag{2.1.36}$$

2. 充气时间

充气的过程分为两个阶段:当容器中的气体压力不大于临界压力,即 $p \le 0.528p_0$ 时,充气管道中的气体流速达到声速,称为声速充气阶段,该阶段充气所需时间为 t_1;当容器中的压力大于临界压力,即 $p > 0.528p_0$ 时,充气管道中气体的流速小于声速,称为亚声速充气阶段,该阶段充气所需时间为 t_2。容器充气到气源压力时所需时间为

$$\begin{cases} t = t_1 + t_2 = \left(1.285 - \dfrac{p_1}{p_0}\right)\tau \\ \tau = 5.217 \times 10^{-3}\dfrac{V}{kA}\sqrt{\dfrac{273}{T_0}} \end{cases} \tag{2.1.37}$$

式中　p_0——充气气源的绝对压力,Pa;

p_1——容器中的初始绝对压力,Pa;

τ——充气时间常数,s;

V——充气容器的容积,m^3;

A——管道的有效截面积,m^2;

T_0——气源的热力学温度,K。

容器充气压力 - 时间特性曲线如图 2.1.5 所示。

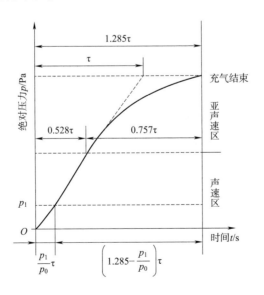

图 2.1.5　容器充气压力 - 时间特性曲线

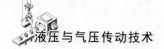

3. 放气温度

图 2.1.6 所示为容器放气过程。设容器的容积为 V，放气后容器内的压力 p_1 降低到 p_2，容器的温度由原来的温度 T_1 降低到 T_2。因为放气的过程进行得较快，热量来不及与外界进行交换，放气的过程按绝热过程考虑。根据能量守恒定律，放气后的温度为

$$T_2 = T_1 \left(\frac{p_2}{p_1} \right)^{\frac{k-1}{k}} \qquad (2.1.38)$$

放气后容器中剩余的气体质量为

$$m_2 = m_1 \left(\frac{p_2}{p_1} \right)^{\frac{1}{k}} \qquad (2.1.39)$$

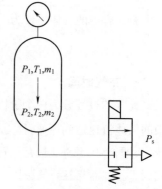

图 2.1.6 容器放气过程

4. 放气时间

放气的过程也分为两个阶段：当容器中的气体压力不小于 1.893 个大气压，即 $p \geqslant 1.893$ Pa 时，放气管道中的气体流速达到声速，称为声速放气阶段，该阶段放气所需时间为 t_1；当容器中的压力小于 1.893 个大气压，即 $p < 1.893$ Pa 时，放气管道中气体的流速小于声速，称为亚声速放气阶段，该阶段放气所需时间为 t_2。

$$\begin{cases} t = t_1 + t_2 = \left\{ \frac{2k}{k-1} \left[\left(\frac{p_1}{p_e} \right)^{\frac{k-1}{2k}} - 1 \right] + 0.945 \left(\frac{p_1}{p_a} \right)^{\frac{k-1}{2k}} \right\} \tau \\ \tau = 5.217 \times 10^{-3} \frac{V}{kA} \sqrt{\frac{273}{T_1}} \end{cases} \qquad (2.1.40)$$

式中　p_1——放气前容器中绝对压力，Pa；

　　　p_a——大气绝对压力，Pa；

　　　τ——充气时间常数，s；

　　　V——充气容器的容积，nP；

　　　A——管道的有效截面积，m^2；

　　　T_1——气源的热力学温度，K。

容器放气压力 – 时间特性曲线如图 2.1.7 所示。

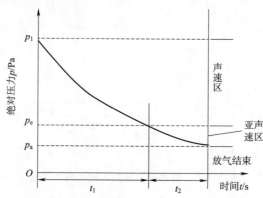

图 2.1.7 容器放气压力 – 时间特性曲线

思考题与习题

1. 气动系统是如何实现"能量"转换的？

2. 气动系统主要由哪几部分组成？举例说明。

3. 简述气动系统的主要特点。

4. 观察你周围的事物,举例说明气动系统的工作原理。

5. 当要求向气罐充气或放气达到某一个压力值时,应注意什么？

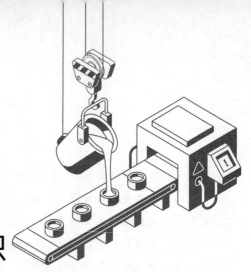

第2章

气压元件的基础知识

 2.1　气压传动概述

首先以气动剪切机为例,初步了解气压传动的工作原理。气动剪切机的结构及工作原理图如图 2.2.1 所示。图示位置为剪切前的预备状态。空气压缩机 1 产生的压缩空气经过初次净化(冷却器 2、油水分离器 3)后储存在储气罐 4,再经过气动三大件(空气过滤器 5、减压阀 6、油雾器 7)及气控换向阀 9,进入气缸 10。此时,气控换向阀 9 的 A 腔的压缩空气将阀芯推到上位,使气缸上腔充压,活塞处于下位,剪切机的剪口张开,处于预备工作状态。

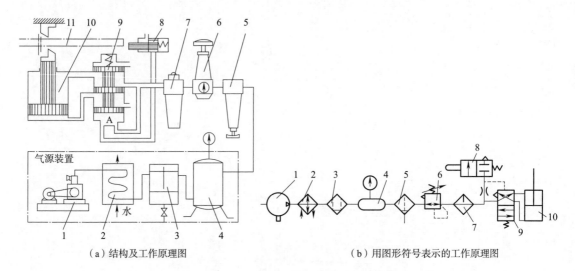

（a）结构及工作原理图　　　　　　　　　　（b）用图形符号表示的工作原理图

图 2.2.1　气动剪切机的结构及工作原理图

1—空气压缩机;2—冷却器;3—油水分离器;4—储气罐;5—空气过滤器;6—减压阀;

7—油雾器;8—行程阀;9—气控换向阀;10—气缸;11—工料

当送料机构将工料 11 送入剪切机并到达规定位置时,工料将行程阀 8 的阀芯向右推动,气控换向阀 9 的阀芯在弹簧的作用下移动到下位,将气缸上腔与大气连通,下腔与压缩空气连通。此时活塞带动剪刀快速向上运动将工料切下。工料被切下后,即与行程阀 8 脱开,行程阀的阀芯在弹簧作用下复位,将排气口封死,气控换向阀 9 的 A 腔压力上升,阀芯上移,使气路换向。气缸上腔进入压缩空气,下腔排气,活塞带动剪刀向下运动,系统又恢复到图示的预备状态,待第二次进料剪切。

气动剪切机的结构及工作原理图如图2.2.1(a)所示。用这种图表示气压传动系统,直观且容易理解,但绘制比较麻烦,因此工程上常用一系列标准的符号来表示元件的职能。目前我国的液压与气压系统图采用国家标准 GB/T 786.1—2009 所规定的图形符号绘制。用图形符号绘制的气动剪切机的工作原理图如图2.2.1(b)所示。主要的液压与气动元件的图形符号在本书各章分别都有介绍,同时也可查阅本书附录中"液压与气动元件的图形符号"一表。

气压传动系统的组成见表2.2.1。

表 2.2.1　气压传动系统的组成

功　能		名　称
气源装置	空气压缩机	将原动机供给的机械能转换为气体的压力能,为各类气动设备提供动力
执行元件	气缸、气压马达	将气体的压力能转变为机械能,输出到工作机构上
控制元件	单向阀、换向阀、减压阀、顺序阀、溢流阀、排气节流阀等	用于控制压缩空气的压力、流量和流动方向及执行元件的工作顺序,使执行元件完成预定的运动规律
辅助元件	油雾器、消声器、转换器	使压缩空气净化、润滑、消声及用于元件间连接等所需的装置
工作介质	压缩空气	传递能量的载体

2.2　气　源　设　备

产生、处理和存储压缩空气的设备称为气源设备,由气源设备组成的系统称为气源系统,典型气源系统如图2.2.2所示。

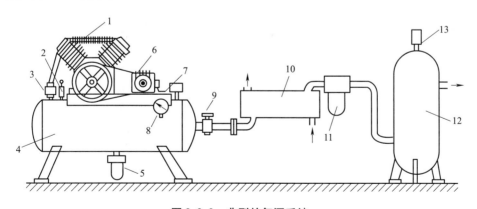

图 2.2.2　典型的气源系统

1—空气压缩机;2—安全阀;3—单向阀;4—储气罐;5—自动排水器;6—电动机;7—压力开关;
8—压力表;9—单向阀;10—后冷却器;11—油水分离器;12—储气罐;13—安全阀

空气压缩机1用以产生压缩空气,由电动机6驱动。压力开关7根据压力的大小控制电动机的启动和停转。启动空气压缩机后,空气经压缩,其压力和温度同时升高,高温高压气体进入后冷

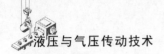
却器 10 降温冷却,经过油水分离器 11 除去凝结的水和油,最后存入储气罐 12。在后冷却器、油水分离器、储气罐等器件的最低处,都设有自动排水器 5,排掉凝结的油水等污染物。

2.2.1 空气压缩机

1. 空气压缩机的分类

空气压缩机是产生压缩空气的装置,它将机械能转化为气体的压力能。按压力高低,空气压缩机分为低压型(0.2~1 MPa)、中压型(1~10 MPa)、高压型(10~100 MPa)和超高压型(>100 MPa);按流量可分为微型(≤1 m³/min)、小型(1~10 m³/min)、中型(10~100 m³/min)和大型(>100 m³/min);按工作原理分为几种类型,见表 2.2.2。

表 2.2.2 空气压缩机的分类

类型	不同的结构形式		工作原理
容积型	往复式	活塞式	通过缩小气体的体积,使气体密度增加以提高气体的压力。气动系统中,多采用容积型空气压缩机
		膜片式	
	旋转式	叶片式	
		螺杆式	
速度型	离心式		通过提高气体的运动速度,让动能转化为压力能,以提高气体压力
	轴流式		

下面介绍几种常用的空气压缩机。

1)活塞式压缩机

单级活塞式压缩机的工作原理如图 2.2.3 所示。只要一个行程就将吸入的空气压缩到所需要的压力。活塞上移,容积增加,缸内压力小于大气压,空气便从进气阀进入缸内。在行程末端,活塞向下移动,进气阀关闭,空气被压缩,同时排气阀被打开,输出压缩空气。

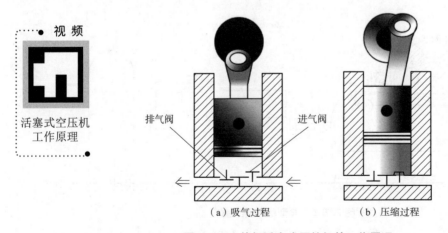

● 视 频

活塞式空压机工作原理

图 2.2.3 单级活塞式压缩机的工作原理

（a）吸气过程　（b）压缩过程

在单级活塞式压缩机中,若空气压力超过 0.6 MPa,温度过高将大大降低压缩机的效率。因此,工业中使用的活塞式压缩机通常是两级。两级活塞式压缩机的工作原理如图 2.2.4 所示。若最终压力为 0.7 MPa,则第一级气缸通常将气体压缩到 0.3 MPa,然后通过中间冷却器冷却,再进入第二级气缸。压缩空气经冷却后,温度大幅度下降,因此,相对单级压缩机提高了效率。

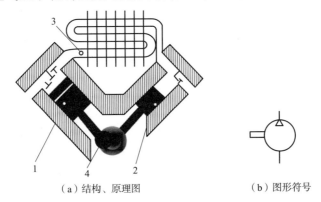

（a）结构、原理图　　　　　　（b）图形符号

图 2.2.4　两级活塞式压缩机的工作原理

1—第 1 级活塞;2—冷却器;3—第 2 级活塞

2)叶片式压缩机

叶片式压缩机又称滑动叶片式压缩机,如图 2.2.5 所示,在压缩机机体内,转子 1 的中心和压缩机定子 2 的内表面中心有一个偏心量,此偏心量决定了每转的输出量在转子上面嵌有滑动叶片 3,当转子回转时,由于离心力的作用使叶片紧贴定子内壁,两片滑动叶片之间形成一个密封的空间转子回转时,空气吸入口处的密封空间由小逐渐变大,吸入空气;而在输出口,密封空间由大变小,空气渐渐被压缩而排出。

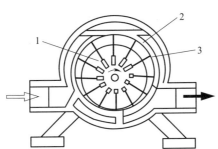

图 2.2.5　滑动叶片式压缩机的工作原理

1—转子;2—压缩机定子;3—滑动叶片

滑动叶片最多为 12 片,被磨损后有自动补偿功能,且输出的压缩空气压力的脉动较小,故输出平稳。

滑动叶片式压缩机输出量可达 1 500 m³/min,输出压力在 0.015 ~ 0.7 MPa 范围内,效率比往复式低,且振动小,不需要坚固的地基,适用于低使用率的场合。

3)螺杆式压缩机

螺杆式压缩机的工作原理如图 2.2.6 所示。两个咬合的螺旋转子以相反方向转动,它们当中自由空间的容积沿轴向逐渐减少,从而压缩两个转子间的空气。若转子和机壳之间相互不接触,则无须润滑,这样的压缩机便可输出不含油的压缩空气。它能连续输出无脉动的大流量的压缩空气,出口空气温度为60 ℃左右。

4)离心式压缩机

离心式压缩机的工作原理如图2.2.7所示。空气从其中心进入,叶片高速旋转时将气体加速,气体沿径向离开中心点直到蜗形内壁,再沿内壁流动直到从出口排出。由于空气流速降低,所以压力得以升高。

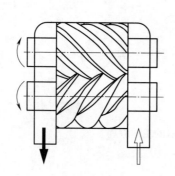

图2.2.6 螺杆式压缩机的工作原理

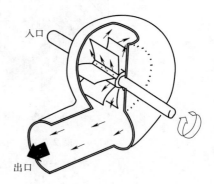

图2.2.7 离心式压缩机的工作原理

离心式压缩机的输出压力不高,故多采用多级式离心压缩机。当气体离开第一级叶片后再被送入第二级叶片的中心,依此类推,直至完成多级压缩。离心式压缩机在高速回转时易产生噪声,必须注意隔声措施。一般常用于冶炼、采矿、化学工业等。

5)轴流式压缩机

轴流式压缩机的工作原理如图2.2.8所示。其压缩原理和离心式相似,叶轮高速回转,高速流动的空气沿着转轴轴线方向流动以获得一定的压力。轴流式压缩机主要由一个略呈圆锥形的转子、与转子形状相配合的机体及两者间的许多小叶片组合而成。在转子圆周上装有许多排列整齐的小叶片,随转子回转,在机体内壁与轴垂直的多个圆周上也装有许多排列整齐的小叶片,与转子上的小叶片相间安装。

轴流式压缩机可输出大量的压缩空气。但高速运转时噪声大,一般常用在矿场、碎石场及喷射引擎等需高排量设备上。

2. 空气压缩机的图形符号

空气压缩机(气压源)的图形符号如图2.2.9所示。

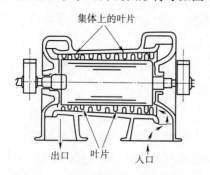

图2.2.8 轴流式压缩机的工作原理

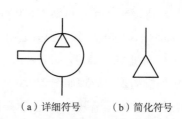

（a）详细符号　　　（b）简化符号

图2.2.9 空气压缩机(气压源)的图形符号

3. 各类空气压缩机的性能及适用范围

各类气动系统中常用空气压缩机的性能、特点及适用范围见表 2.2.3。

表 2.2.3　空气压缩机性能、特点及适用范围

压缩机类型		排气压力/MPa	排气量/(m³/min)	特点及适用范围
活塞式	单级 两级 多级	<0.7 <1.0 >1.0	100 以下	适用压力范围广,排气量小于 100 m³/min 时压力损失小,效率高于回转式压缩机,排气有脉动
隔膜式	单级 两级	<0.4 <0.7	1 以下	气缸不需要润滑,密封性较好,排气不均匀,有脉动,适用于排量较小、空气纯度要求高的场合
叶片式	单级 两级	<0.5 <1.0	6 以下	运转平稳、连续无脉动,密封困难,效率较低,适用于中低压范围
螺杆式	单级 两级	<0.5 <1.0	500 以下	运转平稳、连续无脉动,制造复杂,效率较低,适用于中低压范围
离心式	单级 四级 多级	<0.4 <2.0 <10	16 ~ 6 300	转速高、运转平稳、连续无脉动,结构简单,维修方便,效率较低,适用于低压大排量范围(排量小时经济性差)
轴流式		<10	400 以下	

视频 ●

压缩空气站
建设标准

4. 空气压缩机的选用

首先按空气压缩机的性能要求选择类型。活塞式压缩机成本相对低,但其振动大、噪声大,需防振、防噪声。为防止压力脉动,需设储气罐。活塞式压缩机若冷却良好,排出空气温度约为 70 ~ 180 ℃;若冷却不好,可达到 200 ℃ 以上,易出现油雾炭化为炭末的现象,故需对压缩空气进行特别处理。螺杆式压缩机能连续排气,不需要设置储气罐。螺杆式压缩机传动平稳、噪声小,但成本高。

其次,再根据气压传动系统所需要的工作压力和流量两个参数进行选择。当确定压缩机输出压力时,要考虑系统的总压力损失;当确定流量时,要考虑管路泄漏和各气动设备是否同时用气等因素,加以一定的备用余量。

5. 使用注意事项

1)润滑油的使用

往复式压缩机若冷却良好,排出的空气温度约为 70 ~ 180 ℃;若冷却不好,可达到 200 ℃ 以上。为防止高温下因油雾炭化变成铅黑色微细炭粒子,并在高温下氧化而形成焦油状的物质(俗称油泥),必须使用厂家指定的不易氧化和不易变质的压缩机油,并要定期更换。

2)安装要求

(1)压缩机必须安装在粉尘少、湿度小的专用房内,并对外隔声;

(2)厂房要通风,以利于压缩机散热;

(3)避免日光直射及靠近热源;

(4)为使压缩机保养检查容易,压缩机周围应留有空间。

3)维护要求

空气压缩机启动前,应检查润滑油位是否正常,用手拉动传动带使活塞往复运动 1~2 次,启动前和停车后,都应将小气罐中的冷凝水放掉。

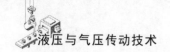

2.2.2　气源净化装置

虽然由空气压缩机输出的压缩空气能够满足一定压力和流量的要求,但还不能被气动装置使用。压缩机从大气中吸入含有水分和灰尘的空气,经压缩后空气温度高达 140～170 ℃,这时压缩机气缸里的润滑油也有一部分成为气态。这些油分、水分及灰尘便形成混合的胶体微雾及杂质,混合在压缩空气中一同排出。这些杂质若进入气动系统,会造成管路堵塞和锈蚀,加速元件磨损,以及泄漏量增加、缩短使用寿命。水汽和油汽还会使气动元件的膜片和橡胶密封件老化、失效。因此必须设置气源净化处理装置,提高压缩空气的质量。

压缩空气根据其过滤程度不同可分为 8 个等级,各等级的压缩空气可应用于不同的场合,具体情况见表 2.2.4。

表 2.2.4　空气的品质及应用

系统	系统组合	去除程度	空气质量	应　用
1	过滤器	尘埃粒子 > 5 μm,油雾 > 99%,饱和状态的湿度 > 96%	允许有一点固态的杂质、水分和油的地方	用于车间的气动夹具、夹盘,吹扫压缩空气,简单的气动设备
2	油雾分离器	尘埃粒子 > 0.3 μm,油雾 > 99.9%,饱和状态的湿度 99%	要去除灰尘、油,但可存在相当量冷凝水	一般工业用的气动元件和气动控制装置,气动工具和气动马达
3	冷冻干燥机 + 过滤器	湿度到大气压露点 − 17 ℃,其他同 1	绝对必要去除空气中的水分,但可允许少量细颗粒的灰尘和油的地方	用途同 1,但空气是干燥的,也可用于一般的喷涂
4	冷冻干燥机 + 油雾分离器	尘埃粒子 > 0.3 μm,油雾 > 99.9%,湿度到大气压露点 − 17 ℃	无水分,允许有细小的灰尘和油的地方	过程控制,仪表设备,高质量的喷涂
5	冷冻干燥机 + 油雾分离器	尘埃粒子 > 0.01 μm,油雾 > 99.999 9%,湿度同 4	清洁空气需要去除任何杂质	气动精密仪表装置,静电喷涂,清洁和干燥电子组件
6	冷冻干燥机 + 微雾分离器			
7	冷冻干燥机 +(油雾分离器、微雾分离器、除臭过滤器)	同 5,并除臭	绝对清洁空气,同 5,且用于需要完全没有臭气的地方	制药、食品工业包装,输送机和啤酒制造设备
8	冷冻干燥机 +(油雾分离器、无热再生式干燥机、微雾分离器)	所有的杂质如 6,且大气压露点低于 − 30 ℃	必须避免当膨胀和降低温度时出现冷凝水的地方	干燥电子组件,储存药品,输送粉末

净化装置一般包括后冷却器、油水分离器、干燥器、储气罐、空气过滤器等。

1. 后冷却器

后冷却器安装在空气压缩机出口管道上,其作用是将高温高压空气冷却至 40～50 ℃,将压缩空气中含有的油汽和水汽冷凝成液态水滴和油滴,以便于油水分离器将它们排出。后冷却器有风冷式和水冷式两种。

1）风冷式后冷却器

风冷式后冷却器是靠风扇产生的冷空气吹向带散热片的热气管道来降低压缩空气温度的,其结构及工作原理如图 2.2.10 所示。风冷式后冷却器不需要冷却水设备,不用担心断水或水冻结。风冷式后冷却器占地面积小,质量小且结构紧凑,运转成本低,易维修,但只在进口空气温度低于100 ℃,且处理空气量较小的场合。

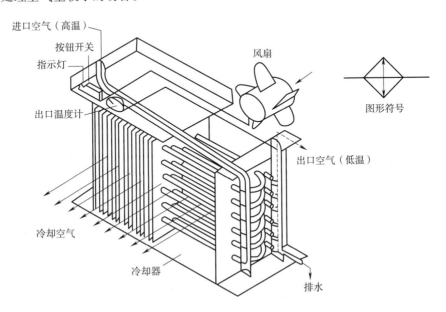

图 2.2.10　风冷式后冷却器的结构及工作原理

2）水冷式后冷却器

水冷式后冷却器是靠冷却水与压缩空气的热交换来降低压缩空气温度的,其结构及工作原理如图 2.2.11 所示。热的压缩空气由管内流过,冷却水在管外的水套中沿热空气的反方向流动,通过管壁进行热交换,使压缩空气获得冷却。为了提高降温效果,使用时要特别注意冷却水与压缩

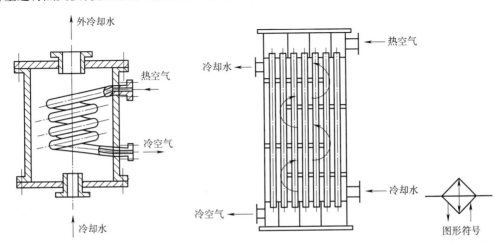

图 2.2.11　水冷式后冷却器的结构及工作原理

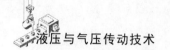

空气的流动方向。后冷却器最低处应设置自动或手动排水器,以排除冷凝水。

水冷式后冷却器散热面积大、热交换均匀,适用于进口空气温度大于100 ℃且空气量较大的场合。在使用过程中,要定期检查压缩空气的出口温度,发现冷却性能降低时,应及时找出原因予以排除。同时,要定期排放冷凝水,特别是冬季要防止水冻结。

2. 油水分离器

油水分离器安装在后冷却器之后的管道上,其作用是分离并排除压缩空气中所含的水分、油分和灰尘等杂质,使压缩空气得到初步净化。

撞击折回式油水分离器的结构如图2.2.12(a)所示。当压缩空气自入口进入分离器后,气流受隔板2的阻挡被撞击而折回向下,继而又回升向上,产生环形回转,最后从输出管子排出。其间,压缩空气中的水滴、油滴和杂质受惯性力作用而分离析出,沉降于壳体底部,由放水阀6定期排出。旋转离心式油水分离器的结构如图2.2.12(b)所示。当压缩空气进入分离器后即产生涡流,由于空气的回旋使压缩空气中的水滴、油滴和杂质因离心力作用被分离出来并附着在分离器的内壁而滴下,再由放水阀定期排出。

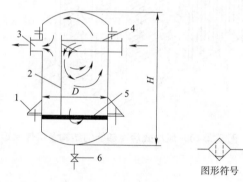

（a）撞击折回式油水分离器的结构

1—支架；2、5—隔板；3—输出管；4—进气管；6—放水阀

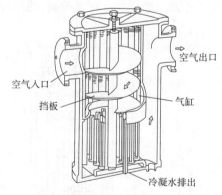

（b）旋转离心式油水分离器的结构

图2.2.12 油水分离器示意图

3. 干燥器

干燥器的作用是进一步除去压缩空气中含有的水蒸气。干燥器的结构示意图如图2.2.13所

示。目前使用最广泛的是冷冻法和吸附法。

　　冷冻法是利用制冷设备使压缩空气冷却到一定的露点温度,析出空气中的多余水分,从而达到所需要的干燥程度。

　　吸附法的除水效果较好。它是利用硅胶、活性氧化铝、焦炭或分子筛等具有吸附性能的干燥剂来吸附压缩空气中的水分,以达到干燥的目的。

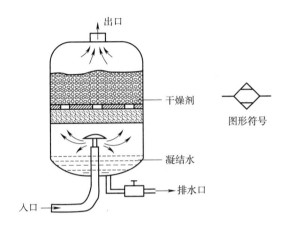

图 2.2.13　干燥器的结构示意图

4. 储气罐

　　储气罐的主要作用是消除气源输出气体的压力脉动;储存一定数量的压缩空气,解决短时间内用气量大于空气压缩机输出气量的矛盾,保证供气的连续性和平稳性,进一步分离压缩空气中的水分和油分。

　　储气罐的安装有直立式和平放式。可移动式压缩机应水平安装;而固定式压缩机因空间大则多采用直立式安装。储气罐安装示意图如图 2.2.14 所示。储气罐上应配置安全阀、压力计、排水阀。容积较大的储气罐应有人孔或清洗孔,以便检查和清洗。

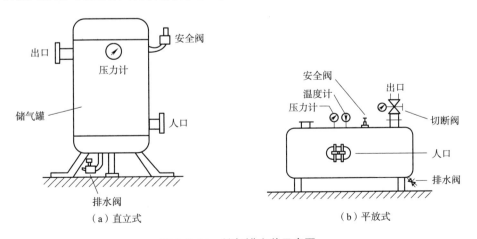

图 2.2.14　储气罐安装示意图

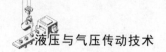
5. 空气过滤器

由外界吸入的灰尘、水分和压缩机所产生的油渣大部分在进入干燥器以前已除去,留存在压缩空气中的少部分尘埃、水分,尚需用空气过滤器加以清除。空气过滤器视工作条件可以单独安装,也可和油雾器、调压阀联合使用。使用时,宜安装在用气设备的附近。

空气过滤器的结构和工作原理图如图 2.2.15 所示。当压缩空气从输入口进入后被引进旋风叶片 1,在旋风叶片上冲制出许多小缺口,迫使空气沿切线方向产生强烈旋转,在空气中的水滴、油滴和杂质微粒由于离心力的作用被甩向存水杯 3 的内壁,沉积在存水杯底。然后,气体通过滤心 2,微粒灰尘被滤网拦截而滤除,洁净的空气从输出口流出。挡水板 4 能防止下部的液态水被卷回气流中。聚积在存水杯中的冷凝水,应及时通过手动放水阀或自动排水器 5 排出。

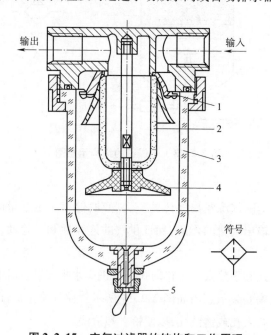

图 2.2.15　空气过滤器的结构和工作原理
1—旋风叶片;2—滤芯;3—存水杯;4—挡水板;5—自动排水器

2.2.3　气源系统中的其他必备元件

1. 自动排水器

自动排水器用于自动排除管道低处、油水分离器、储气罐及过滤器底部等处的冷凝水,可安装于不便于进行人工排污的地方,以防止人工排污水被遗忘而造成压缩空气被冷凝水重新污染。按其工作原理可分为浮子式自动排水器和电动式自动排水器。

浮子式自动排水器如图 2.2.16 所示。其工作原理是当冷凝水积聚至一定水位时,由浮子的浮力启动排水机构进行自动排水。水分被分离出来后流入自动排水器内,使容器内水位不断升高,当水位升高至一定高度后,浮子的浮力大于浮子的自重及作用在上孔座面上的气压力时,喷嘴 2 开启,气压力克服弹簧力使活塞右移,打开排水阀座放水。排水后,浮子复位后关闭喷嘴。活塞左侧气体经手动操纵杆上的溢流阀孔排出后,在弹簧 7 的作用下活塞左移,自动关闭排水口。

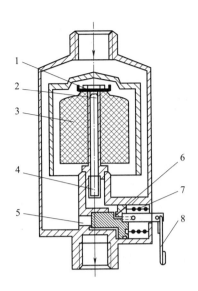

图 2.2.16　浮子式自动排水器

1—盖板;2—喷嘴;3—浮子;4—滤芯;5—排水口;6—溢流孔;7—弹簧;8—操纵杆

电动式自动排水器如图 2.2.17 所示。电动机驱动凸轮旋转,拨动杠杆,使阀芯每分钟动作 1~4 次,即排水口开启 1~4 次。按下手动按钮同样也可排水。

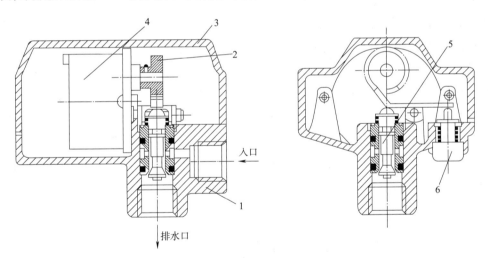

图 2.2.17　电动式自动排水器

1—主体;2—凸轮;3—外罩;4—电动机;5—阀芯组件;6—手动按钮

电动式自动排水器的特点如下。

(1)可靠性高,高黏度液体也可以排出。

(2)排水能力大。

(3)可将气路末端或最低处的污水排尽,以防止管道锈蚀及污水干后产生的污染物危害下游的元件。

(4)抗振能力比浮子式强。

自动排水器的排水口应垂直向下,安装排水管要避免上弯。图 2.2.18(b)所示为正确的结构,图 2.2.18(a)所示为错误的结构。

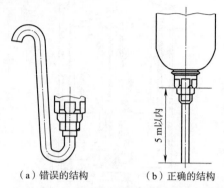

（a）错误的结构　　（b）正确的结构

图 2.2.18　自动排水器排水管的结构图

2. 减压阀和压力计

空气压缩机产生的压缩空气通常储存在储气罐内,再由管路输送到系统各处,储气罐的压力通常比实际使用的压力要高,使用时必须根据实际使用条件而减压。而在各种气压控制中,都可能出现压力波动。若压力太高,将造成能量损失;太低的空气压力则出力不足,造成低效率。此外,压缩机开启和关闭所造成的压力波动对系统也有不良的影响。因此必须使用减压阀和调压阀。减压阀和调压阀虽功能不同,但实际结构却无差异。

减压阀按调节压力方式的不同可分为直动式和先导式两类。

直动式减压阀的工作原理图如图 2.2.19 所示。膜片上方承受弹簧弹力并与大气相通,膜片下方则受压缩空气的作用。当进口压力下降,弹簧弹力加上大气压力大于系统压力时,膜片被推向下方,膜片压迫阀杆下降,阀门打开的程度加大,允许更多压缩空气进入,提高了输出口处的压力。当进口压力升高,超过弹簧弹力和大气压力时,膜片被顶上,阀杆被底部另一个弹簧顶起,阀门打开的程度减小,进气量减少,降低了输出口压力。减压阀的输出压力是膜片上方的弹簧弹力与大气压力的总和,因此,调节弹簧的弹力,便控制了减压阀输出压力的大小。

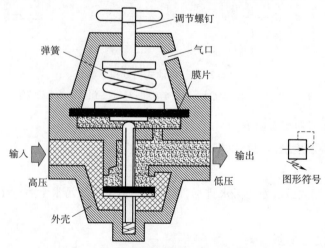

图 2.2.19　直动式减压阀的工作原理图

所有减压阀上都装有压力计,用于指示流过减压阀的压缩空气的压力。常用的压力计是波顿管压力计。压力计的工作原理图如图 2.2.20(a)所示。波顿管压力计有一弧形波顿管 2,此管一端封闭,另一端开口接至系统管路上。当压缩空气进入波顿管内时,波顿管扩张,压力越大扩张的半径越大。管的封闭端向外移动,经由连接杆 3 使扇形齿轮 4 转动,扇形齿轮带动小齿轮 5 使指针 6 发生偏转,偏转角度正比于管路的压力,故由刻度盘 7 上可知压力的大小。压力计的外形图如图 2.2.20(b)所示。

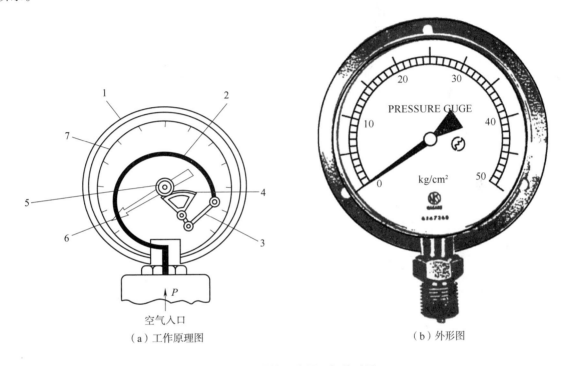

（a）工作原理图　　　　　　　　　　　　（b）外形图

图 2.2.20　压力计的工作原理与外形图

1—外壳;2—波顿管;3—连接杆;4—扇形齿轮;5—小齿轮;6—指针;7—刻度盘

3. 安全阀

安全阀用于防止系统内压力超过最大允许压力以保护回路或气压设备的安全。安全阀的工作原理与调压阀相似。控制系统的管道或容器直接与安全阀的 P 口接通,当系统内压力升高到弹簧调定值时,气体推开阀芯,经过阀口从 T 口排至大气,使系统压力下降。当压力低于调定值时,在弹簧作用下阀口关闭,使系统压力维持在安全阀调定压力值之下,从而保证系统不会因压力过高而发生事故。调整弹簧的压缩量,即可调节安全阀的开启压力。球阀式安全阀的调压范围较大,其工作原理如图 2.2.21(a)所示;膜片式安全阀的密封性好,压力损失较小,其工作原理如图 2.2.21(b)所示。

4. 单向阀

为了防止因气源压力下降或因耗气量增大造成的压力下降而出现逆流,在储气罐的输出端近处必须安装单向阀。单向阀只允许压缩空气单方向流动而不允许其逆向流动。

单向阀主要是利用圆锥、圆球、盘片或膜片作为止回块。单向阀的工作原理及外形图如

图 2.2.22 所示。当气体正向流动时,进口气压推动止回块的力大于作用在止回块上的弹簧力,阀芯被推开,造成流通状态。而当压缩空气由输出口进入时,气体压力与弹簧力使止回块顶在阀座上而封闭了通道,气体不能流通。

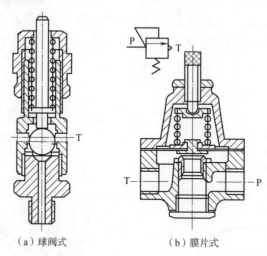

（a）球阀式　　　　　　　　　　（b）膜片式

图 2.2.21　安全阀的工作原理

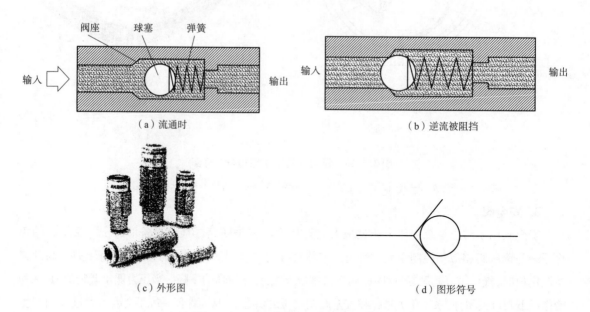

（a）流通时　　　　　　　　　　　　　（b）逆流被阻挡

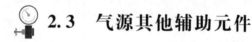

（c）外形图　　　　　　　　　　　　（d）图形符号

图 2.2.22　单向阀的工作原理及外形图

2.3　气源其他辅助元件

2.3.1　油雾器

气动元件内部有许多相对滑动的部分,因此必须保证良好的润滑效果。油雾器是一种特殊的注油装置,它将润滑油雾化并注入空气流中,随着压缩空气流入需要润滑的部位,以达到润滑的目的。

油雾器的工作原理如图 2.2.23(a)所示。压缩空气由输入口进入后,一部分进入油杯下腔,使杯内的油面受压,润滑油经吸油管上升到顶部小孔,润滑油滴进入主通道高速气流中,被雾化后从输出口输出。图中,"视油窗"上部的调节旋钮(节流阀)用于调整滴油量。油雾器的图形符号如图 2.2.23(b)所示。

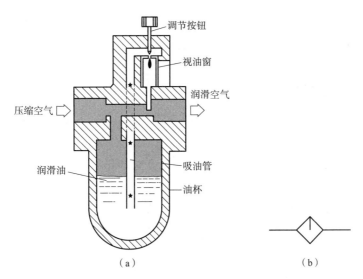

图 2.2.23　油雾器的工作原理与图形符号

油雾器一般应配装在空气过滤器和减压阀之后(以防止水分进入油杯内使油乳化),安装应尽量靠近换向阀,与阀的距离不超过 5 m。空气过滤器、减压阀、油雾器被称为气动三大件,是气压传动系统中必不可少的元件,其安装顺序也不能颠倒,它们的组合件称为气源调节装置,其图形符号如图 2.2.24 所示。油雾器的供油量应根据气动设备的情况确定。一般情况下,以每 10 m³ 自由空气供给 1 cm³ 润滑油为准。

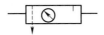

图 2.2.24　气源调节装置图形符号

2.3.2　消声器

气压传动系统一般不设置排气管道。当压缩空气急速由阀口排入大气时,常产生频率极高极刺耳的噪声。排气的速度和功率越大,则噪声越大,一般可达 100 ~ 120 dB。这种噪声会降低人的工作效率,影响人体健康,所以必须在换向阀的排气口安装消声器来降低排气噪声。

消声器通过阻尼和增大排气面积来降低排气的速度和压力以降低噪声。图 2.2.25 所示为消声器的结构及工作原理图。消声器的阻尼材料由烧结塑胶制成。当排放的气体进入消声器内时,经由阻尼材料构成的曲折通道而降低流速和排气压力,使排气噪声减弱。

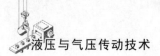

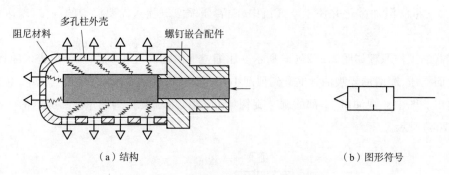

（a）结构 （b）图形符号

图 2.2.25　消声器的结构及工作原理图

2.3.3　气源设备的配置图

空气压缩机产生的压缩空气经一系列处理后进入气压系统中，到底哪些气压系统要加装干燥器，哪些要加装油雾器，可参考气源设备的配置图，如图 2.2.26 所示。

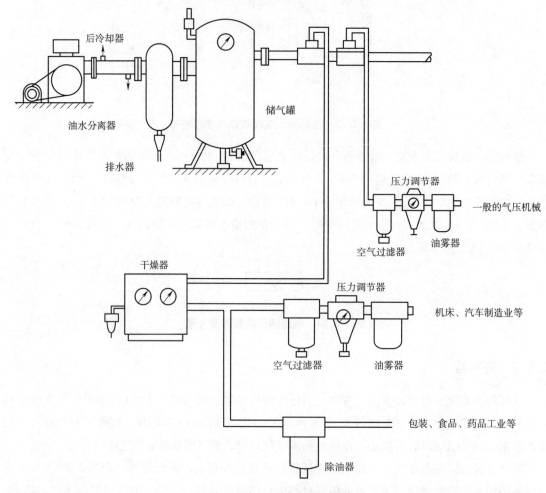

图 2.2.26　气源设备的配置图

2.4　气　　缸

气缸是气压传动中最常用的一种执行元件。它具有结构简单、制造成本低、无污染、便于维修、动作迅速等优点。它的结构形状根据使用条件不同,具有多种类型。表 2.2.5 列出了气缸的主要分类方法和类型。

表 2.2.5　气缸的主要分类方法和类型

分　类		图 形 符 号	功　　能
按活塞的形式分类	活塞式		普通的气缸形式,可分为单动、双动、差动形式
	柱塞式		杆需要精加工,缸壁不需要精加工,一般只能单向运动
	膜片式		膜片变形驱动活塞杆移动
按活塞杆的形式分类	单杆		活塞的单侧有活塞杆
	双杆		活塞的两侧都有活塞杆
按有无缓冲装置分类	无缓冲		没有缓冲装置
	单侧缓冲		单侧装有缓冲装置
	双侧缓冲		两侧装有缓冲装置

气缸按进气方式可分为单作用气缸和双作用气缸。关于气缸的介绍如下所述。

2.4.1　单作用气缸

单作用气缸是指压缩空气在气缸的一端进气推动活塞运动,而活塞的返回则借助其他外力,如重力、弹簧力。

1)活塞式气缸

活塞式气缸有弹簧压回型和弹簧压出型,分别如图 2.2.27(a)和(b)所示。压回型是 A 口进气,气压力驱动活塞克服弹簧力和摩擦力使活塞杆伸出;A 口排气,弹簧力使活塞杆收回。压出型是 A 口进气,活塞杆收回;A 口排气,弹簧使活塞伸出。

活塞式气缸的特点如下。

(1)由于单边进气,故结构简单,耗气量小。

(2)缸内安装了弹簧,缩短了活塞的有效行程。

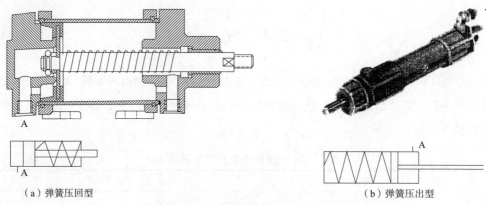

（a）弹簧压回型　　　　　　　　　　　　　　　（b）弹簧压出型

图 2.2.27　活塞式气缸的结构与外观图

视 频

专用夹具
夹紧机构

（3）弹簧的弹力随其变形大小而发生变化,故活塞杆推力和运动速度在行程中有变化。

（4）弹簧具有吸收动能的能力,因而减小了活塞杆的输出推力。

单作用气缸一般用于行程短且对输出力和运动速度要求不高的场合,如定位和夹紧装置等。

当气缸工作时,活塞杆上输出的推力必须克服弹簧的弹力及各种阻力,推力公式为

$$F = \frac{\pi}{4}D^2 p\eta - F_1 \tag{2.2.1}$$

式中　F——活塞杆的推力（工作负载）（N）；

　　　D——活塞直径（m）；

　　　p——气缸工作压力（Pa）；

　　　F_1——弹簧弹力（N）；

　　　η——考虑总阻力损失时的效率,一般 η 为 0.7 ~ 0.8。当活塞运动速度 $v < 0.2$ m/s 时,取大值;当 $v > 0.2$ m/s 时,取小值。

【例 2.2.1】单作用气缸内径为 63 mm,复位弹簧最大弹力为 150 N,工作压力为 0.5 MPa,负载效率为 0.8。试求气缸的推力?

解: 气缸推力

$$F = \frac{\pi}{4}D^2 p\eta - F_1 = \frac{\pi}{4} \times (63 \times 10^{-3})^2 \, m^2 \times 0.5 \times 10^6 \, Pa \times 0.8 - 150 \, N = 1\,096.27 \, N$$

2）膜片式气缸

膜片式气缸如图 2.2.28 所示。它由膜片取代了活塞,活塞杆连接在膜片的正中央。气缸利用膜片的变形使活塞杆前进,活塞杆的位移较小。

这种气缸的特点是结构紧凑,质量小,维修方便,密封性能好,制造成本低。广泛应用于生产过程的调节器上。

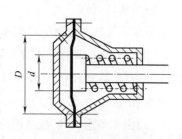

图 2.2.28　膜片式气缸

2.4.2　双作用气缸

1）单活塞杆双作用气缸

单活塞杆双作用气缸是使用最广泛的一种气缸,其结构与外形图如图 2.2.29 所示。这种气缸工作时,活塞杆上的输出力用下式计算。

$$F_1 = \frac{\pi}{4} D^2 p\eta \qquad\qquad (2.2.2)$$

$$F_2 = \frac{\pi}{4} (D^2 - d^2) p\eta \qquad\qquad (2.2.3)$$

式中　F_1——当无杆腔进气时,活塞杆的输出力(N);

　　　F_2——当有杆腔进气时,活塞的输出力(N);

　　　D、d——活塞和活塞杆直径(m);

　　　p——气缸作用压力(Pa);

　　　η——考虑总阻力损失时的效率,一般 η 为 0.7 ~ 08。当活塞运动速度 $v < 0.2$ m/s 时,取大值;当 $v > 0.2$ m/s 时,取小值。

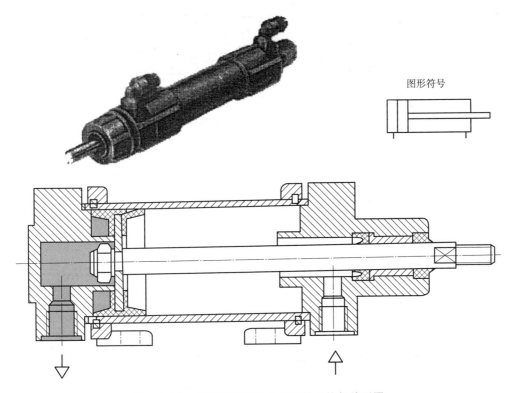

图形符号

图 2.2.29　单活塞杆双作用气缸的结构与外形图

【例 2.2.2】单杆双作用气缸内径为 125 mm,活塞杆直径为 36 mm,工作压力为 0.5 MPa,气缸负载效率为 0.7,试求该气缸两方向的推力?

解:气缸推力

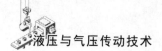

$$F_1 = \frac{\pi}{4} D^2 p\eta = \frac{\pi}{4} \times (125 \times 10^{-3})^2 \, \text{m}^2 \times 0.5 \times 10^6 \, \text{Pa} \times 0.7 = 4\ 239 \, \text{N}$$

$$F_2 = \frac{\pi}{4}(D^2 - d^2) p\eta = \frac{\pi}{4} \times (125^2 - 36^2)^2 \times 10^{-6} \, \text{m}^2 \times 0.5 \times 10^6 \, \text{Pa} \times 0.7 = 3\ 937 \, \text{N}$$

2）双活塞杆双作用气缸

双活塞杆双作用气缸的结构与单活塞杆双作用气缸基本相同,只是活塞两侧都装有活塞杆,其结构和图形符号如图 2.2.30 所示。因两端活塞杆直径相同,所以活塞往复运动的速度和输出力相等,这种气缸使用得较少,常用于气动加工机械及包装机械设备上。

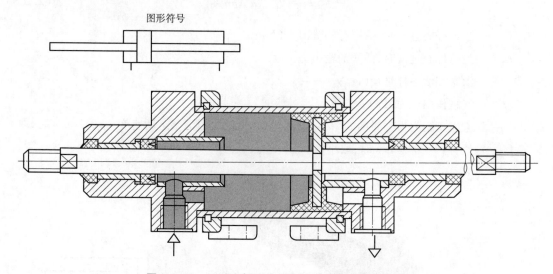

图 2.2.30　双活塞杆双作用气缸的结构与图形符号

3）缓冲气缸

气缸在行程末端的运动速度较大时,为了防止活塞与气缸端盖发生碰撞,必须设置缓冲装置。其结构如图 2.2.31 所示。气缸两侧都设置了缓冲装置,在活塞到达行程终点前,缓冲柱塞将柱塞孔堵死。当活塞再向前运动时,被封闭在缸内的空气因被压缩而吸收运动部件的惯性力所产生的动能,从而使运动速度减慢。在实际应用中,常使用节流阀将封闭在气缸内的空气缓慢地排出。当活塞反向运动时,压缩空气经单向阀进入气缸,因而能正常启动。

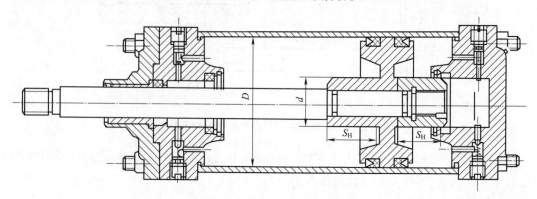

图 2.2.31　缓冲气缸的结构图

调节节流阀打开的程度,可调节缓冲效果,控制气缸行程终端的运动速度,因而称为可调缓冲气缸,若为固定节流口,其开口度不可调,即为不可调缓冲气缸。

2.4.3　其他常用气缸

1. 气液阻尼缸

视频
气液阻尼缸工作原理

气液阻尼缸由气缸和液压缸组合而成,以压缩空气为动力,利用油液的不可压缩性和控制流量来获得活塞的平稳运动并调节活塞的运动速度。与普通气缸相比,它传动平稳、定位精确、噪声小;与液压缸相比,它不需要液压源且经济性好。由于它同时具有气缸和液压缸的优点,因此得到了越来越广泛的应用。串联型气液阻尼缸的工作原理图如图 2.2.32 所示。它将液压缸和气缸串联成一个整体,两个活塞固定在一根活塞杆上。当气缸右腔供气时,活塞克服外载并带动液压缸活塞向左运动。此时液压缸左腔排油,油液只能经节流阀 1 缓慢流回右腔,对整个活塞的运动起到阻尼作用。因此,调节节流阀就能达到调节活塞运动速度的目的。当压缩空气进入气缸左腔时,液压缸右腔排油,此时单向阀 3 开启,活塞能快速返回。油箱 2 的作用只是用来补充液压缸因泄漏而减少的油量,因此改用油杯也可以。

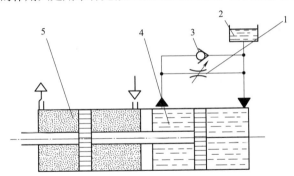

图 2.2.32　串联型气液阻尼缸的工作原理图

1—节流阀;2—油箱;3—单向阀;4—液压缸;5—气缸

2. 摆动气缸

摆动气缸是将压缩空气的压力能转变为气缸输出轴的有限回转机械能的一种气缸。它多用于安装位置受到限制或转动角度小于 360° 的回转工作部件,如夹具的回转、阀门的开启、转塔车床转塔刀架的转位和自动线上物料的转位等场合。单叶片摆动气缸的工作原理图如图 2.2.33 所示。定子 3 与缸体 4 固定在一起,叶片 1 和转子 2(输出轴)连接在一起。当左腔进气时,转子顺时针转动;反之,转子则逆时针转动。

3. 冲击气缸

视频
冲击气缸工作过程

冲击气缸是一种较新型的气动执行元件,能把压缩空气的压力能转换为活塞、活塞杆的高速运动,输出动能,产生较大的冲击力。冲击气缸结构示意图如图 2.2.34 所示。冲击气缸与普通气缸相比增加了一个具有一定容积的蓄能腔和具有排气小孔的中盖 2,中盖 2 与缸体 1 固连在一起,它与活塞 6 把气缸分隔成蓄能腔、活塞腔和活塞杆腔三部分,中盖 2 中心开有一个喷气口。冲击气缸广泛用于锻造、冲压、下料、压坯等设备中。

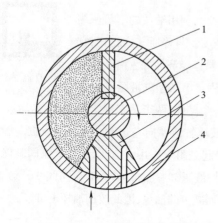

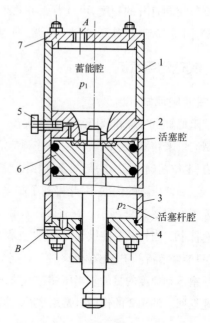

图 2.2.33　摆动气缸的工作原理图

1—叶片;2—转子;3—定子;4—缸体

图 2.2.34　冲击气缸结构示意图

1,3—缸体;2—中盖;4,7—端盖;5—排气塞;6—活塞

2.4.4　标准化气缸简介

1. 标准化气缸的主要参数

标准化气缸的主要参数是缸径 D 和行程 L。因为在一定的气源压力下,缸径 D 标记气缸活塞杆的理论输出力,行程 L 标记气缸的作用范围。

2. 标准化气缸的标记和系列

标准化气缸使用的标记是用符号"QG"表示气缸,用符号"A、B、C、D、H"表示五种系列。具体的标记方法是

$$\boxed{\text{QGA、B、C、D、H 缸径 × 行程}}$$

五种标准化气缸系列为:

QGA——无缓冲普通气缸;

QGB——细杆(标准杆)缓冲气缸;

QGC——粗杆缓冲气缸;

QGD——气液阻尼缸;

QGH——回转气缸。

例如,气缸标记为 QGA100 × 125,表示直径为 100 mm、行程为 125 mm 的无缓冲普通气缸。

标准化气缸系列有 11 种规格:

缸径 D/mm:40,50,63,80,100,125,160,200,250,320,400;

行程 L/mm:无缓冲气缸 $L = (0.5 \sim 2)D$;有缓冲气缸 $L = (1 \sim 10)D$。

2.4.5　气缸的缓冲方式和缓冲原理

气缸的缓冲方式和缓冲原理见表 2.2.6。活塞运动到行程终端的速度较大,为防止活塞撞击端盖造成气缸损伤并降低撞击噪声,在气缸行程终端一般都设有缓冲器。

表 2.2.6　气缸的缓冲装置和缓冲原理

缓冲方式		缓 冲 原 理	适 合 气 缸
固定缓冲	无缓冲		微型缸、小型单作用气缸和中小型薄型缸
	垫缓冲	在活塞两侧设置聚氨酯橡胶垫吸收动能	缸速不大于 750 mm/s 的中小型气缸和缸速不大于 1 000 mm/s 的单作用气缸
可调缓冲	气缓冲	将活塞运动的动能转换成封闭气室内的压力能	缸速 $v \leqslant 500$ mm/s 的大中型气缸和 $v \leqslant 1 000$ mm/s 的中小型气缸
	设置液压缓冲器	将活塞运动的动能传递给液压缓冲器,转换成热能和油液的弹性能	缸速 $v > 1 000$ mm/s 的气缸和缸速不大的高精度气缸

按不同的分类方式,缓冲还可分为单侧(杆侧或无杆侧)缓冲和双侧缓冲;固定缓冲(如垫缓冲、固定节流孔缓冲)和可调缓冲。

2.4.6　气缸的选用

1. 气缸的选用原则

(1)根据工作任务对机构运动要求选择气缸的结构形式及安装方式。

(2)根据工作机构所需力的大小来确定活塞杆的推力和拉力。

(3)根据气缸负载力的大小确定气缸的输出力,由此计算出气缸的缸径。

(4)根据工作机构任务的要求确定行程。一般不使用满行程。

(5)根据活塞的速度决定是否应采用缓冲装置。

(6)推荐气缸工作速度在 0.5 ~ 1 m/s 左右,并按此原则选择管路及控制元件。对高速运动的气缸,应选择内径大的进气管道,对于负载有变化的场合,可选用速度控制阀或气-液阻尼缸,实现缓慢而平稳的速度控制。

(7)如气缸工作在有灰尘等恶劣环境下,需在活塞杆伸出端安装防尘罩。要求无污染时需选用无给油或无油润滑气缸。

2. 气缸安装使用注意事项

(1)气缸使用前应检查各安装连接点有无松动;操纵上应考虑安全联锁;进行顺序控制时,应检查气缸的各工作位置;当发生故障时,应有紧急停止装置;工作结束后,气缸内部压缩空气应予排放。

(2)气缸在多尘环境中使用时,应在活塞杆上设置防尘罩。单作用气缸的呼吸孔要安装过滤片,防止从呼吸孔吸入灰尘。

(3)对需用油雾器给油润滑的气缸,选择使用的润滑油应使密封圈不产生膨胀、收缩,且与空气中的水分不发生乳化。

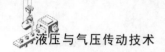

（4）气缸接入管道前，必须清除管道内的脏物，防止杂物进入气缸。

（5）气缸活塞杆承受的是轴向力，安装时要防止气缸工作过程中承受横向载荷，其允许承受的横向载荷仅为气缸最大推力的1/20。采用法兰式、脚座式安装时，应尽量避免安装螺栓本身直接受推力或拉力负荷；采用尾部悬挂中间摆动式安装时，活塞杆顶端的连接销位置与安装轴的位置处于同一方向；采用中间轴销摆动式安装时，除注意活塞杆顶端连接销的位置外，还应注意气缸轴线与轴托架的垂直度。同时，在不产生卡死的范围内，使摆轴架尽量接近摆轴的根部。

（6）气缸安装完毕后应空载往复运动几次，检查气缸的动作是否正常。然后连接负载，进行速度调节。首先将速度控制阀开启在中间位置，随后调节减压阀的输出压力，当气缸接近规定速度时，即可确定为调定压力。然后用速度控制阀进行微调。缓冲气缸在开始运行前，先把缓冲节流阀旋在节流量较小的位置，然后逐渐开大，直到达到满意的缓冲效果。

（7）气缸的理想工作温度为 5～60 ℃，温度过高或过低时都应采取相应的措施。气缸在 5 ℃ 以下场合使用，要防止压缩空气中的水蒸气凝结，要考虑在低温下使用的密封种类和润滑油类型。另外，低温环境中的空气会在活塞杆上结露，为此最好采用红外加热等方法加热，防止活塞杆上结冰。在气缸动作频率较低时，可在活塞杆上涂润滑脂，使活塞杆上不致结冰。在高温使用时，要考虑气缸材料的耐热性，可选用耐热气缸，同时注意高温空气对换向阀的影响。

2.4.7　气缸的维护

（1）要使用清洁干燥的压缩空气，空气中不得含有机溶剂的合成油、盐分、腐蚀性气体等，以防止缸、阀动作不良。

（2）给油润滑气缸应配置流量合适的油雾器；不给油润滑气缸因缸内预加了润滑脂，则可以长期使用。

（3）缸筒和活塞杆的滑动部位不得受损伤，以防止气缸动作不良、损坏活塞杆密封圈等造成漏气。

（4）缓冲阀处应留出适当的维护调整空间，而磁性开关等应留出适当的安装调整空间。

（5）气缸若长期放置不用，应一个月动作一次，并涂油保护以防锈。

（6）若气缸用于工作频繁、振动大的场合，安装螺钉和各个连接部位要采用防松措施。

2.5　气压马达

气压马达属于气动执行元件，它把压缩空气的压力能转换为机械能，实现回转运动并输出力矩，驱动构件进行旋转运动。

早期，气压马达一般被用在矿坑、化学工厂、船舶等易发生爆炸的场所以取代电动马达。近年来由于低速高扭矩型气压马达的问世，气压马达在其他领域的需求也在不断增加。各种类型气压马达的实物外观图和图形符号如图2.2.35所示。

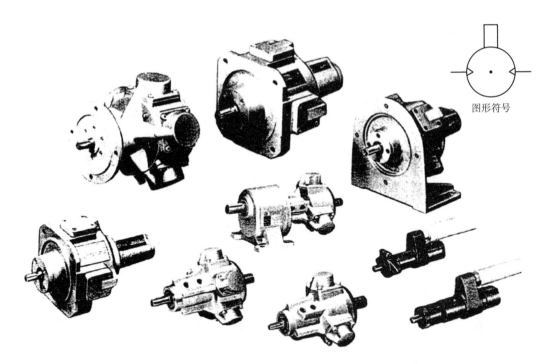

图形符号

图 2.2.35　各种类型气压马达的实物外观图和图形符号

2.5.1　气压马达的分类

气压马达因结构不同,可分为容积型和速度型,如图 2.2.36 所示。容积型气压马达是利用压力空气的压力能量;速度型气压马达是利用压力和速度的能量。容积型气压马达使用在一般机械上;速度型气压马达用在超高速回转装置上。

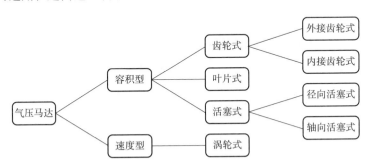

图 2.2.36　气压马达的分类

1. 叶片式气压马达

叶片式气压马达的旋转转子的中心和外壳中心有一个偏心量,转子上有槽孔,叶片 3 ~ 10 片,插入转子圆周的槽孔内。叶片在径向方向滑动并与内壳表面密封,利用流入叶片和叶片之间的空气使转子旋转。槽孔底部装有弹簧或加以预紧力以使叶片在马达启动之前得以与内壳表面密接,适当的离心力可得到较好的气密性。叶片式气压马达的结构示意图如图 2.2.37 所示。

叶片式气压马达构造简单,价格低廉,适用于中容量高速的地方。

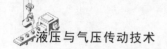

2. 齿轮式气压马达

齿轮式气压马达是使压缩空气作用在两个啮合的齿轮的齿廓,迫使齿轮旋转产生扭矩。齿轮式气压马达可作为极高功率(44 kW)的传动机器使用,正逆转容易。最高转速可达 10 000 r/min。齿轮式气压马达结构示意图如图 2.2.38 所示。

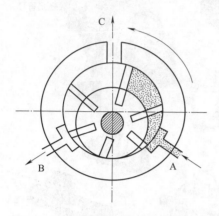

图 2.2.37　叶片式气压马达结构示意图

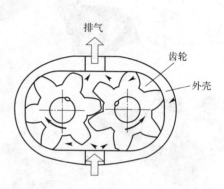

图 2.2.38　齿轮式气压马达结构示意图

3. 活塞式气压马达

活塞式气压马达是利用压缩空气作用在活塞端面上,借助连杆、曲轴等构件将活塞力转变为马达轴的回转,其输出功率的大小与输入空气压力、活塞的数目、活塞面积、行程长度、活塞速度等因素有关。

活塞式气压马达一般用在中、大容量及需要低速回转的地方,启动扭矩较好。依其构造,可分为轴向活塞式和径向活塞式两种,其结构图分别如图 2.2.39 和图 2.2.40 所示。

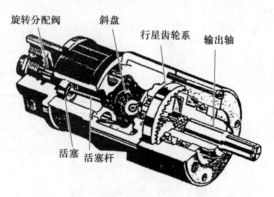

图 2.2.39　轴向活塞式气压马达的结构图

4. 涡轮式气压马达

涡轮式气压马达如图 2.2.41 所示。压缩空气直接吹在轮叶上,将压缩空气的速度能和压力能转变为回转运动。涡轮式气压马达一般用于高速低转矩的场合,其速度可达到 2 000 ~ 4 000 r/min。牙医使用的气钻,其转速可达到 15 000 r/min。

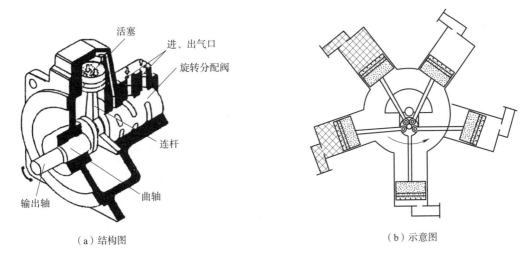

（a）结构图　　　　　　　　　　　（b）示意图

图 2.2.40　径向活塞式气压马达的结构图

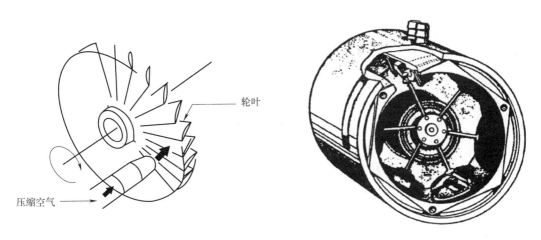

图 2.2.41　涡轮式气压马达

2.5.2　气压马达的特点

（1）具有过载保护作用。过载时马达降低转速或停止，过载解除后即可重新正常运转。

（2）可以实现无级调速。通过调节节流阀的打开程度控制调节压缩空气的流量，就能控制调节马达的转速。

（3）能够正反向旋转。改变进气和排气方向就能实现马达正反向的转换，而且换向时间短、冲击小。

（4）启动力矩较高。可直接带动负载启动，启停迅速，而且可长时间满载运行，温升较小。

（5）工作安全且能适应恶劣的工作环境。在易燃、易爆、高温、振动、潮湿、粉尘等不利条件下都能正常工作。

（6）功率范围及转速范围较宽，功率小到几百瓦，大到几万瓦。

（7）耗气量大，效率低，噪声大。

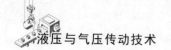

2.5.3　气压马达的选择方法和使用要求

1. 气压马达的选择

不同类型的气压马达具有不同的特点和适用范围,主要根据负载的状态要求来选择适用的气压马达。不同类型的气压马达的特点和适用范围见表2.2.7。

表 2.2.7　常用气压马达的特点和适用范围

类　型	转　矩	速　度	功　率	适　用　范　围
叶片式	低转矩	高速度	小	适用于低转矩、高转速的场合,例如,手提工具、传送带、升降机等中小功率的机械
齿轮式	中高转矩	低速和中速	大	适用于中高转矩和中低速场合
活塞式	中高转矩	低速和中速	大	适用于中高转矩和中低速场合,例如,起重机、绞架、绞盘、拉管机等载荷较大且启动要求高的机械
涡轮式	低转矩	高速度	小	适用于高速、低转矩的场合

2. 气压马达的使用要求

(1)应不间断地进行润滑,否则会因发热而降低功率。

(2)应尽量减小排气一侧的背压。

2.6　气　动　手　指

气动手指气缸又称气指或气爪。其功能是实现各种抓取功能,是现代气动机械手的关键部件。根据气指的数目不同可分为两指气缸、三指气缸、四指气缸。根据气指的运动形式不同可分为平行移动气指和摆动气指。

1. 平行手指气缸

如图 2.2.42 所示,平行手指气缸的手指是通过两个活塞动作的。每个活塞由一个滚轮和一个双曲柄与气动手指相连,形成一个特殊的驱动单元。这样,气动手指总是轴向对心移动,每个手指是不能单独移动的。如果手指反向移动,则先前受压的活塞处于排气状态,而另一个活塞处于受压状态。

2. 三点手指气缸

如图 2.2.43 所示,三点手指气缸的活塞上有一个环形槽,每个曲柄与一个气动手指相连,活塞运动能驱动三个曲柄动作,因而可控制三个手指同时打开和合拢。

3. 摆动手指气缸

图 2.2.44 所示的摆动手指气缸的活塞杆上有一个环形槽,由于手指耳轴与环形槽相连,因而手指可同时移动且自动对中,并确保抓取力矩始终恒定。

4. 旋转手指气缸

图 2.2.45 所示的旋转手指气缸的动作是按照齿轮齿条的啮合原理工作的。活塞与一根可上下移动的轴固定在一起。轴的末端有三个环形槽,这些槽与两个驱动轮的齿啮合。因而,气动手指

可同时移动并自动对中,并确保抓取力矩始终恒定。

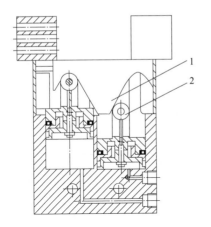

图 2.2.42　平行手指气缸

1—双曲柄;2—滚轮

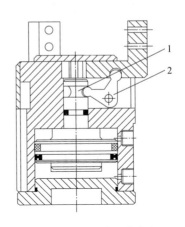

图 2.2.43　三点手指气缸

1—环形槽;2—曲柄

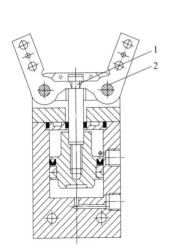

图 2.2.44　摆动手指气缸

1—环形槽;2—耳轴

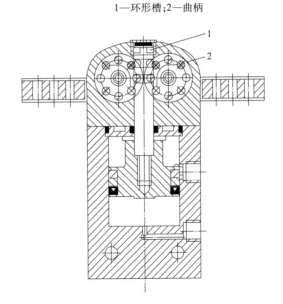

图 2.2.45　旋转手指气缸

1—环形槽;2—驱动轮

 思考题与习题

1. 气压传动系统由哪几部分组成?

2. 通常所说的气动三大件是指哪些元件?

3. 试说明标记 QGD100×200 的含义。

4. 气源装置的组成和布置示意图如图 2.2.46 所示。试作答:

(1)画出元件 2,3,5,6,8 的图形符号。

（2）试说明元件1,2,3,4,5,6的作用。

（3）元件4和7中的压缩空气分别可用于何种气压系统？

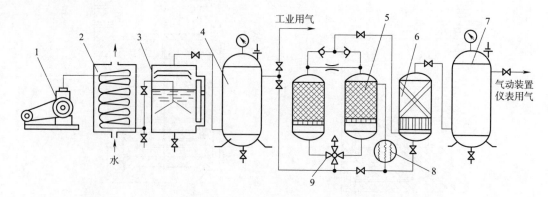

图 2.2.46 气源装置的组成和布置示意图

1—空气压缩机;2—冷却器;3—油水分离器;4,7—储气罐;5—干燥器;6—过滤器;8—加热器;9—四通阀

5. 油雾器安装时应注意什么？

6. 气缸有哪些种类？各有哪些特点？

7. 串联式气液阻尼缸的工作原理图如图2.2.47所示。试回答：

（1）气液阻尼缸由什么组合而成？动力缸是什么？阻尼缸是什么？

（2）气液阻尼缸有何优点？如何实现？

（3）使用中如何考虑到泄漏的影响？

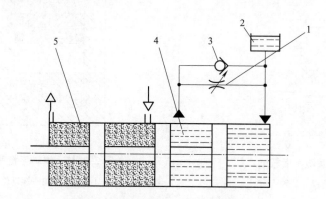

图 2.2.47 气液阻尼缸的工作原理图

1—节流阀;2—油箱;3—单向阀;4—液压缸;5—气缸

8. 单作用气缸的内径 $D = 63$ mm,复位弹簧的大反力为150 N,工作压力 $p = 0.5$ MPa,气缸效率为0.4,该气缸的推力为多少？

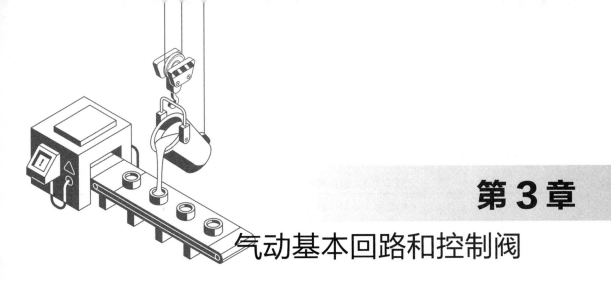

第3章

气动基本回路和控制阀

 3.1 气动换向回路和换向阀

3.1.1 换向阀

1. 换向阀的结构及控制

气动实验回路如图 2.3.1(b)所示。其中,元件 4 称为二位三通换向阀,其控制方式为手动控制。二位三通换向阀的结构图如图 2.3.2(a)所示。它是利用阀芯和阀体的相对移动,控制各气口的接通或断开,以改变气体的流动方向,实现改变执行元件的运动方向的作用。在正常情况下,AR两口相通,P 口不通;当按下按钮时,PA 两口相通,R 口不通。通常 P 口接压力源,A 口是控制其他元件的引导压力口,R 口接大气。

图 2.3.1(b)中的符号为其图形符号。

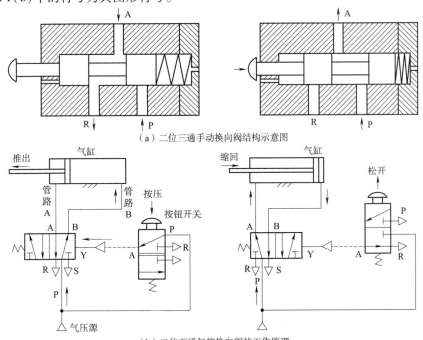

（a）二位三通手动换向阀结构示意图

（b）二位五通气控换向阀的工作原理

图 2.3.1 换向阀的工作原理

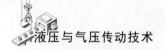

换向阀的图形符号包含以下内容。

1）控制方式

换向阀的控制方式与图形符号见表 2.3.1。

表 2.3.1　换向阀的控制方式与图形符号

控制方式	人力控制（手动式）	机械控制	电磁控制	弹簧复位	气压控制	气压先导	电磁-气压先导
图形符号							

2）"位"和"通"

阀芯的工作位置简称"位"。阀芯有几个工作位置就是几位阀。在图形符号中，方格表示工作位置，两个空格表示二位，三个空格表示三位。

"通"表示阀体上外部通口数。有几个接口，即为几通，三通阀如图 2.3.1（a）所示。二通阀有一个进口（用 P 或 IN 表示）和一个出口（用 A 或 OUT 表示）。若无控制信号时，P 和 A 相通则称为常通式；P 和 A 断开则称为常断式。三位阀有一个排气口，通常用 O 或 R 表示。方格内箭头表示阀内空气的流动方向。方格内"⊥"表示空气流动通道被阻塞。方格上"△"表示与大气相通自由排放。

三位阀有三个工作位置。若阀芯处于中间位置（又称零位），各通口呈封闭状态，则称为中位封闭式阀；若出口与排气口相通，则称为中位泄压式阀；若出口与进口相通，则称为中位加压式阀；若在中位泄压式阀的两个出口内装上单向阀，则称为中位止回式阀。

换向阀的阀芯处于不同的工作位置时，各通口之间的通断状态是不同的。常见的二位和三位换向阀的图形符号见表 2.3.2。

表 2.3.2　二位和三位换向阀的图形符号

换向阀的通路数	二位	三位			
		中位封闭式	中位泄压式	中位加压式	中位止回式
二通					
三通					
四通					

换向阀的通路数	二位	三位			
		中位封闭式	中位泄压式	中位加压式	中位止回式
五通					

2. 换向阀的分类

换向阀的类型见表 2.3.3。

表 2.3.3　换向阀的类型

分　类　方　式	名　　称
按阀的工作位置数	二位、三位、四位
按阀的通路数	二通、三通、四通、五通
按阀芯的结构	滑阀式、截止式、旋塞式
按阀的控制方式	人力控制、机械控制、气压控制、电磁控制

3. 工作原理

二位五通气控滑阀式换向阀的工作原理如图 2.3.1(b)所示。当控制口 Y 有气压进入,推动滑阀移动,压力源可由 P 口流至 B 口,再由 B 口到达气缸右腔,从而推动活塞杆向外推出。若控制口 Y 无气压进入,压力源可由 P 口流至 A 口,再由 A 口流至左腔,实现活塞杆的退回。利用各种方向控制阀可以对单作用气动执行元件和双作用气动执行元件进行换向控制。

3.1.2　换向回路

1. 双气控二位五通换向阀控制的换向回路

双气控二位五通换向阀控制的换向回路如图 2.3.2 所示。按压手动按钮 PB1(前进按钮),二位五通换向阀内两口相通,AR 两口相通,如图 2.3.2(a)所示,活塞杆推出,松开 PB1 按钮,二位五通换向阀状态不变,活塞杆仍继续推出,故操作活塞杆推出的正确方法是,手压 PB1 按钮,若活塞杆开始推出,即可松开 PB1 按钮。按压按钮 PB2(后退按钮),二位五通换向阀内 PA 两口相通,PB 两口相通,如图 2.3.2(b)所示,活塞杆缩回,松开 PB2 按钮,活塞杆仍继续缩回,故操作活塞杆缩回的正确方法是,手压 PB2 按钮,若活塞杆开始缩回,即可松开 PB2 按钮。

2. 双气控三位五通换向阀控制的换向回路

双气控三位五通换向阀控制的换向回路如图 2.3.3 所示。与图 2.3.2 换向回路相比,回路在按压按钮时,气缸活塞杆才运动;松开按钮,三位五通换向阀阀内弹簧复位,活塞杆静止不动。

3. 手动-自动换向回路

手动-自动换向回路如图 2.3.4 所示。按压二位三通换向阀 1 按钮,活塞杆伸出,实现手动换向;若二位三通换向阀 2 的电磁铁通电,活塞杆也能伸出,实现自动换向。阀 3 的两个通路 P_1 和 P_2 都能与通路 A 相通,这种阀称为或门型梭阀。或门型梭阀的工作原理图如图 2.3.5 所示。当通路 P_1 进气时,将阀芯推向右边,通路 P_2 被关闭,于是气流从 P_1 进入通路 A,如图 2.3.5(a) 所示;反之,气流从 P_2 进入通路 A,如图 2.3.5(b) 所示;当 P_1 和 P_2 同时进气,哪端压力高,A 就与哪端相同,另一端就自动关闭。该阀的图形符号如图 2.3.5(c) 所示。

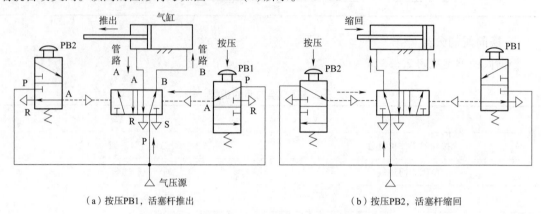

（a）按压PB1,活塞杆推出　　　　　　　　　　　　（b）按压PB2,活塞杆缩回

图 2.3.2　双气控二位五通换向阀控制的换向回路

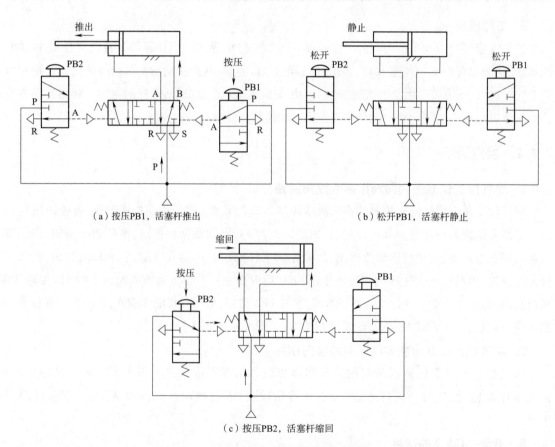

（a）按压PB1,活塞杆推出　　　　　　　　　　　　（b）松开PB1,活塞杆静止

（c）按压PB2,活塞杆缩回

图 2.3.3　双气控三位五通换向阀控制的换向回路

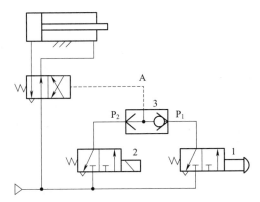
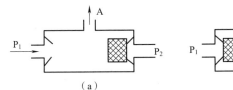
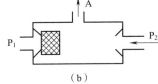
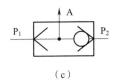

图 2.3.4　手动-自动换向回路

图 2.3.5　或门型梭阀的工作原理图

视 频

或门型梭阀
工作原理

　　由于梭阀阀芯像织布梭子一样来回运动,因而称为梭阀。它相当于两个单向阀。梭阀也可用于高低压转换回路,但必须在梭阀的高压进口侧加装一个二位三通阀,以免得不到低压。

4. 双压阀回路

　　气动方向控制阀按其特点可分为单向型和换向型两种。换向型方向控制阀简称换向阀,其工作原理和作用在前面回路中已有介绍。单向型方向控制阀包括单向阀、或门型梭阀、与门型梭阀和快速排气阀。由与门型梭阀组成的单作用气缸换向回路如图 2.3.6 所示。与门型梭阀又称双压阀,双压阀的工作原理图如图 2.3.7 所示。当气压单独由 P_1 或 P_2 输入时,其压力促使阀芯移动,封锁了与输出口的通道,即 A 口无气体输出。若 P_1 口先输入气压,P_2 口随后也有气压输入,则 P_2 口的气体由 A 口输出;若气压先由 P_2 口进入时,情况亦然。当 P_1 和 P_2 口输入的压力不等时,压力高的一侧被封锁,而低压侧的气体将通过 A 口输出。因此,双压阀只有当两个输入口 P_1 和 P_2 同时进气时,A 口才能输出。在逻辑控制上,双压阀又称与门逻辑元件。

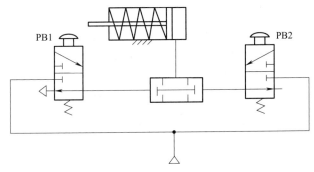

图 2.3.6　单作用气缸换向回路

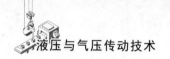

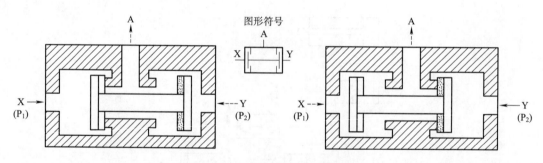

图2.3.7　双压阀的工作原理图

在熟悉双压阀的功能后,可对图2.3.6的回路进行实验和进一步分析。实验步骤和分析见表2.3.4。

表2.3.4　双压阀回路实验分析

操作方式和步骤	气缸活塞杆的运动情况		
(1)按压按钮 PB1	□推出	□静止	□缩回
(2)按压按钮 PB2	□推出	□静止	□缩回
(3)同时按压按钮 PB1 和 PB2	□推出	□静止	□缩回
(4)松开按钮 PB1 和 PB2	□推出	□静止	□缩回
(5)先按压按钮 PB1,再按压按钮 PB2	□推出	□静止	□缩回
(6)先按压按钮 PB2,再按压按钮 PB1	□推出	□静止	□缩回

● 视频

与门型梭阀
工作原理

注:在实验操作过程中,将观察到的运动情况对照表2.3.4在相应的选项上打"√"。

双压阀还常应用在安全保护回路中,详细内容见后面的介绍。

5. 快速排气阀及其应用回路

有些气压系统要求气缸必须快速返回其原位置,为达此目的,可以使用快速排气阀。快速排气阀又称快排阀。膜片式快速排气阀的结构和图形符号如图2.3.8所示。当P口进气时,膜片1被压下封住排气口,气流经膜片四周小孔由A口流出,同时关闭下口;当气流反向流动时,A口气压将膜片顶起封住P口,A口气体经O口迅速排掉。

● 视频

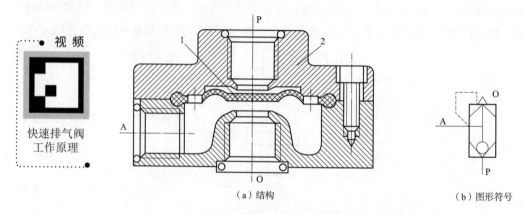

快速排气阀
工作原理

（a）结构　　　　　　　　　　　　　（b）图形符号

图2.3.8　膜片式快速排气阀的结构和图形符号

1—膜片;2—阀体

快速排气阀应用回路如图 2.3.9 所示。快速排气阀装在换向阀和气缸之间,它使气缸排气不用通过换向阀而快速排出,从而加快了气缸往复的运动速度,缩短了工作周期。

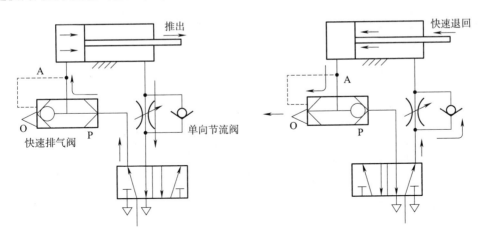

图 2.3.9　快速排气阀应用回路

3.2　速度控制回路和流量控制阀

3.2.1　流量控制阀

1. 节流阀

节流阀是改变空气的通流截面以改变压缩空气的流量。节流阀的工作原理图如图 2.3.10 所示。阀体上有一个调整螺钉,用来调整流通口的面积大小。节流阀主要用来调节气缸活塞的速度及系统中气体流动速度的控制。注意节流阀两个方向皆有节流作用,使用节流阀时通流面积不宜太小,因为空气中的冷凝水、尘埃等塞满阻流口通路时,会引起节流量的变化。

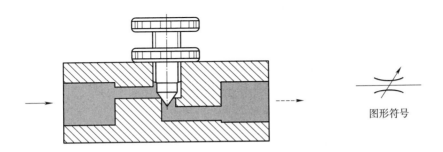

图形符号

图 2.3.10　节流阀的工作原理图

2. 单向节流阀

单向节流阀是由单向阀和节流阀并联而成的流量控制阀。单向节流阀的工作原理、图形符号及外形图如图 2.3.11 所示。当气体由左边进入时,膜片被顶开,流量不受节流阀限制。当气体由右边进入时,膜片被顶住,气体只能由节流间隙通过,流量被节流阀阻流口的大小所限制。单向节流阀通常用在单方向速度控制的气缸或系统中进行单向流量的控制。单向节流阀也常称为速度控制阀。

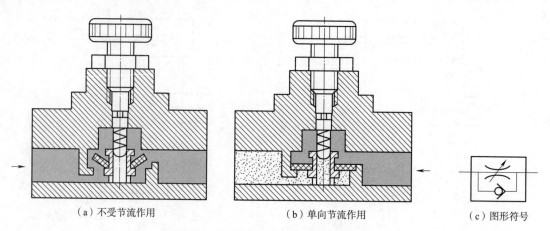

（a）不受节流作用 　　　　（b）单向节流作用 　　　　（c）图形符号

图 2.3.11　单向节流阀的工作原理及图形符号

由于压缩空气流经管路和单向控制阀时会产生压降,所以单向节流阀宜靠近控制对象进行安装,如图 2.3.12 所示。

3. 排气节流阀

排气节流阀的工作原理与节流阀相似。它通过调节节流口的通流面积来调节排入大气的流量,以改变气缸的运动速度。排气节流阀常带有消声器,通常安装在执行元件的排气口处。带消声器的排气节流阀的结构原理和图形符号如图 2.3.13 所示。

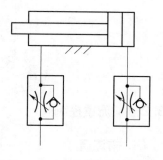

图 2.3.12　单向节流阀的安装

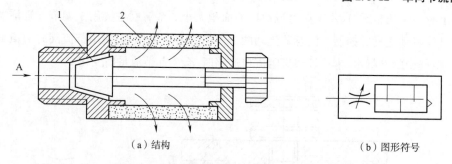

（a）结构 　　　　　　　　（b）图形符号

图 2.3.13　排气节流阀的结构原理与图形符号

1—节流口;2—消声套

4. 流量控制阀的使用和维护

由于气体具有较大的可压缩性,所以应用气控流量阀对气缸进行调速;其速度控制较难,易产生爬行。在使用中应注意以下几点:

（1）安装时应确认阀的流动方向没有装反,以避免气缸出现急速伸出而造成事故。

（2）流量阀应尽量安装在气缸附近,以减小气体压缩对速度的影响。

（3）气缸和活塞间的润滑要好。

（4）气缸的负载要稳定,在外负载变化很大的情况下,可采用气液联动以便较准确地进行调速。

（5）管道不存在漏气现象。

3.2.2   速度控制回路

速度控制回路就是通过控制流量的方法来控制气缸的运动速度的气动回路。下面介绍几种常用回路。

1. 单作用气缸速度控制回路

单作用气缸速度控制回路如图 2.3.14 所示。图 2.3.14（a）是利用单向节流阀实现活塞杆伸出速度可调及快速返回;图 2.3.14（b）可以进行双向速度调节。

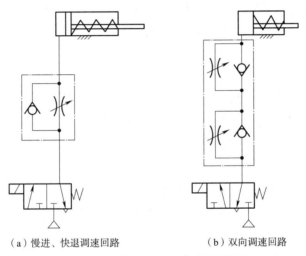

（a）慢进、快退调速回路　　　　（b）双向调速回路

图 2.3.14   单作用气缸速度控制回路

2. 双作用气缸速度控制回路

1）排气节流调速与进气节流调速

按照单向节流阀安装方向的不同,有进气节流和排气节流两种速度控制方式。排气节流调速与进气节流调速如图 2.3.15 所示。两种调速方式的特点见表 2.3.5。

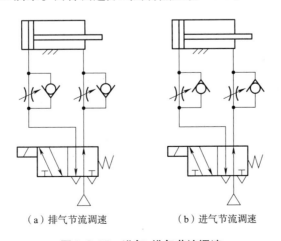

（a）排气节流调速　　　　（b）进气节流调速

图 2.3.15   进气、排气节流调速

表 2.3.5　两种调速方式的特点

特性项目	进气节流调速	排气节流调速
低速平稳性	易产生低速爬行	好
阀的打开程度及速度	没有比例关系	有比例关系
惯性的影响	对调速特性有影响	对调速特性影响很小
启动延时	小	与负载率成正比
启动加速度	小	大
行程终点速度	大	约等于平均速度
缓冲能力	小	大

由于排气节流调速的调速特性和低速平稳性较好,故在实际应用中大多采用排气节流调速方式。进气节流调速方式可用于单作用气缸、夹紧气缸、低摩擦力气缸,能防止气缸启动时活塞杆的"急速伸出"现象。

2)慢进-快退调速回路

如图 2.3.16 所示,电磁阀通电,受排气节流式调速阀的作用,气缸慢进。当电磁阀断电时,经快速排气阀迅速排气,气缸快退。当换向阀与气缸距离较远时,可用此回路。若将图中排气节流阀与快速排气阀对换即可实现快进-慢退调速回路。

3)双速驱动回路

在气动系统中,常要求实现气缸高低速驱动。双速驱动回路如图 2.3.17 所示。回路中二位三通电磁阀上有两条排气通路,一条是利用排气节流阀实现快速排气,另一条是通过排气节流式调速阀再经主换向阀排气实现慢速排气。使用时应注意,如果快速和慢速的速度相差太大,气缸速度在转换时则容易产生"弹跳"现象。

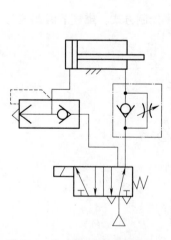

图 2.3.16　慢进-快退调速回路

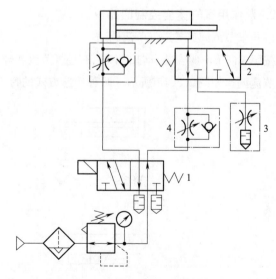

图 2.3.17　双速驱动回路

1—主换向阀;2—二位三通电磁换向阀;3—排气节流阀;4—单向节流阀

4）行程中途变速回路

将两个二位二通阀与速度控制阀并联,如图 2.3.18 所示,活塞运动至某位置,令二位二通电磁阀通电,则气缸背压腔气体便排入大气,从而改变了气缸的运动速度。

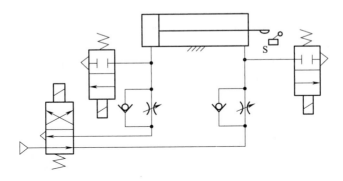

图 2.3.18　行程中途变速回路

3. 气液联用缸速度控制回路

由于空气的可压缩性,气缸的运动速度很难平稳。尤其在负载变化时,速度波动更大。例如,机械切削加工中的进给气缸要求速度平稳以保证加工精度,普通气缸很难满足。为此,可通过气液联合控制,调节油路中的节流阀来控制气液联用缸的运动速度。

图 2.3.19 所示为可以实现"快进-慢进-快退"的变速回路。当气动电磁换向阀 5 通电时,气液联用缸无杆腔进气,而有杆腔的油经行程阀 2 回至气液转换器 4,活塞杆快速前进。当活塞杆撞块压住行程阀 2 后,油路切断,有杆腔的油只能经阀 3 的节流阀回油至气液转换器 4,实现活塞杆慢进。调节节流阀即可得到所需的进给速度。当电磁阀断电时,通过气液转换器,油经阀 3 的单向阀进入缸 1 的有杆腔,推动活塞杆迅速返回。

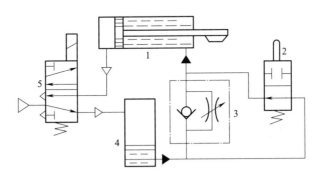

图 2.3.19　气液联用缸速度控制回路

1—气液联用缸;2—行程阀;3—单向节流阀;4—气液转换器;5—电磁换向阀

4. 气液阻尼缸速度控制回路

气液阻尼缸速度控制回路是用气缸传递动力,由液压缸阻尼和稳速,并由调速机构进行调速的回路。调速精度高,运动速度平稳,在金属切削机床中使用广泛。

如图 2.3.20 所示,电磁换向阀 6 通电,气液阻尼缸快进,当活塞运动到一定位置,其撞块压住行程阀 4,受阀 5 节流,则缸 1 慢进。当电磁换向阀 6 断电,则缸 1 快退。若取消阀 5 中的单向阀,

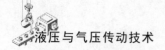

则回路能实现"快进-慢进-慢退-快退"的动作。

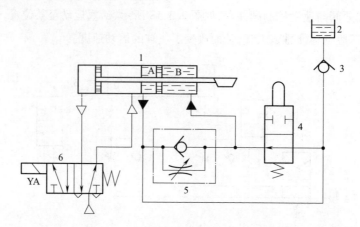

图 2.3.20　气液阻尼缸速度控制回路

1—气液阻尼缸;2—油杯;3—单向阀;4—行程阀;5—单向节流阀;6—电磁换向阀

 ## 3.3　压力控制回路和压力控制阀

　　压力控制包括两个方面,一是控制气源的压力,避免出现过高压力,造成配管或元件损坏,确保气动系统的安全;二是控制系统的使用压力,给元件提供必要的工作条件,维持元件的性能和气动回路的功能,控制气缸所要求的输出力和运动速度。

　　压力控制回路如图 2.3.21 所示。它采用溢流阀来控制储气罐内的压力,若储气罐内压力超过规定压力值时,溢流阀开启,压缩机输出的压缩空气由溢流阀排入大气,使储气罐内压力保持在规定范围内,回路由阀 3 来控制系统所需工作压力。调节和控制压力大小的气动元件称为压力控制阀。

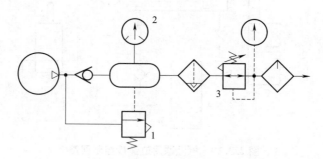

图 2.3.21　压力控制回路

1—溢流阀;2—压力计;3—减压阀

3.3.1　压力控制阀

　　在以前章节,已详细介绍了减压阀和安全阀的结构、功能和应用方法。在气动系统中,除了上述两类压力控制阀外,还有溢流阀、顺序阀等。

1. 溢流阀

溢流阀是在回路中的压力达到阀的规定值时,使部分气体从排气侧放出以保持回路内的压力在规定值的压力控制阀。溢流阀和安全阀的作用不同,但结构原理基本相同,详细内容可参见安全阀介绍。溢流阀的图形符号如图 2.3.21 元件 1 所示。

2. 顺序阀

顺序阀是依靠气路中压力的变化来控制各执行元件按顺序动作的压力控制阀。顺序阀的工作原理和图形符号如图 2.3.22 所示。它根据调节弹簧的压缩量来控制其开启压力。当输入压力达到顺序阀的调整压力时,阀口打开,压缩空气从 P 到 A 才有输出;反之 A 无输出。

顺序阀一般很少单独使用,往往与单向阀组合在一起构成单向顺序阀。单向顺序阀的工作原理和图形符号如图 2.3.22 所示。当压缩空气进入气腔 4 后,作用在活塞 3 上的气压超过压缩弹簧 2 上的力,将活塞顶起。压缩空气从 P 经气腔 4 和 5 到 A 输出,如图 2.3.22(a)所示。此时单向阀 6 在压差力及弹簧力的作用下处于关闭状态。当反向流动时,输入侧 P 变成排气口,输出侧压力将顶开单向阀 6 由 T 口排气,如图 2.3.22(b)所示。调节旋钮 1 可以改变单向顺序阀的开启压力,以便在不同的开启压力下,控制执行元件的顺序动作。

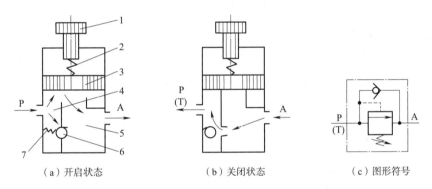

（a）开启状态　　　　　　（b）关闭状态　　　　　　（c）图形符号

图 2.3.22　单向顺序阀的工作原理和图形符号

1—旋钮;2,7—弹簧;3—活塞;4,5—气腔;6—单向阀

3.3.2　压力控制回路

1. 一次压力控制回路

一次压力控制回路可以采用溢流阀或电触点压力计来控制。由溢流阀控制的回路如图 2.3.21 所示。当采用溢流阀控制时,结构简单、工作可靠,但气量浪费大。当采用电触点压力计来控制时,是用电触点压力计直接控制压缩机的停止或转动。当电触点压力计发生故障时,空压机若不能停止运转,则气罐内的压力会不断上升,当压力升至安全阀的调定压力时,安全阀会自动开启,气量向外界溢流,以保护气罐的安全。

2. 二次压力控制回路

气缸或气压马达系统常用的压力控制回路如图 2.3.23 所示,其输出压力由减压阀调整,若回路中需要多种不同的工作压力,可采用图 2.3.24 所示的回路。

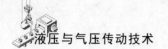

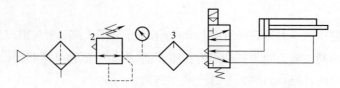

图 2.3.23　二次压力控制回路

1—空气过滤器；2—减压阀；3—油雾器

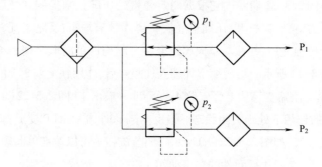

图 2.3.24　需要不同工作压力的回路

3. 高低压转换回路

在实际应用中，某些气压控制系统需要有高、低压力的选择。高低压转换回路如图 2.3.25 所示。该回路由两个减压阀分别调出 p_1 和 p_2 两种不同的压力，再利用一个方向控制阀构成高低压力 p_1 和 p_2 的自动转换。

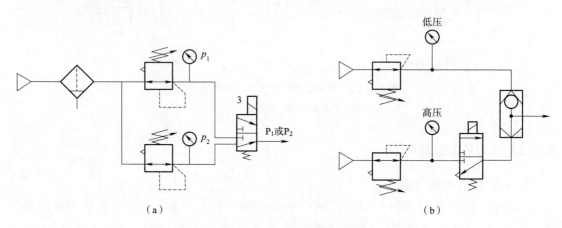

（a）　　　　　　　　　　　　　　　　（b）

图 2.3.25　高低压转换回路

3.4　气动逻辑回路

气动逻辑回路是把气动回路按照基本逻辑关系组合而成的回路。气控信号按照基本逻辑关系可组成"是""非""或""与"等基本逻辑回路。用这些逻辑回路的目的是便于对气动控制系统的分析及设计。

3.4.1　各种逻辑回路

表2.3.6介绍了由阀类元件组成的逻辑回路。表中右边的"真值表"是逻辑回路的动作说明。表中,a,b为输入信号;S,S_1,S_2为输出信号;"0""1"分别表示无信号和有信号。

表 2.3.6　由阀类元件组成的逻辑回路

名称	回　路　图	逻辑符号及表达式	动作真值表	
是回路		$S=a$	a S / 0 0 / 1 1	有信号a,S有输出;无a则S无输出
非回路		$S=\bar{a}$	a S / 0 1 / 1 0	有信号a,S无输出;无a则S有输出
或回路		$S=a+b$	a b S / 0 0 0 / 0 1 1 / 1 0 1 / 1 1 1	有a或b任一个信号,S就有输出
或非回路	(a)　　　(b)	$S=\overline{a+b}$	a b S / 0 0 1 / 0 1 0 / 1 0 0 / 1 1 0	有a或b任一个信号,S就无输出
与回路	(a) 有源　　　(b) 无源	$S=\overline{a}\cdot\overline{b}$	a b S / 0 0 0 / 1 0 0 / 0 1 0 / 1 1 1	只有当a和b同时存在时,S才有输出
与非回路		$S=\overline{ab}$	a b S / 0 0 1 / 1 0 1 / 0 1 1 / 1 1 0	信号a和b同时有时,S才无输出
禁回路	(a) 无源　　　(b) 有源	$S=\overline{a}\cdot b$	a b S / 0 0 0 / 0 1 1 / 1 0 0 / 1 1 0	有信号a时,S无输出;当无信号a、有信号b时,S才有输出

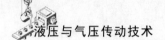
液压与气压传动技术

名称	回路图	逻辑符号及表达式	动作真值表
记忆回路	(a) 双稳　　(b) 单记忆	(a)　　(b)	有信号a时，S_1有输出；a消失，S_1仍有输出，直到有信号b时，S_1才无输出。记忆回路要求a、b不能同时加入
脉冲回路		a—⊐_∟—S	回路可把长信号a变为一个脉冲信号S输出。脉冲宽度可由气阻R、气容C调节。回路要求a的持续时间大于脉冲宽度t
延时回路		a—⊐_t—S	当有信号a时，需延时t时间后S才有输出。调节气阻R、气容C可调t。回路要求a的持续时间大于t

记忆回路动作真值表：

a	b	S_1	S_2
1	0	1	0
0	0	1	0
0	1	0	1
0	0	0	1

3.4.2　逻辑回路的应用实例

由"与"回路组成的双手操作回路如图2.3.26所示。只有同时压下手动按钮阀1和阀2时，才能使压缩空气进入气缸，将零件A压向零件B，起到安全保护作用。

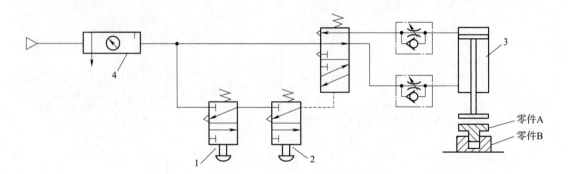

图2.3.26　由"与"回路组成的双手操作回路

1,2—手动按钮；3—气缸；4—气源调节装置

手动-自动换向回路如图2.3.4所示，是利用梭阀实现"或"回路的应用实例。

3.5　其他常用基本回路

3.5.1　安全保护回路

1. 双手操作回路

当使用冲床等机器时,若一手拿冲料而另一手操作启动阀,极易造成工伤事故。若改用两手同时操作冲床才动作的话,可保护双手安全。双手同时操作回路如图 2.3.26 所示。但此回路中,若其中一个手动阀因弹簧失效而不复位,当不小心碰到另一个手动阀按钮时,气缸便会动作,故该回路的安全性稍差。

如图 2.3.27 所示的回路,需要双手在很短时间间隔内"同时"操作,气缸才能动作。若双手不同时按下,气罐 3 中的气将从阀 1 的排气口排空,主控阀 4 就不能换向,则气缸不能动作。此外,阀 1 或阀 2 因弹簧失效而未复位时,气罐 3 得不到充气,气缸也不会动作,因此该回路的安全性较好。

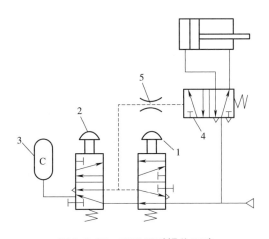

图 2.3.27　双手同时操作回路
1,2—手动阀;3—罐;4—主控阀;5—节流阀

视频 ●
板材成型机
工作过程

视频 ●
板材成型控制
回路工作原理

2. 过载保护回路

过载保护回路如图 2.3.28 所示。在正常工作情况下,按下手动阀,主控阀 2 切换至左位,气缸活塞杆右行,当活塞杆上挡铁碰到行程阀 5 时,控制气体又使阀 2 切换至右位,活塞杆缩回。当气缸活塞杆伸出时遇到故障,造成负载过大,气缸无杆腔压力升高,当压力超过顺序阀 3 的设定压力时,顺序阀开启,主控阀 2 切换至右位,气缸活塞杆缩回,实现过载保护。

3. 缓冲回路

采用单向节流阀和行程阀配合的缓冲回路如图 2.3.29 所示。当活塞前进到预定位置压下行程阀时,气缸排气腔的气流只能从节流阀通过,使活塞速度减慢,达到缓冲目的。这种回路常用于惯性较大的气缸。

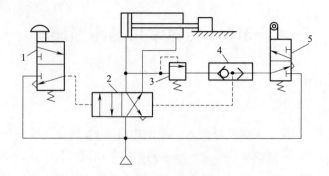

图 2.3.28　过载保护回路

1—手动阀;2—主控阀;3—顺序阀;4—或门型梭阀;5—行程阀

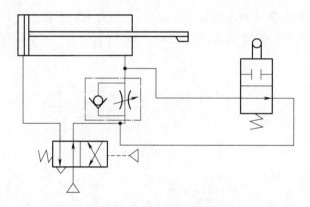

图 2.3.29　采用单向节流阀和行程阀配合的缓冲回路

3.5.2　延时控制回路

1. 延时断开回路

延时断开回路如图 2.3.30(a)所示。当按下手动阀 A 后,阀 B 立即换向,活塞杆伸出,同时压缩空气经节流阀进入气罐 C。经过一段时间后,气罐中压力升到一定值后,阀 B 自动换向,活塞杆返回。调节节流阀的打开程度可获得不同的延时时间。

2. 延时接通回路

如图 2.3.30(b)所示,按下阀 A,压缩空气经阀 A 和节流阀进入气罐 C,经过一定时间气罐 C 中压力达到一定值后,阀 B 才换向,使气路接通;拉出阀 A,气罐中的压缩空气经单向阀快速排出,阀 B 换向,气路排气。

3.5.3　顺序动作回路

顺序动作是指在气动回路中,各个气缸按一定程序完成各自的动作。例如,单缸有单往复动作、二次往复动作和连续往复动作等;双缸及多缸有单往复和多往复顺序动作等。

1. 单往复动作回路

三种单往复动作回路如图 2.3.31 所示。行程阀控制的单往复回路如图 2.3.31(a)所示。

当按下阀1的按钮后,压缩空气使阀3换向,活塞杆伸出,当活塞杆上的挡铁压下行程阀2时,阀3复位,活塞杆返回,完成一次循环。压力控制的单往复动作回路如图2.3.31(b)所示。当按下阀1的按钮后,阀3的阀芯右移,气缸无杆腔进气,活塞杆伸出,同时气压还作用在顺序阀上,当活塞到达终点后,无杆腔内压力升高,打开顺序阀,使阀3换向,活塞杆返回,完成一次循环。利用延时回路形成的时间控制单往复动作回路如图2.3.31(c)所示。当按下阀1的按钮后,阀3换向,气缸活塞杆伸出,当压下行程阀2后,延时一段时间,阀3才换方向,活塞杆返回,完成一次循环。

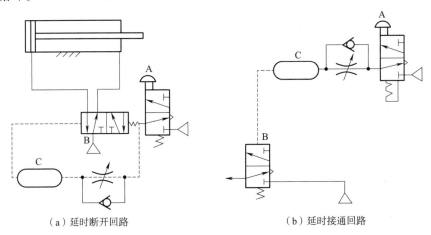

(a)延时断开回路　　　　　　　　　　　(b)延时接通回路

图2.3.30　延时控制回路

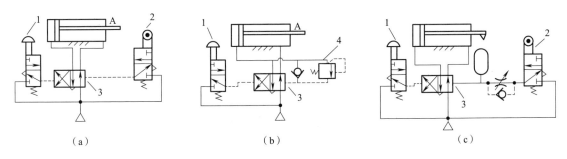

(a)　　　　　　　　　　(b)　　　　　　　　　　(c)

图2.3.31　单往复运动回路

1—手动阀;2—行程阀;3—主控阀;4—顺序阀

在单往复动作回路中,每按下一次按钮,气缸就完成一次往复动作。

2. 连续往复动作回路

连续往复动作回路如图2.3.32所示。当按下阀1的按钮后阀4换向,活塞杆向前运动,这时由于阀3复位而将气路封闭,使阀4不能复位,活塞杆继续向前运动。到达行程终点压下行程阀2,使阀4控制气路排气,在弹簧作用下阀4复位,活塞杆返回,在终点压下阀3,阀4换向,活塞杆再次向前运动。就这样形成连续往复动作,只有提起阀1的按钮后,阀4复位,活塞杆返回而停止运动。

【例3-1】试分析图2.3.33所示的气动回路的工作过程,并指出各元件的名称和回路特点。

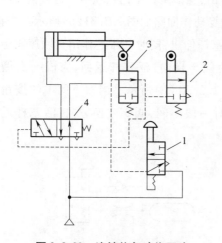

图 2.3.32　连续往复动作回路

1—手动阀;2,3—行程阀;4—主控阀

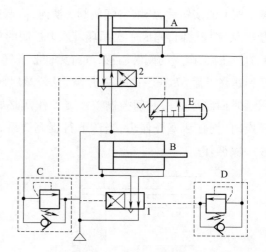

图 2.3.33　气动回路

解:

1)各元件的名称

A、B——双作用气缸;

C、D——单向顺序阀;

　E——启动阀;

　1、2——双气控二位四通换向阀。

2)回路特点

这是一个由顺序阀组成的顺序动作回路,它可以完成"缸 A 向右→缸 B 向右→缸 A 向左→缸 B 向左"的半自动双缸顺序动作。

 思考题与习题

1. 说明图 2.3.34 所示图形符号所表示控制阀的名称。

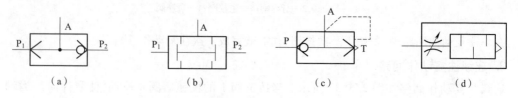

　（a）　　　　　　　（b）　　　　　　　（c）　　　　　　　（d）

图 2.3.34　图形符号

2. 气动方向控制阀的控制方式有哪些?

3. 如图 2.3.30 所示的双手同时操作回路为什么能起到保护操作者的作用?

4. 说明图 2.3.35 所示回路的作用。

5. 什么是延时控制回路?它相当于电器元件中的什么元件?

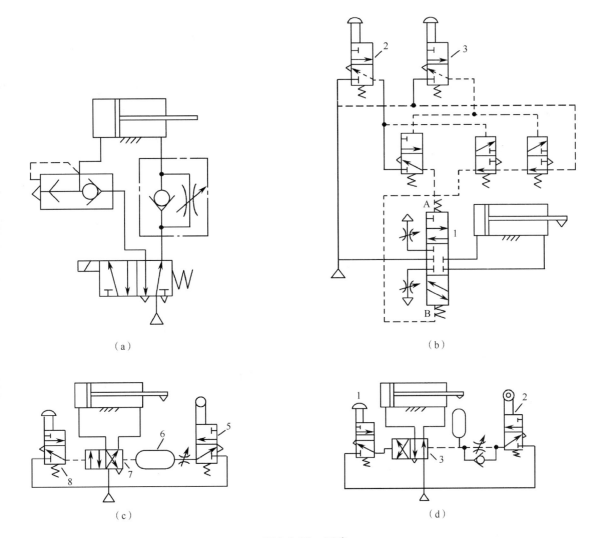

（a）　　　　　　　　　　　（b）

（c）　　　　　　　　　　　（d）

图 2.3.35　回路

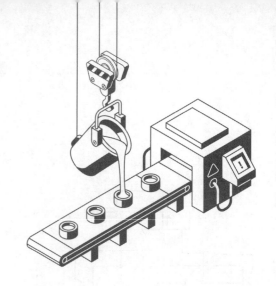

第4章

气动辅助元件

 4.1　空气处理组件

　　将过滤器、减压阀和油雾器等组合在一起,称为空气处理组件。该组件可缩小外形尺寸、节省空间,便于维修和集中管理。

　　将过滤器和减压阀一体化,称为过滤减压阀;将过滤减压阀和油雾器连成一个组件,称为空气处理二联件;将过滤器、减压阀和油雾器连成一个组件,称为空气处理三联件,又称气动三联件或气动三大件,如图2.4.1所示。组合单元的选择要根据气动回路元件对压缩空气的要求是否需要减压,是否需要过滤,是否需要润滑来配置。

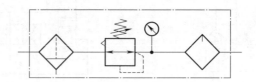

图2.4.1　气动三联件图形符号

气动三联件和二联件的连接方式见表2.4.1。

表2.4.1　气动三联件和二联件的连接方式

连接方式	连接原理	优、缺点
管连接	用配管螺纹将各件连接成一个组件	轴向尺寸长。装配时,为保证各件处于同一平面内,较难保证密封。装卸时,易损坏连接螺纹
螺钉连接	用两个或四个长螺钉,将几件连成一个组件	轴向尺寸短。为了留出连接螺钉的空间,各件体积要加大。大通径元件,保证密封较难
插入式连接	把各件插装在同一支架中组合而成。插入支架后用螺母吊住。支架与阀体相结合处用O形密封圈密封。为防止阀体与接头接触不严,两端备有紧固螺钉	结构紧凑,使用维修方便。其中一个元件失灵,用手拧下吊住阀体的吊盖,即可卸下失灵元件更换
模块式连接	运用斜面原理,把两个元件拉紧在一起,中间加装密封圈,只需上紧螺钉即可完成装配	安装简易,密封性好,易于标准化、系列化,轴向尺寸略长

4.2　管　道　系　统

4.2.1　管道连接件

1. 管道连接件的功用及类型

有了管子和各种管接头,才能把气动控制元件、执行元件以及辅助元件等连接成一个完整的气动控制系统,因此,实际应用中,管道连接件是不可缺少的。

管道连接件包括管子和各种管接头。管子可分为硬管和软管两种。硬管有铁管、铜管、黄铜管、紫铜管和硬塑料管等;软管有塑料管、尼龙管、橡胶管、金属编织塑料管以及挠性金属导管等。

总气管和支气管等一些固定不动的、不需要经常装拆的地方,使用硬管。连接运动部件和临时使用、希望装拆方便的管路应使用软管。

气动系统中使用的管接头的结构及工作原理与液压管接头基本相似,有卡套式、扩口螺纹式、卡箍式、插入快换式等。

2. 软管接头的结构形式

软管接头种类、规格很多,典型结构形式如图 2.4.2 所示,有直通、终端、直角、三通、四通、多通、异径、内外螺纹及带单向阀等应用于不同场合的各种管接头。管接头材料一般用黄铜或工程塑料制成。有的在黄铜接头体上再镀铬加以抛光,以增加防腐蚀性能及美观程度。管接头螺纹有公制细牙、圆柱管螺纹和圆锥管螺纹,从密封角度推荐用圆锥管螺纹接头,且在螺纹上涂密封层。

图 2.4.2　各类软管接头

结构图

PC快插式
管接头

结构图

PKD快插式
管接头

结构图

PXT快插式
管接头

结构图

PZA快插式
管接头

结构图

PMP快插式
管接头

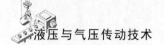

4.2.2 管道系统的布置原则

1. 按供气压力考虑

在实际应用中,如果只有一种压力要求,则只需设计一种管道供气系统;如有多种压力要求,则其供气方式有以下三种。

(1)多种压力管道供气系统。多种压力管道供气系统适用于气动设备有多种压力要求,且用气量都比较大的情况。应根据供气压力大小和使用设备的位置,设计几种不同压力的管道供气系统。

(2)降压管道供气系统。降压管道供气系统适用于气动设备有多种压力要求,但用气量都不大的情况。应根据最高供气压力设计管道供气系统,气动装置需要的低压,利用减压阀降压来得到。

(3)管道供气与瓶装供气相结合的供气系统。管道供气与瓶装供气相结合的供气系统适用于大多数气动装置都使用低压空气,部分气动装置需用气量不大的高压空气的情况。应根据对低压空气的要求设计管道供气系统,而气量不大的高压空气采用气瓶供气方式来解决。

2. 按供气的空气质量考虑

根据各气动装置对空气质量的不同要求,分别设计成一般供气系统和清洁供气系统。若一般供气量不大,为了减少投资,可用清洁供气代替。若清洁供气系统的用气量不大,可单独设置小型净化干燥装置来解决。

3. 按供气可靠性和经济性考虑

(1)单树枝状管网供气系统。图2.4.3(a)所示为单树枝状管网供气系统。这种供气系统简单、经济性好。多用于间断供气。阀门Ⅰ、Ⅱ串联在一起是考虑经常使用的阀门Ⅱ如果不能关闭,可关闭阀门Ⅰ。

(2)单环状管网供气系统。图2.4.3(b)所示为单环状管网供气系统。这种系统供气可靠性高,压力较稳定。当支管上有一阀门损坏需检修时,将环形管道上的两侧阀门关闭,整个系统仍能继续供气。该系统投资较高,冷凝水会流向各个方向,故应设置较多的自动排水器。

(3)双树枝状管网供气系统。图2.4.3(c)所示为双树枝状管网供气系统。这种系统能保证所有气动装置不间断供气,它实际上相当于两套单树枝状管网供气系统。

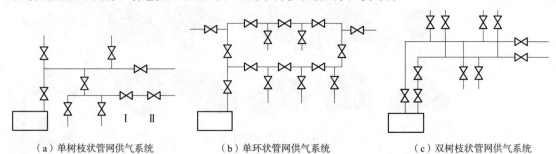

　(a)单树枝状管网供气系统　　　　(b)单环状管网供气系统　　　　(c)双树枝状管网供气系统

图2.4.3　管路系统

4.2.3　管道布置的注意事项

①空气管道应按现场实际情况布置,尽量与其他管线(如水管、煤气管、暖气管等)、电线等统一协调布置。

②管道进入用气车间,应根据气动装置对空气质量的要求,设置配气容器、截止阀、气动三联件等。

③车间内部压缩空气主干管道应沿墙或柱子架空铺设,其高度不应妨碍运行,又便于检修。管长超过 5 m,顺气流方向管道向下坡度为 1% ~ 3%。为避免长管道产生挠度,应在适当部位安装托架。管道支撑不得与管道焊接。

④沿墙或柱子接出的支管必须在主干管上部采用大角度拐弯后再向下引出。支管沿墙或柱子离地面 1.2 ~ 1.5 m 处接一气源分配器,并在分配器两侧接支管或管接头,以便用软管接到气动装置上使用。在主干管及支管的最低点设置集水罐,集水罐下部设置排水器,以排放污水。

⑤为便于调整、不停气维修和更换元件,应设置必要的旁通回路和截止阀。

⑥管道装配前,管道、接头和元件内的流道必须清洗干净,不得有毛刺、铁屑、氧化皮等异物。

⑦使用钢管时,一定要选用表面镀锌的管子。

⑧在管路中容易积聚冷凝水的部位,如倾斜管末端、支管下垂部、储气罐底部、凹形管道部位等,必须设置冷凝水的排放口或自动排水器。

⑨主管道入口处应设置主过滤器。从支管至各气动装置的供气都应设置独立的过滤、减压或油雾装置。

典型管路布置如图 2.4.4 所示。

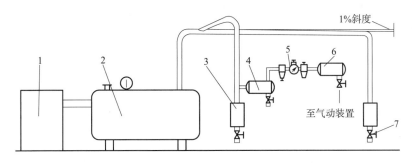

图 2.4.4　典型管路布置

1—压缩机;2—储气罐;3—凝液收集管;4—中间储罐;5—气动三联件;6—系统用储气罐;7—排放阀

 ## 思考题与习题

1. 简述气动元件布管原则。

2. 气源三联件分别是什么? 各起到什么作用?

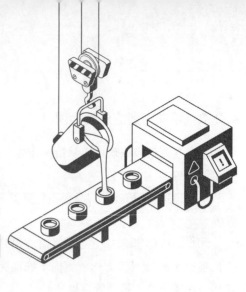

第5章

气动系统的安装使用及维护

5.1 气动系统的安装及调试

5.1.1 气动系统的安装

1. 管道的安装

● 视 频

气动元件
的安装

(1)安装前要检查管道内壁是否光滑,并进行除锈和清洗。

(2)管道支架要牢固,工作时不得产生振动。

(3)装紧各处接头,管路不允许漏气。

(4)管道焊接应符合规定标准的要求。

(5)管路系统中任何一段管道均可自由拆装。

(6)管道安装的倾斜度、弯曲半径、间距和坡向均要符合有关规定。

2. 元件的安装

(1)安装前应对元件进行清洗,必要时要进行密封试验。

(2)各类阀体上的箭头方向或标记,要符合气流流动方向。

(3)动密封圈不要装得太紧,尤其是U形密封圈,否则阻力太大。

(4)移动缸的中心线与负载作用力的中心线要同轴,否则会引起侧向力,使密封件加速磨损,活塞杆弯曲。

(5)各种自动控制仪表、自动控制器、压力继电器等,在安装前应进行校验。

5.1.2 气动系统的调试

1. 调试前的准备工作

(1)要熟悉说明书等有关技术资料,力求全面了解系统的原理、结构性能及操纵方法。

(2)了解需要调整的元件在设备上的实际位置、操纵方法及调节旋钮的旋向等。

(3)准备好调试工具及仪表。

2. 空载试运行

空载试运行不得少于 2 h,注意观察压力、流量、温度的变化。

3. 负载试运行

负载运转应分段加载,运转不得少于 4 h,分别测出有关数据,记入试车记录。

 # 5.2　气动系统的使用及维护

气动系统的使用与维护保养是保证系统正常工作、减少故障发生、延长使用寿命的一项十分重要的工作。维护保养应及早进行,不应拖延到故障已发生,需要修理时才进行,也就是要进行预防性的维护保养。

5.2.1　气动系统的使用

1. 气动系统的使用注意事项

(1)日常维护需对冷凝水和系统润滑进行管理。

(2)开车前后要放掉系统中的冷凝水。

(3)定期给油雾器加油。

(4)随时注意压缩空气的清洁度,对分水滤气器的滤芯要定期清洗。

(5)开车前检查各调节旋钮是否在正确位置,行程阀、行程开关、挡块的位置是否正确、牢固。对活塞杆、导轨等外露部分的配合表面进行擦拭后方能开车。

(6)长期不使用时,应将各旋钮放松,以免弹簧失效而影响元件的性能。

(7)间隔三个月需定期检修,一年应进行一次大修。

(8)对受压容器应定期检验,漏气、漏油、噪声等要进行防治。

2. 压缩空气的污染及防止方法

压缩空气的质量对气动系统性能的影响极大,它如被污染将使管道和元件锈蚀、密封件变形、喷嘴堵塞,使系统不能正常工作。压缩空气的污染主要来自水分、油分和粉尘三个方面,其污染原因及防止方法如下。

(1)水分。空气压缩机吸入的是含水分的湿空气,经压缩后提高了压力,当再度冷却时就要析出冷凝水,侵入到压缩空气中致使管道和元件锈蚀,影响其性能。

防止冷凝水侵入压缩空气的方法是,及时排除系统各排水阀中积存的冷凝水,经常注意自动排水器、干燥器的工作是否正常,定期清洗空气过滤器、自动排水器的内部元件等。

(2)油分。这里是指使用过的因受热而变质的润滑油。压缩机使用的一部分润滑油成雾状混入压缩空气中,受热后汽化,随压缩空气一起进入系统,将使密封件变形,造成空气泄漏,摩擦阻力增大,阀和执行元件动作不良,而且还会污染环境。

清除压缩空气中油分的方法是,较大的油分颗粒,通过除油器和空气过滤器的分离作用同空气分开,从设备底部排污阀排除;较小的油分颗粒,则可通过活性炭吸附作用清除。

(3)粉尘。大气中含有的粉尘、管道内的锈粉及密封材料的碎屑等侵入到压缩空气中,将引起元件中的运动件卡死、动作失灵、喷嘴堵塞,加速元件磨损,降低使用寿命,导致故障发生,严重影

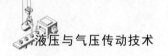

系统性能。

防止粉尘侵入压缩机的主要方法是,经常清洗空气压缩机前的预过滤器,定期清洗空气过滤器的滤芯,及时更换滤清元件等。

5.2.2 启动系统的维护

1. 气动系统维护保养的中心任务

(1)保证供给气动系统清洁干燥的压缩空气。

(2)保证气动系统的气密性。

(3)保证使油雾润滑元件得到必要的润滑。

(4)保证气动元件和系统在规定的工作条件(如使用压力、电压等)下工作和运转,以保证气动执行机构按预定的要求进行工作。

维护工作可以分为经常性维护工作和定期维护工作。维护工作应有记录,以利于以后的故障诊断和处理。

2. 气动系统的日常维护保养

(1)对冷凝水的管理。空气压缩机吸入的是含有水分的湿空气,经压缩后提高了压力,当再度冷却时就要析出冷凝水,侵入到压缩空气中,使管道和元件锈蚀。防止的方法是及时排除系统各排水阀中积存的冷凝水,经常检查自动排水器、干燥器是否正常,定期清洗分水滤气器、自动排水器。

(2)对系统润滑的管理。气动系统中从控制元件到执行元件凡有相对运动的表面都需要润滑。如果润滑不当,会使摩擦力增大,导致元件动作不灵敏,因密封磨损会引起泄漏,润滑油的性质将直接影响润滑的效果。通常,高温环境下使用高黏度的润滑油,低温环境下则使用低黏度的润滑油,如果温度特别低,为克服起雾困难可在油杯内装加热器。供油量随润滑部位的形状、运动状态及负载大小而变化。供油量总是大于实际需要量。一般以每 10 m³ 自由空气供给 1 mL 的油量为基准。在系统工作过程中,要经常检查油雾器是否正常,如发现油杯中油量没有减少,需要及时调整滴油量或进行检修。

(3)对空压机系统的管理。检查空压机系统是否向后冷却器供给了冷却水(指水冷式),检查空压机是否有异常声音和异常发热现象,检查润滑油位是否正常。

3. 气动系统的定期检修

定期检修的时间间隔通常为三个月。其主要内容如下。

(1)查明系统各泄漏处,并设法予以解决。

(2)通过对方向控制阀排气口的检查,判断润滑油是否适度,空气中是否有冷凝水。如果润滑不良,考虑油雾器规格是否合适,安装位置是否恰当,滴油量是否正常等。如果有大量冷凝水排出,考虑过滤器的安装位置是否恰当,排除冷凝水的装置是否合适,冷凝水的排除是否彻底。如果方向控制阀排气口关闭时,仍有少量泄漏,往往是元件损伤的初期阶段,检查后,可更换磨损元件以防止发生动作不良。

(3)检查安全阀、紧急安全开关动作是否可靠。定期检修时,必须确认它们动作的可靠性,以确保设备和人身安全。

(4)观察换向阀的动作是否可靠。根据换向时声音是否异常,判定铁芯和衔铁配合处是否有杂质。检查铁芯是否有磨损,密封件是否老化。

(5)反复开关换向阀观察气缸动作,判断活塞上的密封是否良好。检查活塞杆外露部分,判定前盖的配合处是否有泄漏。

上述各项检查和修复的结果应记录下来,以作为设备出现故障查找原因和设备大修时的参考。

气动系统的大修间隔期为一年或几年。其主要内容是检查系统各元件和部件,判定其性能和寿命,并对平时产生故障的部位进行检修或更换元件,排除修理间隔期间内一切可能产生故障的因素。

5.3　气动系统的常见故障及排除方法

5.3.1　气动系统的故障种类

由于故障发生的时期不同,故障的内容和原因也不同。因此,可将故障分为初期故障、突发故障和老化故障。

1. 初期故障

在调试阶段和开始运转的两三个月内发生的故障称为初期故障。其产生的原因如下。

(1)元件加工、装配不良。如元件内孔的研磨不符合要求,零件毛刺未清除干净,安装不清洁,零件装错、装反,装配时对中不良,紧固螺钉拧紧力矩不恰当,零件材质不符合要求,外购零件(如密封圈、弹簧)质量差等。

(2)设计失误。设计元件时,对零件的材料选用不当,加工工艺要求不合理,对元件的特点、性能和功能了解不够,造成设计回路时元件选用不当。设计的空气处理系统不能满足气动元件和系统的要求,回路设计出现错误。

(3)安装不符合要求。安装时,元件及管道内吹洗不干净,使灰尘、密封材料碎片等杂质混入,造成气动系统故障,安装气缸时存在偏载。没有采取有效的管道防松、防振措施。

(4)维护管理不善如未及时排放冷凝水,未及时给油雾器补油等。

2. 突发故障

系统在稳定运行时期内突然发生的故障称为突发故障。例如,油杯和水杯都是用聚碳酸酯材料制成的,如它们在有机溶剂的雾气中工作,就有可能突然破裂;空气或管路中残留的杂质混入元件内部,突然使相对运动件卡死;弹簧突然折断、软管突然爆裂、电磁线圈突然烧毁;突然停电造成回路误动作等。

有些突发故障是有先兆的。如排出的空气中出现杂质和水分,表明过滤器已失效,应及时查明原因并予以排除,以免酿成突发故障。但有些突发故障是无法预测的,只能采取安全保护措施加以防范,或准备一些易损件的备件,以备及时更换失效的元件。

3. 老化故障

个别或少数元件达到使用寿命后发生的故障称为老化故障。参照系统中各元件的生产日期、

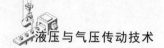

开始使用日期、使用的频繁程度以及已经出现的某些征兆,如声音反常、泄漏越来越严重、气缸运动不平稳等现象,大致预测老化故障的发生期限是有可能的。

5.3.2 气动系统常见故障及排除方法

(1)减压阀的常见故障及排除方法见表2.5.1。

表2.5.1 减压阀的常见故障及排除方法

故　障	原　因	排除方法
二次压力升高	①阀弹簧损坏; ②阀座有伤痕,或阀座橡胶剥离; ③阀体中夹入灰尘,阀导向部分黏附异物; ④阀芯导向部分和阀体的O形密封圈收缩、膨胀	①更换阀弹簧; ②更换阀体; ③清洗、检查滤清器; ④更换O形密封圈
压力降很大 (流量不足)	①阀口径小; ②阀下部积存冷凝水,阀内混入异物	①使用口径大的减压阀; ②清洗、检查滤清器
溢流口总是漏气	①溢流阀座有伤痕(溢流式); ②膜片破裂; ③二次压力升高; ④二次侧背压增高	①更换溢流阀座; ②更换膜片; ③参见"二次压力上升"; ④检查二次侧的装置、回路
阀体漏气	①密封件损伤; ②弹簧松弛	①更换密封件; ②张紧弹簧
异常振动	①弹簧的弹力减弱,弹簧错位; ②阀体的中心和阀杆的中心错位; ③因空气消耗量周期变化使阀不断开启、关闭,与减压阀引起共振	①把弹簧调整到正常位置,更换弹力减弱的弹簧; ②检查并调整位置偏差; ③和制造厂协商

(2)溢流阀的常见故障及排除方法见表2.5.2。

表2.5.2 溢流阀的常见故障及排除方法

故　障	原　因	排除方法
压力虽上升,但不溢流	①阀内部的孔堵塞; ②阀芯导向部分进入异物	清洗
压力虽没有超过设定值,但在二次侧却溢出空气	①阀内进入异物; ②阀座损伤; ③调压弹簧损坏	①清洗; ②更换阀座; ③更换调压弹簧
溢流时发生振动 (主要发生在膜片式阀,启闭压力差较小)	①压力上升速度很慢,溢流阀放出流量多,引起阀振动; ②因从压力上升源到溢流阀之间被节流,阀前部压力上升慢而引起振动	①二次侧安装针阀微调溢流量,使其与压力上升量匹配; ②增大压力上升源到溢流阀的管道口径
从阀体和阀盖向外漏气	①膜片破裂(膜片式); ②密封件损伤	①更换膜片; ②更换密封件

（3）换向阀常见故障及其排除方法见表2.5.3。

表 2.5.3　换向阀常见故障及其排除方法

故　障	原　因	排除方法
不能换向	①阀的滑动阻力大,润滑不良; ②O 形密封圈变形; ③粉尘卡住滑动部分; ④弹簧损坏; ⑤阀操纵力小; ⑥活塞密封圈磨损	①进行润滑; ②更换密封圈; ③清除粉尘; ④更换弹簧; ⑤检查阀操纵部分; ⑥更换密封圈
阀产生振动	①空气压力低(先导型); ②电源电压低(电磁阀)	①提高操纵压力,采用直动型; ②提高电源电压,使用低电压线圈
交流电磁铁有蜂鸣声	①活动铁芯密封不良; ②粉尘进入铁芯的滑动部分,使活动铁芯不能密切接触; ③T 形活动铁芯的铆钉脱落,铁芯叠层分开不能吸合; ④短路环损坏; ⑤电源电压低; ⑥外部导线拉得太紧	①检查铁芯接触和密封性,必要时更换铁芯组件; ②清除粉尘; ③更换活动铁芯; ④更换固定铁芯; ⑤提高电源电压; ⑥导线应宽裕
电磁铁动作时间偏差大,或有时不能动作	①活动铁芯锈蚀,不能移动;在湿度高的环境中使用气动元件时,由于密封不完善而向磁铁部分泄漏空气; ②电源电压低; ③粉尘等进入活动铁芯的滑动部分,使运动恶化	①铁芯除锈,修理好对外部的密封,更换坏的密封件; ②提高电源电压或使用符合电压的线圈; ③清除粉尘
线圈烧毁	①环境温度高; ②快速循环使用; ③因为吸引时电流大,单位时间耗电多,温度升高,使绝缘损坏而短路; ④粉尘夹在阀和铁芯之间,不能吸引活动铁芯; ⑤线圈上残余电压	①按产品规定温度范围使用; ②使用高级电磁阀; ③使用气动逻辑回路; ④清除粉尘; ⑤使用正常电源电压,使用符合电压的线圈
切断电源,活动铁芯不能退回	粉尘夹入活动铁芯滑动部分	清除粉尘

（4）气缸的常见故障及其排除方法见表2.5.4。

表 2.5.4　气缸的常见故障及其排除方法

故　障	原　因	排除方法
外泄漏: ①活塞杆与密封衬套间漏气; ②气缸体与端盖间漏气; ③缓冲装置的调节螺钉处漏气	①衬套密封圈磨损; ②活塞杆偏心; ③活塞杆有伤痕; ④活塞杆与密封衬套的配合面内有杂质; ⑤密封圈损坏	①更换衬套密封圈; ②重新安装,使活塞杆不受偏心负荷; ③更换活塞杆; ④除去杂质、安装防尘盖; ⑤更换密封圈
内泄漏: 活塞两端串气	①活塞密封圈损坏; ②润滑不良; ③活塞被卡住; ④活塞配合面有缺陷,杂质挤入密封面	①更换活塞密封圈; ②检查油雾器是否失灵; ③重新安装,使活塞杆不受偏心负荷; ④缺陷严重者更换零件,除去杂质

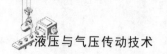

故　障	原　因	排除方法
输出力不足,动作不平稳	①润滑不良; ②活塞或活塞杆卡住; ③气缸体内表面有锈蚀或缺陷进入了冷凝水、杂质	①调节或更换油雾器; ②检查安装情况,消除偏心; ③视缺陷大小再决定排除故障办法,加强对过滤器和除油器的管理,定期排放污水
缓冲效果不好	①缓冲部分的密封圈密封性能差; ②调节螺钉损坏; ③气缸速度太快	①更换密封圈; ②更换调节螺钉; ③研究缓冲机构的结构是否合适
损伤: ①活塞杆折断; ②端盖损坏	①有偏心负荷摆动气缸安装轴销的摆动面与负荷摆动面不一致; ②摆动轴销的摆动角过大,负荷大,摆动速度快; ③有冲击装置的冲击加到活塞杆上,活塞杆承受负荷的冲击; ④气缸的速度太快,缓冲机构不起作用	①调整安装位置,消除偏心,使轴销摆角一致; ②确定合理的摆动速度; ③冲击不得加在活塞杆上,设置缓冲装置; ④在外部或回路中设置缓冲机构

（5）空气过滤器的常见故障及其排除方法见表 2.5.5。

表 2.5.5　空气过滤器的常见故障及其排除方法

故　障	原　因	排除方法
压力过大	①使用过细的滤芯; ②滤清器的流量范围太小; ③流量超过滤清器的容量; ④滤清器滤芯网眼堵塞	①更换适当的滤芯; ②换流量范围大的滤清器; ③换大容量的滤清器; ④用净化液清洗(必要时更换)滤芯
输出端溢出冷凝水	①未及时排出冷凝水; ②自动排水器发生故障; ③超过滤清器的流量范围	①养成定期排水习惯或安装自动排水器; ②修理(必要时更换); ③在适当流量范围内使用或者更换大容量的滤清器
输出端出现异物	①滤清器滤芯破损; ②滤芯密封不严; ③用有机溶剂清洗塑料件	①更换滤芯; ②更换滤芯的密封,紧固滤芯; ③用清洁的热水或煤油清洗
塑料水杯破损	①在有机溶剂的环境中使用; ②空气压缩机输出某种焦油; ③压缩机从空气中吸入对塑料有害的物质	①使用不受有机溶剂侵蚀的材料(如使用金属杯); ②更换空气压缩机的润滑油,使用无油压缩机; ③使用金属杯
漏气	①密封不良; ②因物理(冲击)、化学原因使塑料水杯产生裂痕; ③泄水阀、自动排水器失灵	①更换密封件; ②参见"塑料水杯破损"; ③修理(必要时更换)

（6）油雾器的常见故障及其排除方法见表 2.5.6。

表 2.5.6　油雾器的常见故障及其排除方法

故　障	原　因	排除方法
油不能滴下	①没有产生油滴下落所需的压差; ②油雾器反向安装; ③油道堵塞; ④油杯未加压	①加上文氏管或换成小的油雾器; ②改变安装方向; ③拆卸,进行修理; ④因通往油杯的空气通道堵塞,需拆卸修理

续表

故　障	原　因	排除方法
油杯未加压	①通往油杯的空气通道堵塞; ②油杯大、油雾器使用频繁	①拆卸修理; ②加大通往油杯的空气通孔,使用快速循环式油雾器
油滴数不能减少	油量调整螺钉失效	检修油量调整螺钉
空气向外泄漏	①油杯破损; ②密封不良; ③观察玻璃破损	①更换; ②检修密封; ③更换观察玻璃
油杯破损	①用有机溶剂清洗; ②周围存在有机溶剂	①更换油杯,使用金属杯或耐有机溶剂油杯; ②与有机溶剂隔离

(7)排气口和消声器的常见故障及其排除方法见表 2.5.7。

表 2.5.7　排气口和消声器的常见故障及其排除方法

故　障	原　因	排除方法
有冷凝水排出	①忘记排放各处的冷凝水; ②后冷却器能力不足; ③空气压缩机进气口潮湿或淋入雨水; ④缺少除水设备; ⑤除水设备太靠近空气压缩机,无法保证大量水分呈液态,不便排出; ⑥压缩机油黏度低,冷凝水多; ⑦环境温度低于干燥器的露点; ⑧瞬时耗气量太大,节流处温度下降太大	①每天排放各处冷凝水,确认自动排水器能正常工作; ②加大冷却水量,重新选型; ③调整空气压缩机位置,避免雨水淋入; ④增设后冷却器、干燥器、过滤器等必要的除水设备; ⑤除水设备应远离空气压缩机; ⑥选用合适的压缩机油; ⑦提高环境温度或重新选择干燥器; ⑧提高除水装置的除水能力
有灰尘排出	①从空气压缩机吸气口和排气口混入灰尘等; ②系统内部产生锈屑、金属末和密封材料粉末; ③安装维修时混入灰尘等	①空气压缩机吸气口装过滤器,排气口装消声器或洁净器,灰尘多时加保护罩; ②元件及配管应使用不生锈耐腐蚀的材料,保证良好润滑条件; ③安装维修时应防止铁屑、灰尘等杂质混入,安装完应用压缩空气充分吹净
有油雾喷出	①油雾器离气缸太远,油雾达不到气缸,阀换向时油雾便排出; ②一个油雾器供应多个气缸,很难均匀输入各气缸,多出的油雾便排出; ③油雾器的规格、品种选用不当,油雾送不到气缸	①油雾器尽量靠近需润滑的元件,选用微雾型油雾器; ②改成一个油雾器只供应一个气缸; ③选用与气量相适应的油雾器

(8)气动系统压力异常的故障及其排除方法见表 2.5.8。

表 2.5.8　气动系统压力异常的故障及其排除方法

故　障	原　因	排除方法
气路无气压	①气动回路中的开关阀、启动阀、速度控制阀等未打开; ②换向阀未换向; ③管路扭曲、压扁; ④滤芯堵塞或冻结; ⑤介质或环境温度太低,造成管路冻结	①予以开启; ②查明原因后排除; ③纠正或更换管路; ④更换滤芯; ⑤及时清除冷凝水,增设除水设备

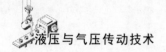
续表

故　障	原　因	排除方法
供压不足	①耗气量太大,空气压缩机输出流量不足; ②空气压缩机活塞环等磨损; ③漏气严重; ④减压阀输出压力低; ⑤速度控制阀开度太小; ⑥管路细长或管接头选用不当; ⑦各支路流量匹配不合理	①选择流量合适的空气压缩机或增设一定容积的气罐; ②更换零件; ③更换损坏的密封件或软管,紧固管接头及螺钉; ④调节减压阀至使用压力; ⑤将速度控制阀打到合适开度; ⑥重新设计管路,加粗管径,选用通流能力大的管接头及气阀; ⑦改善各支路流量匹配性能,采用环形管道供气
异常高压	①因外部振动冲击产生冲击压力; ②减压阀损坏	①在适当部位安装安全阀或压力继电器; ②更换减压阀

 思考题与习题

1. 为什么要进行维护保养工作? 其中心任务是什么?

2. 维护工作的分类及其各自的任务是什么?

3. 气动系统中安全问题有哪些?

4. 故障种类有哪几种? 各类故障是如何发生的,其原因是什么? 故障诊断方法有哪几种?

5. 对于维修工作,维修之前应注意什么? 维修时应注意什么? 拆卸前应注意什么? 拆卸时应注意什么?

附录 常用液压与气动图形符号

（摘自 GB/T 786.1—2009）

(一)基本符号、管路及连接				
名 称	符 号		名 称	符 号
工作管路	————————		直接排气口	
控制管路	– – – – – – – –		带连接排气口	
连接管路			单通路旋转接头	
交叉管路			带单向阀快换接头	断开状态 连接状态
柔性管路			不带单向阀快换接头	断开状态 连接状态
气压源			电动机	M
液压源			原动机	M

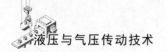液压与气压传动技术

续表

（二）控制方法				
名　称	符　号	名　称	符　号	
推压控制		滚轮控制		
手柄控制		气压先导控制		
踏板控制		单作用电磁控制		
单向滚轮控制		双作用电磁控制		
顶杆控制		液压控制		
弹簧控制		气压控制		
液压先导控制		液压先导泄压控制		
步进电动机控制		差动控制	2　　1	

（三）泵、马达和缸				
名　称	符　号	名　称	符　号	
单向定量液压泵		单向变量马达		
双向定量液压泵		双向变量马达		
单向定量马达		摆动马达		

220

续表

名　　称	符　　号	名　　称	符　　号
双向定量马达	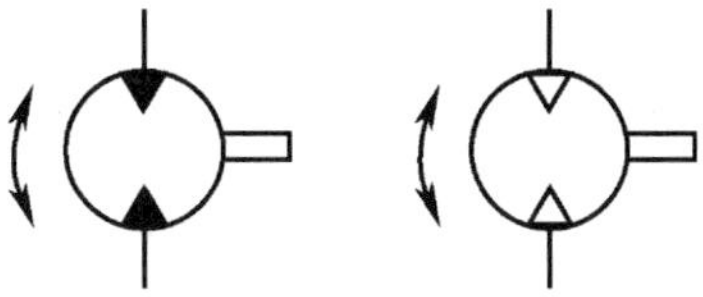	单作用弹簧复位缸	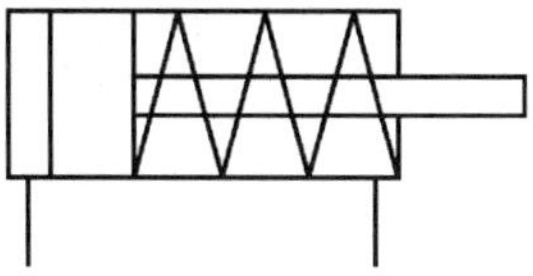
单向变量液压泵	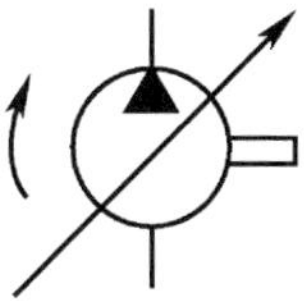	不可调向缓冲缸	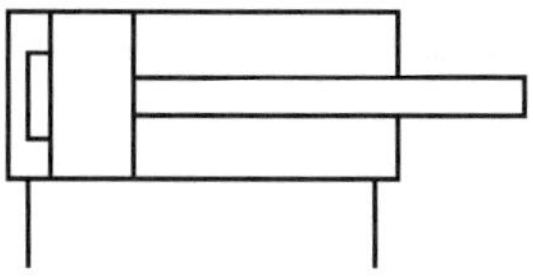
双向变量液压泵	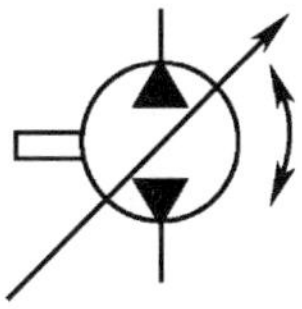	可调双向缓冲缸	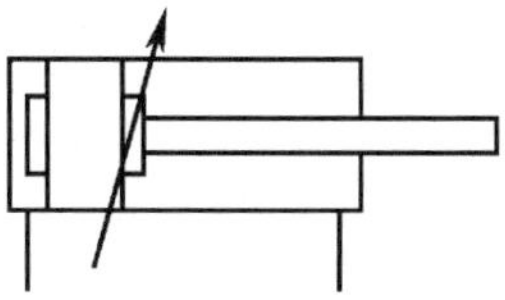
双作用单活塞杆缸	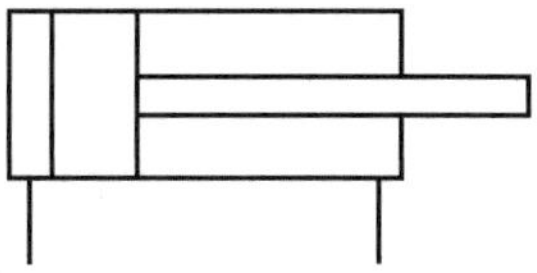	气-液转换器	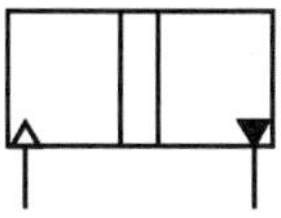
双作用双活塞杆缸	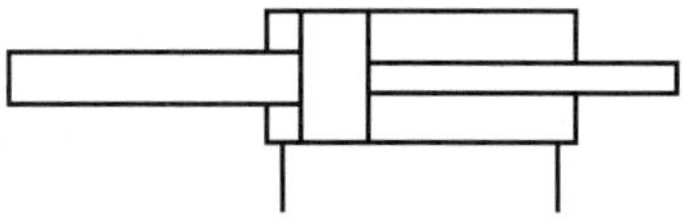	增压器	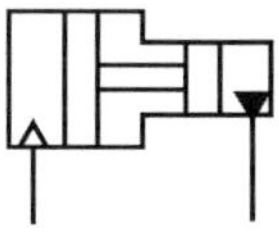

(四)控制元件

名　　称	符　　号	名　　称	符　　号
直动型溢流阀	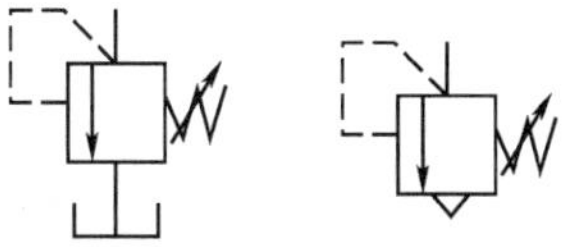	直动型顺序阀	
先导型溢流阀	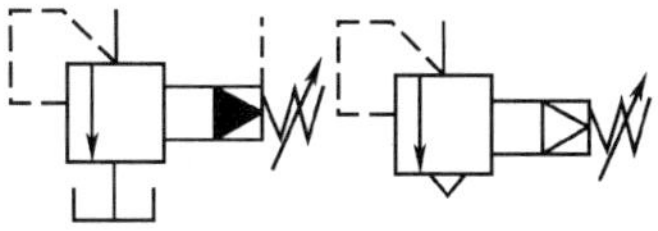	先导型顺序阀	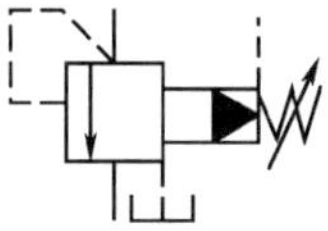
直动型减压阀		直动卸荷阀	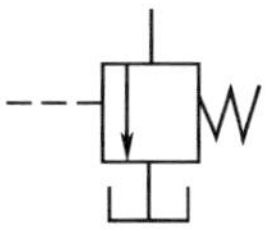
先导型减压阀	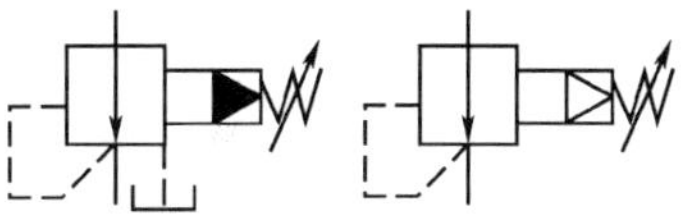	可调节流阀	

名　称	符　号	名　称	符　号
溢流减压阀		不可调节流阀	
先导型比例电磁溢流阀		二位二通换向阀	
双向溢流阀		二位三通换向阀	
带消声器的节流阀		二位四通换向阀	
调速阀		二位五通换向阀	
温度补偿调速阀		分流阀	
定差减压阀		单向阀	
液控单向阀		三位四通换向阀	
或门型梭阀		三位五通换向阀	
与门型梭阀		三位六通换向阀	
快速排气阀		四通电-液伺服阀	

续表

（五）辅助元件			
名　称	符　号	名　称	符　号
过滤器		空气干燥器	
污染指示过滤器		油雾器	
排水器		冷却器	
空气过滤器		液体冷却的冷却器	
蓄能器		加热器	
气罐		压力计	
油水分离器（除油器）		温度计	
流量计		报警器	
消声器		压力继电器	

参 考 文 献

［1］姜继海,宋锦春,高常识.液压与气压传动［M］.北京:高等教育出版社,2009.

［2］林明,卜昭海,张德生.液压与气压传动［M］.哈尔滨:哈尔滨工业大学出版社,2016.

［3］苏尔皇.液压流体力学［M］.北京:国防工业出版社,1979.

［4］机械设计手册编委会.机械设计手册:第四册［M］.北京:机械工业出版社,2004.

［5］曹建东,龚肖新.液压传动与气压传动［M］.北京:北京大学出版社,2006.

［6］梅荣梯.气压与液压控制技术基础［M］.3 版.北京:电子工业出版社,2011.

［7］宁辰校.气动技术入门与提高［M］.北京:化学工业出版社,2017.

［8］陆望龙.实用液压机械故障排除与维修大全［M］.长沙:湖南科学技术出版社,1997.